园林绿化

职业技能培训高级教程

中国风景园林学会 编著
弓清秀 王永格 丛日晨 李延明 等

Advanced training course for occupational skills of landscape greening

中国建筑工业出版社

图书在版编目（CIP）数据

园林绿化职业技能培训高级教程 / 中国风景园林学会等编著. — 北京：中国建筑工业出版社，2019.4
ISBN 978-7-112-23260-4

Ⅰ.①园… Ⅱ.①中… Ⅲ.①园林—绿化—水平考试—教材 Ⅳ.① TU986.3

中国版本图书馆CIP数据核字（2019）第023099号

责任编辑：杜 洁
责任校对：焦 乐

园林绿化职业技能培训高级教程

中国风景园林学会
弓清秀 王永格 丛日晨 李延明 等 编著

*

中国建筑工业出版社出版、发行（北京海淀三里河路 9 号）
各地新华书店、建筑书店经销
北京雅盈中佳图文设计公司制版
北京中科印刷有限公司印刷

*

开本：787×1092 毫米 1/16 印张：12¼ 字数：290 千字
2019 年 3 月第一版 2019 年 3 月第一次印刷
定价：68.00 元
ISBN 978-7-112-23260-4
（33530）

编委会

前言

自十八大把生态文明建设提升到国家“五位一体”的战略高度以来，我国城镇绿化美化建设事业飞速发展。同期，国务院推进简政放权，把花卉园艺师等一千多种由国家认定的职业资格取消，交给学会、行业协会等社会组织及企事业单位依据市场需要自行开展能力水平评价活动。在当下市场急需园林绿化人才，国家认定空缺的特定历史时期，北京市园林科学研究院组织一批理论基础扎实、实践经验丰富的中青年专家，以园科院20余年在园林绿化工、花卉工培训、鉴定及10余年在园林绿化施工安全员、质检员、施工员、资料员、项目负责人培训考核方面的经验，根据国家行业标准《园林行业职业技能标准》（CJJ/T 237—2016），结合最新的市场需求、最新的科研成果、最新的施工技术编写了这套园林绿化职业技能培训教程，以填补当下园林绿化从业者水平考评的缺失。

本书可作为园林绿化从业者的培训教材，也可作为园林专业大中、专学生和园林爱好者的学习用书。全书共分五册，本册植物与植物生理内容由卜燕华编写，土壤肥料部分由王艳春编写，园林树木内容由王永格、聂秋枫和赵爽编写，园林花卉内容由宋利娜和刘婷婷编写，识图与设计内容由李连龙和祁艳丽编写，园林绿化施工部分由董海娥、任爱国和刘子宏编写，园林植物养护管理内容由王茂良、丛日晨和王永格编写，植物保护内容由郭蕾、邵金丽和潘彦平编写，其照片由关玲、薛洋、刘曦、董伟、王建红、卢绪利等提供，绿化设施设备部分由弓清秀和徐菁编写。

本书在编写过程中，作者对原北京市园林局王兆荃、周文珍、韩丽莉、周忠樑、丁梦然、任桂芳、衣彩洁、吴承元、张东林等专家们所做的杰出工作进行了参考，同时得到了桌红花、苑超等技术人员的帮助，在这里一并表示衷心的感谢！由于我们水平有限及编写时间仓促，书中错误在所难免，望各位专家及使用者多提宝贵意见，以便我们改进完善。

目　录

第一章　植物与植物生理 …… 1

第一节　植物的分类单位与命名 …… 1
第二节　植物的水分代谢 …… 3
第三节　植物的光合作用 …… 8
第四节　植物的呼吸作用 …… 12
第五节　影响植物开花的因素 …… 14
第六节　植物的逆境生理 …… 16

第二章　土壤肥料 …… 22

第一节　土壤理化性状 …… 22
第二节　土壤养分与合理施肥 …… 25
第三节　盆栽营养土的配制 …… 29
第四节　生物肥料 …… 32
第五节　城市绿地土壤 …… 34

第三章　园林树木 …… 40

第一节　园林树木的分类 …… 40
第二节　园林树木的生态习性 …… 43
第三节　园林树木各论 …… 46

第四章　园林花卉 …… 64

第一节　花卉的生长发育与外界环境的关系 …… 64
第二节　花期调控 …… 71
第三节　花卉生产设施及设备 …… 74
第四节　常见一、二年生花卉 …… 77

第五章　识图与设计 …… 84

第一节　园林绿地设计 …… 84
第二节　园林地形地貌及其竖向设计 …… 91

第三节　园林植物种植设计 …… 96

第六章　园林绿化施工 …… 106

第一节　树木移植 …… 106
第二节　地下设施覆土绿化及屋顶绿化 …… 114
第三节　园林古建筑施工 …… 118
第四节　园林山水施工 …… 122

第七章　园林植物养护管理 …… 132

第一节　古树名木养护管理 …… 132
第二节　乔木整形修剪 …… 135
第三节　花灌木整形修剪 …… 139
第四节　绿篱、藤木及宿根花卉修剪 …… 143
第五节　园林植物养护工作月历 …… 145

第八章　植物保护 …… 155

第一节　昆虫分类与病虫害基础知识 …… 155
第二节　主要害虫识别与防治 …… 160
第三节　主要病害识别与防治 …… 175

第九章　绿化设施设备 …… 184

第一节　全站型电子速测仪 …… 184
第二节　GPS 全球定位系统 …… 187

参考文献 …… 189

第一章　植物与植物生理

地球上生长的植物多种多样且分布极广。有单细胞组成的植物体，也有多细胞组成的丝状体或叶状体，或有根、茎、叶分化的植物体。生活方式有能进行光合作用制造有机物的绿色植物，也有靠摄取有机物进行同化的非绿色植物。这些植物的形成，经历了漫长的历史进化过程。

第一节　植物的分类单位与命名

一、植物的分类单位

按照植物类群之间的亲缘关系进行分类，建立分类系统，以说明植物之间的亲缘关系和演化系统，以便于学习、研究和应用。

植物分类的基本单位是“种”。同种植物起源于共同的祖先，并且有相似的特点。在种以上还有界、门、纲、目、科、属。有时因范围过大，又分为亚类，如亚门、亚纲、亚目、亚属，种又可分为亚种或变种，表示植物间的异同及亲缘关系。

在栽培植物中，常划分出很多品种，只用于栽培植物。

现举例说明各级分类单位如下，以油松为例：

界——植物界（*Plantae*）

门——种子植物门（*Spermatophyta*）

亚门——裸子植物亚门（*Gymnospermae*）

纲——松柏纲（*Coniferopsida*）

目——松柏目（*Pinales*）

科——松科（*Pinaceae*）

属——松属（*Pinus*）

种——油松（*Pinus tabulaeformis*）

现在一般植物志、树木志等称为分门检索，省略了纲和目，直接进入科。对于纲、目的称谓书中也常有不同。

二、植物界的命名

每一种植物都有自己的名称。植物命名方法有 2 种，即中文名（俗名）和拉丁名（学名）。

人们按照自己的习惯或根据植物的某一形态特征或用途给植物起一个名称，叫俗名。例如“马尾松”就是指它带叶的枝条形状很像马的尾巴而得名；“益母草”是因为它具有活血调经的作用，对小孩的母亲有意而得名的。这种命名的方法容易产生一物多名或异物同名的现象。例如：银杏，又叫公孙树、佛橘树、鸭掌树等，据统计这一种树就有 20 多个名称。

为了避免上述名称的混乱，1867 年国际植物学会会议决定统一给每种植物一个合法的名称，这个名称叫拉丁名。拉丁名采用 1753 年瑞典植物学家林奈所提出的双名法，作为统一的植物命名法。植物学名的命名有一定的命名法则，主要归纳为以下几点：

（1）植物的各级分类单位一律用拉丁化了的文字书写，科及科以上的分类单位都用固定的词尾。

（2）植物的学名是属名加上种加词及定名人名字的缩写构成的，如银杏的学名是：*Ginkgo biloba* L.。“*Ginkgo*”是银杏的属名，“*biloba*”是银杏的种加词，“L.”是定名人林奈名字的缩写。另外，规定属名的第一个字母必须大写，定名人姓氏的第一个字母也必须大写。

三、植物的基本类群

植物界是一个庞大的世界，按其植物体形态特征和进化顺序，可归纳为以下类群，见图 1-1。

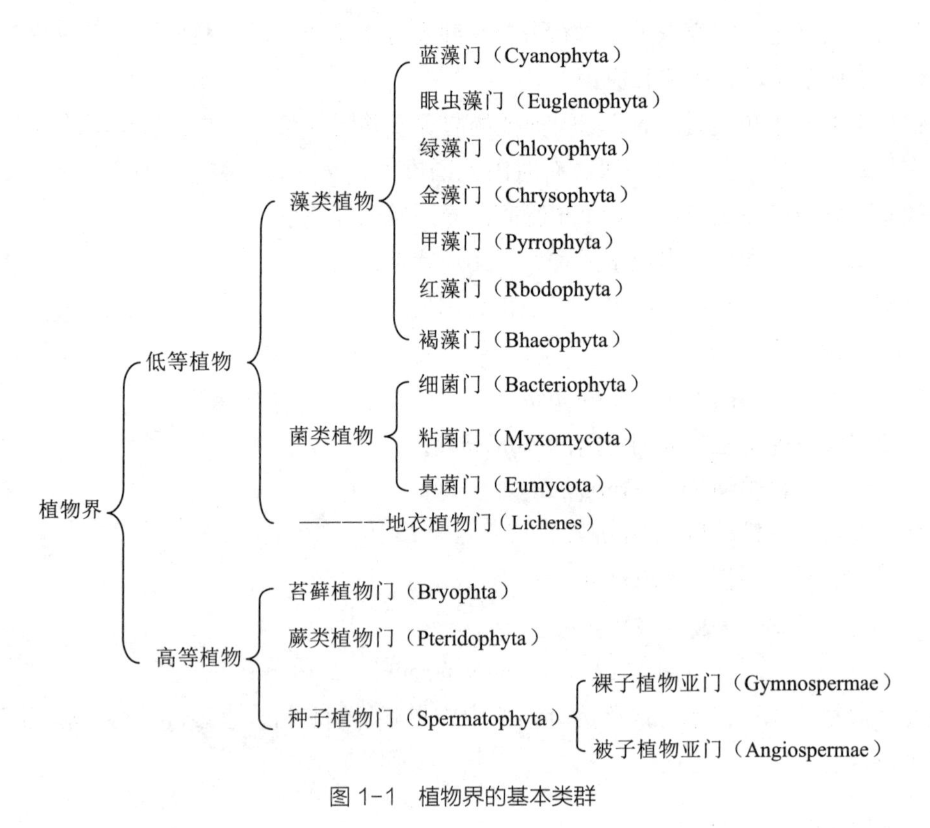

图 1-1　植物界的基本类群

第二节　植物的水分代谢

陆生植物是由水生植物进化而来的。因此，水是植物的重要“先天”环境条件。植物的一切正常生命活动，只有在一定的细胞水分含量的状况下才能进行，否则植物的正常生命活动就会受阻，甚至停顿。植物一方面从环境中不断吸收水分，以满足正常生命活动的需要，另一方面植物又不可避免地要丢失大量的水分到环境中去。这样就形成了植物水分代谢的三个过程：吸收水分、水分在植物体内的运输和水分的排出。

一、水在植物生活中的意义

（一）植物的含水量

水是植物的重要组成成分。不同植物的含水量有很大不同。如水生植物含水量可达鲜重的 90% 以上。在干旱环境中生长的低等植物（地衣）则仅占 6% 左右。又如草本植物的含水量为 70% ～ 85%，木本植物的含水量稍低于草本植物。

同一种植物生长在不同的环境中，其含水量有差异；同一植株的不同器官或不同组织中含水量差异也较大。

（二）水在植物生活中的意义

1. 水分是原生质的重要成分

原生质的含水量一般在 70% ～ 90%，使原生质呈溶液状态，保证了代谢作用正常进行。如果含水量减少，例如休眠的种子，原生质呈凝胶状态，生命活动就大大减弱。如果细胞失水过多，可能会引起原生质破坏而导致死亡。

2. 水分是代谢过程的反应物质

在光合作用、呼吸作用、有机物的合成分解的过程中，都有水分子参与。

3. 水分是植物对物质的吸收和运输的良好溶剂

一般说来植物不能直接吸收固态的无机物和有机物，这些物质只有溶解在水里才能被植物吸收。同样各种物质在植物体内的运输也要溶在水中后才能进行。

4. 水分能保持植物的固有姿态

水分可使植物细胞及组织处于紧张状态，使植物枝叶挺立，便于植物充分接受光照和交换气体，同时使花朵张开，有利于授粉。

5. 水分可以调节植物的体温

植物在散失水分时能降低体温避免体内温度由于日照而升高。

总之，水分在植物生命活动中起着十分重大的作用。因此，满足植物对水分的需要是植物体正常生存十分重要的条件。

二、植物根系对水分的吸收

根系是陆生植物吸水的主要器官，它从土壤中吸收大量的水分，满足植物体的需要。

（一）根系吸水的部位

植物有庞大的根系，但根系的吸水部位仅限于表面未栓化的部分。吸收水分最旺盛的部位是幼嫩的根毛区。

根毛区成为吸水最旺盛部位的原因如下：

（1）根毛区有许多根毛，增大了吸收面积。一株栽培在大木箱中的冬黑麦，生长 4 个月后，其根和根毛总长度可超过 10000km，总面积约为枝和叶总面积的 130 倍。

（2）根毛细胞壁的外部是由果胶质组成的，黏性大、亲水性强，有利于与土壤颗粒黏着和吸水。

（3）根毛区的输导组织发达，对水分移动的阻力小，所以根毛区吸水能力最强。

因此在移栽幼苗时应尽量避免损伤细根，否则容易引起植株萎蔫或死亡。

（二）根系吸水的动力

根系吸水有两种动力：根压和蒸腾拉力，后者较为重要。

1. 根压——主动吸水的动力

由于根系的生理活动而使流液从根部上升的压力叫作根压。

根压把根部的水分压到地上部分，土壤中的水分便不断地补充到根部，这就形成了根系的吸水过程。这种由根部形成的力量而引起的吸水过程称根系的主动吸水。

不同植物其根压大小不同，一般不超过 1 ～ 2 个大气压，树木及葡萄的根压较大。

根压的存在可由伤流和吐水这两种现象得到证明。从植物的基部把茎切断，切口处不久即有液滴出现。这种从受伤或切断的植物组织处溢出液体的现象叫作伤流。流出的汁液是伤流液。

没有受伤的植物如处于土壤水分充足、天气潮湿的环境中，叶片尖端或边缘也有液体外泌的现象。这种从未受伤植物叶片尖端或边缘向外溢出液滴的现象称为吐水。吐水也是由于根压引起的。在自然条件下，当植物吸水大于蒸腾时（例如早晨、傍晚），往往可以看到吐水现象。吐水现象也可以作为根系生理活动的指标。

2. 蒸腾拉力——被动吸水的动力

叶片蒸腾时，气孔下腔附近的叶肉细胞因蒸腾失水而向旁边的细胞取得水分，如此传导下去，便导致向导管吸水，最后根就从环境吸收水分。这种吸水完全是由于蒸腾失水而产生的蒸腾拉力所引起的，是由枝叶形成的力量传到根部而引起的被动吸水。试验证明，蒸腾的枝叶可以通过被麻醉或死亡的根吸水，甚至没有根的切条也能吸水。

蒸腾拉力可达十几个大气压。植物的吸水主要是蒸腾吸水，只有在春季植物的叶片尚未展开时，蒸腾速率很低，此时根压引起的主动吸水才是主要的。

三、蒸腾作用

陆生植物吸收水分，只有一小部分用于建造自身和用于代谢过程（约占总吸水量的 1% ～ 5%），而大部分水分会通过植物的吐水、蒸腾等方式散失掉。蒸腾作用是植物失散水分的主要方式。

（一）概念及类型

植物体以水蒸气状态，通过植物体表向外界大气中失散水分的过程，叫作植物的蒸腾作用。

植物的蒸腾作用主要是在叶片上进行的。叶片的蒸腾作用有两种方式：一是通过角质层的蒸腾叫角质蒸腾；二是通过气孔的蒸腾叫气孔蒸腾。一般植物叶片的角质蒸腾仅占5%左右。因此气孔蒸腾是植物蒸腾作用的主要形式。

茎、枝上的皮孔也可以蒸腾。在冬季，叶子脱落后，根系吸水很少时，皮孔蒸腾变得较为重要，会引起一些树木的干旱。

（二）生理意义

植物将它所吸收的水分的绝大部分通过蒸腾作用而散失，这是植物适应陆生生活的必然结果。蒸腾作用的生理意义可归纳成下面3个方面：

（1）调节植物的体温　太阳直射到叶片上时，大部分能量转变成热能，如果叶子没有降温本领，叶温过高，叶片就会灼伤。同时，植物体内的有机物在进行氧化分解时，也会产生大量热能。蒸腾作用使水不断地流过植物体，在使它变成水蒸气的过程中吸收了大量热能，从而降低植物的体温，保护了植物体。

（2）产生蒸腾拉力　这是根系被动吸水的动力，对于高大植物更是如此。

（3）帮助无机盐在植物体内进行运输和分布。

（三）气孔调节

气孔是植物的叶子与外界发生气体交换的主要通道。通过气孔而扩散的气体，有氧气、二氧化碳和水蒸气。气孔可以自行开闭，它可以调节蒸腾作用。

1. 气孔的数目、分布及蒸腾速度

气孔是叶表皮组织的小孔，它分布于叶片的上表皮及下表皮，一般下表皮分布的较多。特别是木本植物，气孔通常仅分布于下表皮。叶子一般每平方厘米有气孔1000～60000个，多的可达10万个以上。

在叶片上，水蒸气通过气孔的蒸腾速度比同面积的自由水面蒸腾速度快得多。

2. 气孔运动及其机理

气孔对蒸腾作用和气体交换过程的调节是靠它自身的开闭来控制的。双子叶植物的气孔是由两个肾形的保卫细胞构成，保卫细胞中有叶绿体（一般表皮细胞不含叶绿体）。保卫细胞的内外壁厚度不同，靠近气孔的内壁厚而背着气孔的外壁薄。当保卫细胞吸水膨胀时，较薄的外壁易于伸长，细胞向外弯曲，于是气孔张开；当保卫细胞失水而体积缩小时，胞壁拉直，气孔即关闭（图1-2）。

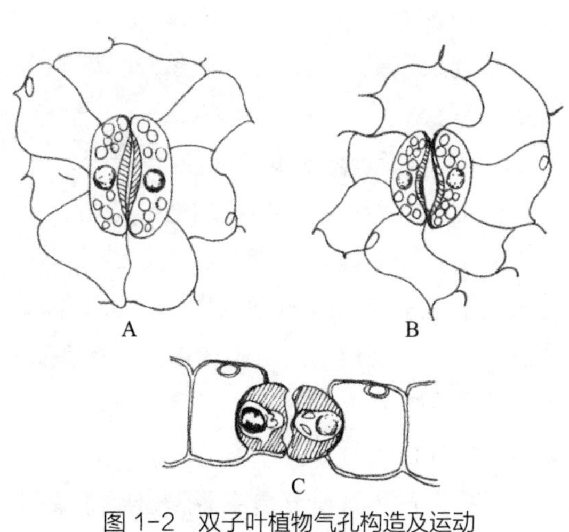

图1-2　双子叶植物气孔构造及运动
A—气孔关闭；B—气孔开放；C—气孔横切面

单子叶植物气孔的保卫细胞呈哑铃形，保卫细胞中间部分的胞壁厚，两头薄。吸水时两头膨大，而中间彼此分离，使气孔张开。失水时两头体积缩小而使中间部分合拢，气孔关闭（图 1-3）。

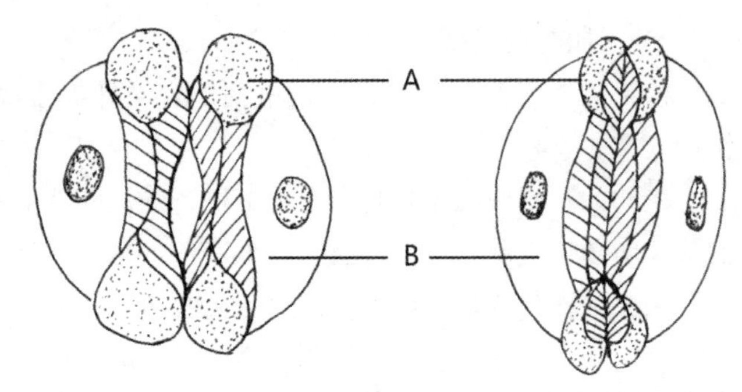

图 1-3　单子叶植物保卫细胞因膨压而紧张引起气孔开张（左）与失去膨压引起气孔关闭（右）
A—保卫细胞；B— 副卫细胞

气孔一般白天张开，晚上关闭。原因是白天保卫细胞的叶绿体进行光合作用，细胞内产生了糖，同时保卫细胞内贮存的淀粉在光照下也分解为糖，使细胞浓度增加，引起吸水，气孔张开；夜间光合作用停止，保卫细胞的糖又变为淀粉，细胞吸水能力降低，保卫细胞恢复原状，气孔关闭。但是，也有少数植物的气孔并不与光照变化相呼应。例如，生活在热带地区的某些植物的气孔，白天关闭而夜间开放。

（四）影响蒸腾作用的因素

1. 光照

光照可提高大气和叶片温度，一般叶温比气温高 2 ～ 10℃，气温升高，蒸发加快。

2. 空气的相对湿度

当空气相对湿度增大时，空气蒸气压也增大，叶片内、外压差变小，蒸腾变慢。

3. 温度

大气温度增高时，气孔腔蒸汽压的增加大于空气蒸汽压的增加，叶片内、外的蒸汽压差加大，有利于水分从叶片内散出。

4. 风

微风可吹走气孔外的水蒸气，减小外部的扩散阻力，蒸腾加快。而强风能引起气孔关闭，致使内阻加大，蒸腾减慢。

5. 土壤条件

影响根系吸水的各种土壤条件，如土温、土壤通气、土壤溶液浓度等，均可间接影响蒸腾作用。

（五）减慢蒸腾速度的途径

在生产实践中，应尽可能地维持植物体的水分平衡。一方面使植物根系生长健壮，提高吸水能力，同时保证环境中有充足的水供根吸收。另一方面要减少蒸腾，避免因蒸腾过大，失水大于吸水，而造成植物萎蔫。在干旱环境以及因移栽等操作造成植物根系吸水能力下降等情况下，降低植物的蒸腾速度则更为重要。

1. 减少蒸腾面积，降低蒸腾速度

在移栽植物时，去掉一些枝条，减少蒸腾面积，使植物的失水量下降，以利成活。另外，还应在移栽时尽量避开造成蒸腾速度加快的环境因子，如高温、强光等。移栽前将被移栽苗木放在阴凉处，避免曝晒，以及在早、晚阳光较弱和温度较低时移植，会有较好的效果。

2. 使用抗蒸腾剂

抗蒸腾剂是一类能减慢蒸腾速度而对光合速度和生长影响不大的物质。目前的抗蒸腾剂主要有 2 类。一类是薄膜类抗蒸腾剂，这类物质还具有一定的防寒作用。另一类抗蒸腾剂是一些可使气孔部分关闭的药剂，如阿特拉津、脱落酸等。

绿化施工中常进行反季节移植树木，为降低蒸腾速度，保证树木成活，抗蒸腾剂的使用越来越普遍，且取得了较好的效果。

四、旱涝对植物的危害及合理灌溉的生理基础

（一）干旱对植物的危害及植物对干旱的适应

1. 干旱的类型

干旱是一种气候状况，其特点是大气过热和土壤缺水。在这种情况下，植物的蒸腾大于吸水，植物体内的水分代谢首先失去平衡，以致最后危害植物的生长和发育。干旱主要有 3 种类型。

（1）暂时性干旱　土壤中仍有水可被植物利用，但由于气温高、空气湿度低、风速大等原因造成失水大于吸水，导致植物幼嫩部分和叶片下垂。但在夜晚由于蒸腾小，而不用灌溉就能解除萎蔫现象，称之为暂时性干旱。

（2）永久性干旱　由于土壤缺水造成，不仅叶片萎蔫不能恢复，甚至会变黄枯死，此时必须进行灌溉。

（3）生理性干旱　由于土壤通气不良、土温过低或盐分过多造成。这种干旱发生时即使进行灌溉也不能解除。

2. 干旱对植物的危害

干旱会造成植物体各部分的水分重新分配，例如幼叶向老叶夺水，造成老叶死亡。叶片向花蕾或未成熟的果实夺水，常引起落花、落果等现象出现。干旱加重会使植物出现萎蔫，叶片下垂，光合作用受到抑制，生长停顿，甚至引起植物干枯死亡。

3. 植物对干旱的适应

长期生活在干旱缺水条件下的植物，有较强的抗旱能力。如具有肉质多浆茎叶、革质叶、针叶、鳞叶、刺叶的植物都属于抗旱能力较强的植物；还有些植物叶的角质层发达，叶有蜡质或密生毛以及叶片卷曲、气孔下陷等特征来降低蒸腾。另有些植物根系发达，深扎能力强，可从较深土层中取得水分。

了解植物的抗旱性，目的在于提高植物抗旱能力。例如，“蹲苗”就是人为地减少水分供应，使植株经受适当的干旱锻炼。蹲苗后根系发达，吸水能力增强，抗旱能力也增强。

（二）涝害对植物的危害及植物的抗性

1. 水涝对植物的危害

水分过多对植物造成的伤害叫涝害。如果植物地上部分被淹，则光合作用受到抑制。水退以后，往往茎及叶面积沉积一层淤泥，气孔被堵塞，透光性差，影响正常的光合作用和呼吸作用。植物根系被水淹，土壤中缺乏氧气，根部呼吸困难，使根系对水和矿质的吸收受到阻

碍；若水淹时间长，造成根的无氧呼吸，引起呼吸基质过分消耗，体内积累酒精使植物中毒。

2. 植物的抗涝性

抗涝性强的植物，大多喜生于河流、溪沟旁比较低洼潮湿的地区，如柳树、枫杨、白蜡、柽柳、紫穗槐等；抗涝性弱的植物，一般是生长在排水良好的地区，如桃、贴梗海棠、无花果、牡丹、锦带花等。植物对涝害有一定的适应能力，主要因为植物从地上部分向根系提供一定的空气。

（三）合理灌溉的生理基础

1. 植物的需水规律

植物的需水规律是：幼苗期需水量小；营养生长旺盛期，需水量增加；植株衰老期，需水量又下降。

植物最需水的时候，称水分临界期。此期间缺水，植物最敏感，因为该期正是植物新陈代谢最旺盛的时期，缺水会显著削弱代谢过程的进行。水分临界期一般是在生殖器官的形成与发育阶段，即由营养生长转向生殖生长的阶段。例如果树的水分临界期是在开花和果实生长初期。

2. 指标

灌溉指标主要有 2 个，即生理指标和形态指标。生产实践中常依形态指标而灌水。当植物缺水时，会发生形态的变化，如幼嫩茎叶萎蔫、叶色转深、植株生长速度下降、不易折断等。形态指标只是说明植株已经缺水，生长发育严重受到抑制了。所以灌溉要在缺水症状发生前进行。

3. 方法

灌溉的方法，应向喷灌和滴灌法发展，才能充分提高水分利用率，也不会造成植物体内水分过多或过少的现象，并有利于创造适宜植物生长的生态小环境，对植物生长有利。同时，滴灌可以保持行间的相对干燥，能够抑制杂草生长。

第三节　植物的光合作用

一、光合作用的概念及意义

1. 光合作用的概念

光合作用是绿色植物的叶绿体，吸收太阳光能，将二氧化碳和水合成有机物质，放出氧气，同时把光能转变为化学能，贮藏在有机物里的过程。这个过程的最初原料和最后产物可用公式表示如下：

$$\underset{(\text{二氧化碳})}{CO_2} + \underset{(\text{水})}{H_2O} \xrightarrow[\text{绿色植物}]{\text{光能}} \underset{(\text{碳水化合物})}{CH_2O} + \underset{(\text{氧气})}{O_2}$$

2. 光合作用的意义

（1）把无机物变成有机物　绿色植物的光合作用是地球上有机物的主要来源。它的产量是巨大的，超过了世界上其他物质生产的数量。人们将绿色植物誉为庞大的合成有机物的绿色工厂。绿色植物合成的有机物质，可直接或间接地作为人类或全部动植物的食物，也可以作为某些工业的原料。

（2）将光能贮藏在有机物中　植物光合作用合成有机物的同时，将太阳能转变为化学能贮藏在有机物中。有机物所贮藏的化学能，除了供植物自身和异养生物之用外，更重要的是向人类提供营养和活动的能量，我们所用的能源和煤炭、石油、天然气、木材等都是现在和过去植物通过光合作用形成的。因此，光合作用是今天能源的主要来源。光合作用转化的能量超过人类所利用的其他能源（如水力发电、原子能）总和的几倍，所以，绿色植物又是一个巨型的能量转换站。

（3）保护环境　地球上的微生物、植物和动物等全部生物在呼吸过程中吸收氧气和呼出二氧化碳，工厂中和生活中燃烧各种燃料也大量地消耗氧气排出二氧化碳。绿色植物的光合作用恰恰与此相反，是吸收二氧化碳放出氧气，使大气中的氧气和二氧化碳的含量比较稳定。从清除空气中过多的二氧化碳和补充消耗掉的氧气的角度来衡量，绿色植物可称得上是一个自动的空气净化器。大气中的氧气大多数是绿色植物光合作用放出的。因此，进行有氧呼吸的生物（当前绝大部分的动植物和人类）也只有在地球上产生光合作用以后才能得以发生和发展。同时氧的释放和积累，逐渐形成了臭氧（O_3）层，在大气上层形成一个屏障，滤去太阳光线中对生物有强烈破坏作用的紫外线，使生物可在陆地上活动和繁殖。

从上述三点可知，光合作用是地球上一切生命存在、繁荣和发展的根本源泉。

二、叶绿体及其色素

叶片是进行光合作用的主要器官，而叶绿体是光合作用的重要细胞器。叶绿体具有特殊的构造，并含有多种色素，以适应进行光合作用的机能。

1. 叶绿体的形态构造

高等植物的叶绿体，多为椭圆碟状的小颗粒，直径 3 ～ 6μm，厚 2 ～ 3μm。每个细胞所含叶绿体的数目大约在 20 ～ 100 个或者更多。叶绿体在细胞中可进行一定运动，以适应光照强度的变化。

2. 叶绿体中的色素

（1）色素种类　一般叶绿体中含 4 种色素，即叶绿素 a、叶绿素 b、胡萝卜素以及叶黄素，后两者合成类胡萝卜素。叶绿素 a 为蓝绿色，叶绿素 b 为黄绿色，胡萝卜素为橙黄色，叶黄素为金黄色。

（2）色素的光学性质　叶绿体色素的光学的性质中，最主要的是它能有选择地吸收光能和叶具有荧光现象。

3. 植物叶色及影响叶绿素形成的条件

（1）植物的叶色　植物叶子呈现的颜色是叶子各种色素的综合表现，其中主要是绿色的叶绿素和黄色的类胡萝卜素两大色素之间的比例。高等植物叶子所含的各种色素的数量与植物种类、叶片老嫩、生育期及季节有关。一般来说，正常叶子的叶绿素和类胡萝卜素的比例约为 3∶1，叶绿素 a 与叶绿素 b 也约为 3∶1，叶黄素与胡萝卜素约为 2∶1。由于绿色的叶绿素比黄色的类胡萝卜素多，占优势，故正常的叶子总是呈现绿色。秋天、条件不正常或叶片衰老时，叶绿素较易被破坏，数量减少，而类胡萝卜素则比较稳定，所以叶片呈现黄色。至于红叶，因秋天降温，植物体内积累较多的糖分以适应寒冷，体内可溶性糖多了，就形成了较多的花色素（红色），叶子就呈红色。枫树、黄栌等秋季叶片变红，就是这个道理。

（2）影响叶绿素形成的条件　叶绿素的形成与光照、温度、矿质营养、水和氧气等条件都有密切的关系。

①光照　光照是叶绿素形成的必要条件，黑暗中生长的植物为黄白色，叫作黄化植物。见光后很快会变成绿色。栽培密度过大或由于肥水过多而徒长的植物，上部遮光过甚，会造成植株下部叶片叶色变黄。

②矿质营养　叶绿素的形成需要一定的矿质元素，如镁、氮、铁、铜等。氮素充足，叶片则能合成大量叶绿素，表现出叶色深绿。如果缺镁叶片也会缺绿，铁、铜、锰、锌是叶绿素形成过程中某些酶的活化剂。因此，当植物缺少上述元素时，都会影响叶绿素的形成，表现缺绿症状。

③温度　叶绿素的生物合成过程，绝大部分有酶参与。温度影响酶的活动，也就影响叶绿素的形成。叶绿素形成的最低温度是 2～4℃，最适宜温度 26～30℃，最高温度是 40℃。秋天叶子变黄和早春寒潮过后秧苗变白等现象，都与低温抑制叶绿素的形成有关。

④水分和氧气　缺乏水分和氧气，不仅会抑制叶绿素的形成，还会促进其分解。所以严重的干旱和涝害时叶片普遍呈现黄褐褪绿的现象。

三、影响光合作用的因素

光合作用同其他生理过程一样，受到一系列内外因素的影响，植物的种类、植株的年龄以及植物体内叶绿素的含量等都对光合作用有影响。

（一）光照强度

光是光合作用能量的来源，又是叶绿素形成的条件，光照还影响着二氧化碳进入叶片的通道——气孔的启闭。此外，光照还能引起大气温度和湿度的变化。因此，光照条件与光合强度有着极为密切的关系。

光照强度是指单位面积上所接受可见光的能量，简称照度，单位勒克斯（lx）。一天中以中午照度最大，早晚最小；一年中以夏季最大，冬季最小。例如，夏季晴天的中午露地的照度约为 1×10^5lx，冬季约为 2.5×10^5lx，而阴雨天的照度仅占晴天的 20%～25%。

1. 光饱和点

一般情况下，光合作用的强度与光照强度成正比。但当光照强度达到一定程度时，光照强度再增加，光合作用并不增高，这时的光照强度称光饱和点。达到光饱和点后，如果再继续增加光照强度，有些植物的光合作用将会降低。这是由于强光引起色素和酶类钝化，同时强光往往导致高温，易造成水分亏缺、气孔关闭和二氧化碳供应不足。

根据植物对光的需求不同，可将植物分为两类：喜光植物（如月季、扶桑、玉兰、唐菖蒲等）的光饱和点接近全部光照；耐阴植物（如山茶、杜鹃、万年青、兰花等）在全部光照的 1/10，即能进行正常的光合作用，光照过强反而使光合作用减弱。在两类之间，尚有些是中间植物（如萱草、天门冬、红枫、含笑、苏铁等），在遮荫和日照下都能进行正常的光合作用。

2. 光补偿点

植物进行光合作用时，还在进行呼吸作用。当光照强度较高时，光合速度比呼吸速度大几倍，随着光线减弱，光合速度逐渐接近呼吸速度，最后达到一点，即光合速度等于呼吸速度。同一片叶子在同一时间内，光合过程中吸收的二氧化碳和呼吸作用放出的二氧化碳等量时的光照强度，就称为光补偿点。植物在光补偿点不能积累干物质，夜间还要消耗干物质。因此，植物所需的最低光照强度必须高于光补偿点。喜光植物的光补偿点约为 500～1000lx，耐阴植物光补偿点小于 50lx。

光饱和点和光补偿点的确定对栽培植物非常重要。特别是光补偿点可作为园林植物配置，树木修剪的依据。温室中植物，通过维持一个最适温度，补偿点可适当降低，这对有效地利用较弱的光维持正常的光合作用，有重要意义。

（二）二氧化碳浓度

二氧化碳是光合作用的主要原料，对光合速度影响很大。一般情况下，光合作用的最适二氧化碳浓度约为 0.1%，而空气中的二氧化碳含量通常为 0.02%～0.03%。所以，如果能适当提高空气中的二氧化碳含量，光合作用便明显增加。

通常情况下二氧化碳浓度过高对光合作用不利。当浓度超过 1% 时，将引起原生质中毒气孔关闭，而抑制光合作用。但若同时增强光照强度时，则二氧化碳的利用浓度就可以相对地提高。

（三）温度

植物进行光合作用的温度范围很宽，通常温度对光合作用的影响和植物的起源有关。温带植物光合作用的最低温度为 0～5℃，寒带植物最低可达 –5～–7℃。而热带植物 4～8℃时光合作用便受到抑制。从温度的低限开始，光合强度随温度升高而加强，超过最适点后，便下降。一般植物可在 10～35℃的范围内进行正常的光合作用。最适点约为 25～30℃。一般植物光合作用的最高温度为 40～50℃，这时光合微弱，甚至停止。

温度对光合作用的影响与光照强度和二氧化碳浓度有关。当光照强度较高和二氧化碳浓度较大的情况下，光合作用的最适温度也随之提高。在光照强度低和二氧化碳浓度小时，提高温度反而对植物生长不利。因此，冬天温室栽培植物和温床育苗时，在夜间和光线不足的阴雨天，应适当降低室内温度。

（四）水分和矿物质

水分是光合作用的原料，但植物吸收的水，用于光合作用的不到 1%，而大部分用于其他生理过程和通过蒸腾散失掉。因此，水分对光合作用的影响不是直接的，它主要影响其他生理活动，从而间接地影响光合作用。当水分代谢被破坏时，叶片含水量减少，引起气孔闭合，阻止 CO_2 进入叶内，使光合作用降低。

植物活动所必需的十几种矿质元素，对光合作用也有直接和间接的影响。如镁（Mg）和氮（N）是叶绿素的组成元素，铁（Fe）和锰（Mn）参与叶绿色的形成过程，硼（B）、钾（K）、磷（P）等促进有机物的疏导和转化。因此，合理施肥，对保证光合作用的顺利进行非常重要。

第四节　植物的呼吸作用

一、呼吸作用的概念

呼吸作用是生活细胞内的有机质在一系列酶的作用下，逐步氧化分解，同时放出能量的过程。

在呼吸作用过程中，被氧化分解的有机质成为呼吸基质。植物体内许多有机物，如糖类、脂肪、蛋白质等都可以作为呼吸基质。但最主要最直接的呼吸基质是糖类中的葡萄糖。

呼吸作用的全过程，常用下列反应式表示：

$$C_6H_{12}O_6 + 6O_2 \longrightarrow 6CO_2 + 6H_2O + 686\text{千卡}$$

（葡萄糖）　（氧）　（二氧化碳）　（水）　（能量）

严格地说，上式是表示以葡萄糖为基质的有氧呼吸过程。

呼吸作用是每一个细胞共同进行的生理过程，主要在线粒体中进行，它是一种生物氧化过程。上式只表示呼吸作用的开始和结束，实际的过程要复杂得多。

植物的呼吸作用包括有氧呼吸和无氧呼吸两大类。

1. 有氧呼吸

指生活细胞在氧的参与下，把某些有机物彻底氧化分解，放出二氧化碳并形成水，同时释放能量的过程。

有氧呼吸是高等植物进行呼吸的主要形式。事实上，通常所说的呼吸作用就是指有氧呼吸，甚至把呼吸看成是有氧呼吸的同义语。

2. 无氧呼吸

一般指在无氧的条件下，细胞把某些有机肥分解成为不彻底的氧化产物（酒精或乳酸），同时释放能量的过程。

高等植物的无氧呼吸可以产生酒精，其过程与酒精发酵是相同的，反应式如下：

$$C_6H_{12}O_6 \longrightarrow 2C_2H_5OH + 2CO_2 + 24\text{千卡}$$

（葡萄糖）　（酒精）　（二氧化碳）　（能量）

除酒精外，高等植物的无氧呼吸也可以产生乳酸。反应式如下：

$$C_6H_{12}O_6 \longrightarrow 2C_3H_6O_3 + 18\ 千卡$$

（葡萄糖） （乳酸） （能量）

在植物正常生活过程中，有氧呼吸和无氧呼吸是共存的，通常以有氧呼吸为主。在水淹或通气不良条件下，无氧呼吸的比例高一些。植物器官表层组织因氧充足，有氧呼吸程度高；深层组织往往因氧缺少，无氧呼吸程度高一些。植物具有无氧呼吸的能力，是植物对缺氧环境一种暂时性的适应。如果植物暂时受淹，通过无氧呼吸来获得能量，仍可维持其生命活动。但如果长期受淹，在缺氧条件下，只靠无氧呼吸来维持生命活动是不能持久的，久了植物就会死亡。

二、呼吸作用的意义

1. 呼吸作用是植物生命活动所需能量的来源

通过呼吸作用，将光合作用过程中贮藏在有机物中的能量通过一系列的生物氧化反应而逐渐释放出来，供给植物生命活动需要。植物对水、矿质元素的吸收，物质的合成和运输，生长运动等都需要能量。所以呼吸作用和生命活动紧密相连，一旦呼吸停止，生命也就停止了。

2. 呼吸作用所产生的一系列中间产物，可以作为合成各种有机物的原料

例如呼吸过程中所产生的氨基酸，可以合成蛋白质，而产生的脂肪酸和甘油可合成脂肪等。蛋白质和脂肪也可以通过这些中间产物参与到呼吸过程中去。因此呼吸作用与植物体中各种有机物的合成、转化有着密切的联系，成为物质代谢的中心。活跃的呼吸作用是植物生命活动旺盛的标志。

3. 呼吸作用在植物抗病免疫方面也有着重要意义

植物可以依靠呼吸作用，氧化分解病原微生物所分泌的毒素，以消除毒素的危害。旺盛的呼吸有利于伤口的愈合，减少病菌侵染的机会。

三、调节呼吸作用与园林生产的关系

呼吸作用是植物新陈代谢的中心，它同植物的整个生命活动过程都有联系。呼吸作用释放能量供给植物生长和生活的需要，促进呼吸作用，就能增强植物的生长发育。但是，呼吸作用消耗有机物质，过强的呼吸作用不利于有机物的积累。在贮藏中，为了减少有机物的消耗，要尽量降低呼吸作用。所以，控制呼吸作用对植物栽培和种子、果实的贮藏都是很重要的。

（一）果实和种子的贮藏

种子和果实都是有生命的有机体，贮藏时仍在不断呼吸，如环境温度高，湿度较大，就会使呼吸作用加强，有机物大量消耗，并释放出水分、二氧化碳和热量。此时，如果通风不良，水分和热量的积累，会进一步加强呼吸作用，并促进微生物活动，使种子和果实霉变。因此贮藏前应充分干燥，降低含水量，并贮于温度、湿度较低，通风良好的地方。

有些树木的种子不易于干燥贮藏，因干燥会使种子干缩变质，降低发芽率，如板栗、核

桃等。这类种子宜在较湿润的低温环境中贮藏，如沙藏（油桐、油茶和大部分落叶树种子使用此法）、湿藏（如麻栎、栓皮栎等）。

肉质果实种子也不易于干燥贮藏，否则会失去良好的色香味和新鲜状态。故贮存时，除湿润低温外，还可用二氧化碳处理，处理时应注意浓度不超过 10%，否则果实会中毒变质。

（二）果实的催熟

果实成熟快慢与呼吸密切相关。较强的呼吸可加速果实成熟。乙烯能增加原生质透性，使氧气容易进入，呼吸增强，促进酶的活动，使果实内的物质转化加快。因此，乙烯可促进水果成熟。

（三）呼吸作用与植物栽培

植物栽培时很多措施都是为保证呼吸的正常进行。如中耕松土、雨季及时排水都是为改善土壤通气状况，以利根系呼吸。但栽培中，有时也要抑制呼吸，因为呼吸过旺，有时会造成有机物不必要的损耗。

高温缺雨的旱季，由于叶片含水量较低，使光合受阻，而呼吸加强，炎热的夏季亦如此。一天中，除早晨、傍晚外，光合强度均有减弱而呼吸一直较强，使植物生长受抑。这种不利影响对幼苗尤为突出。因此，必须及时灌溉，适时遮荫，以减轻蒸腾和呼吸，适当地供应水分有利于光合产物的形成和运输，利于植物生长。

冬季温室植物及温床育苗，由于光线较弱同时玻璃的透光率只有 60% ～ 70%，塑料膜更低，使光合减弱。如室温过高，呼吸就会高于光合（阴天更是如此）给植物生长带来不利。所以，温室中特别是阴雨天，温度不宜过高。当光强增高时可适当提高温度，但一般白天不超过 25℃，晚上不超过 20℃。

第五节　影响植物开花的因素

高等植物经过一段时间的营养生长（根、茎、叶生长），逐渐转变到生殖生长（开花、结实）。花芽的分化是植物由营养生长转入生殖生长的标志。形成花芽所需要的时间，不同的植物是不同的。一些草本植物 1 ～ 2 年就可开花，而木本植物需要几年或十几年的准备时间才能开花结实。无论开花前所需时间长短，植物都受外界环境的影响而发生一系列的生理变化，在外界环境中，植物的成花对温度和光照的要求最为严格。

一、温度

（一）春化的概念

植物需要经过一定时间的低温后，才能开花结实的现象叫作春化现象。人工使植物通过春化，叫作春化处理。例如可用低温来处理萌动的种子，使其完成春化。将温室的植物部分枝条暴露于玻璃窗外，受低温处理，这部分枝条可以提前开花。

（二）完成春化作用的条件

各种植物通过春化阶段所要求的低温范围和时间长短是不同的，大多数二年生花卉要求的低温在 0～10℃，时间通常在 10～30d 左右。春化进行的快慢，还决定于植物的品种和所处的环境条件。起源于南方的冬性较弱的品种，通过春化阶段的温度可稍高些，进行时间也可短些；而春性品种春化要求的温度可以更高，时间也可以更短。也有许多植物，对低温春化的要求不严格的，其生育期中即使不经过春化阶段，也能开花，只是开花延迟或开花减少。如秋播花卉三色堇、雏菊等改为春播，花期由原来的 3、4 月延迟至 5 月后，开花量也减少。

（三）感受春化的部位和时期

接受春化的部位是茎尖或芽的分生组织。但也有试验表明，离体的叶片或根系，如获得春化所需温度，则由它们再生出来的植物也可开花结实。因此可以这样说，不论植物体的什么部位，凡是正在进行细胞分裂的组织，都可以接受春化处理。但不同的植物感受春化的部位和时期有所不同。多数植物的种子只要膨润，就能接受春化处理，而十字花科植物的种子只有萌发时才能接受。很多二年生花卉，是在绿色幼苗期才能接受，多数木本植物是以休眠芽来接受春化处理的。

二、光

（一）光周期现象

在自然条件下，光照与黑暗是不断交替着，在不同地区和不同的季节里，一天中光照与黑暗的长短常有变化。在北方，冬季日照短而夜晚很长，夏季则日照很长夜晚很短，而南方这种差异就很小。起源北方的植物开花结实需要较长的日照；起源于南方的植物，则要求较短的日照。这种每天昼夜长短影响植物开花的现象，叫作光周期现象。

（二）要求不同光周期的植物类型

根据植物对日照长短的要求，可分为 3 类：

长日照植物：这类植物在其生长某阶段内，必须有较长的光照时数（12～14h 以上）才能开花。光照越长，开花越早，黑暗对其开花并不需要，故又称“短夜植物”。这类植物多原产温带、寒带的高纬度地区，且多在初夏开花，如石竹、金光菊、紫罗兰、唐菖蒲、鸢尾、月见草等。

短日照植物：这类植物在其生长某阶段内，必须有白天短、夜间长的环境才能开花。黑暗时数愈长，开花愈早（但光照时数不低于 6h），故又称为“长夜植物”。这类植物多原产热带、亚热带低纬度地区，其花期常在春季或深秋，如菊花、一品红、蟹爪兰等。

中间性植物：这类植物，其花芽的形成，对光照时数没有严格的要求，只要其他条件适合，任何日照时数都能使其开花，而且一年四季均可开花。如香石竹、马蹄莲、百日草、一串红、凤仙花、天竺葵和千日红等。

长日照植物的成花，对日照要求有最低限度，短日照植物的成花，对日照长短有最大限度，这个极限日照长度称为临界日长。大于此数时短日照植物不能开花，小于此数时，长日照植物不能开花，临界日长一般为 12～14h。

三、春化和光周期理论在园林上的应用

春化和光周期理论在园林上有广泛的应用。首先，可以作为引种的依据；其次，可以解决育种中花期不遇问题和加快育种步伐。另外，园林植物中很多是以观花为栽培目的。因此，依据植物开花所需条件，人为控制花期，以解决鲜花周年供应和节日用花的需求，具有重要意义。

（一）引种

一个地区和外界条件不一定满足某一植物开花的需求，因此，引种某一植物到另一个地区时，必须首先考虑植物能否及时开花结实。过去曾有把河南的小麦种子在广东栽培只长分蘖不能抽穗结实的教训。园林植物的引种也同样应注意这个问题。

北半球的夏天，越向南越是日短夜长，越向北则越是日长夜短。因此，植物由于地理位置的不同，形成了对日照长短不同的要求。

长日照植物北移时，生长季节的日照比原产地长一些，容易满足它对日照的要求，所以开花会提前。长日照植物往南移时，发育延迟，有时甚至不能开花结实。短日照植物往北移时，夏季日照较长，因不能满足其发育要求而延迟开花，如往南移时，则提早开花。因此，引种时必须考虑引种地与原产地生态条件的差异。一般短日照植物南种北引，应引生育期短的，北种南引，应引生育期长的品种。对长日照植物正好相反，南种北引，应引生育期长的品种，北种南引，应引生育期短的品种。

（二）育种

用人工控制温度和光照时间，能加速或延迟植物的开花，可使花期相差很远的 2 个品种或 2 种植物在同一时间开花，这样就解决了花期不遇的问题，就可以进行有性杂交。

育种所获得的杂种后代，常需要培育很多代，才能得到一个新品种。如使花期提前，在一年中就能培育出 2 代或多代，这样就可以缩短育种的年限。农业上在小麦、水稻等粮食作物的育种中已创造了一套温室促成栽培方法。园林生产中，利用春化处理和控制光照的方法进行促成栽培，也可以达到同样效果。

（三）控制花期

园林生产上为了周年生产鲜花，解决供花淡季问题，也为了使一些花卉改变花期，成为节日用花，常常利用春化处理和人工控制光周期等措施来控制花期，达到预期的目的。

第六节　植物的逆境生理

植物在自然界经常遇到环境条件的剧烈变化。这种变化的幅度超过了植物能够正常生活的范围，这就是所谓逆境。例如，水分过多或过少、温度太高或太低、土壤中盐分过多等。植物对这些不同逆境有各种不同的生理反应，而这些生理反应，就叫作逆境生理或抗性生理。本节主要讨论植物的抗寒性、抗盐性和对环境污染的抗性。

一、植物的抗寒性

低温对植物的危害，按低温程度和受害情况，可分为冻害和冷害 2 种。

（一）冻害

温度达到冰点以下，植物体内发生冰冻，因而受伤甚至死亡，这种现象称冻害，冻害对植物的伤害主要是由于结冰引起的。结冰伤害的类型有 2 种。

1. 细胞间结冰伤害

通常温度慢慢下降的时候，细胞间隙的水分结成冰，即所谓胞间结冰。结冰后细胞间隙内溶液浓度提高，细胞水分便外渗，造成原生质严重脱水。同时，细胞间隙内逐渐增大的冰晶体，也会对细胞产生机械损伤。胞间结冰不一定引起植物死亡，大多数经过抗寒锻炼的植物能忍受胞间结冰，但解冻的过程决定植物是否死亡。缓慢解冻能使细胞逐渐吸水而恢复正常，但如果冰冻后经受高温或直接的阳光照射而快速解冻，水分很快散失，植物就会因短时大量脱水而死亡。所以秋天突然提早到来的寒潮及早春急剧变化的春暖都会引起植物的严重灾害。生产上，每当霜后，采用地里灌水或叶片喷水，能增加植物组织含水量，以防止因解冻太快、蒸发过速对植物造成危害。

2. 细胞内结冰伤害

当温度迅速下降时，除了在细胞间隙结冰外，细胞内的水分也结冰，一般先在原生质内结冰，后在液泡内结冰，这就是细胞内结冰。细胞内结冰的伤害主要是机械损伤，冰晶体会破坏生物膜、细胞器的结构，使组织分离、酶活动无秩序，而影响代谢。大多数细胞内结冰会引起植物死亡。

（二）冷害（又称寒害）

零度以上 10℃以下的低温对植物的伤害称冷害，秋寒和春寒常是引起植物冷害的原因。冷害症状一般出现较晚，症状为叶绿素被破坏，叶片变黄或枯萎，造成芽和茎枯黄及落叶现象，严重时能引起整株植物或枝条死亡。

冷害能使水解酶活性增高，水解作用大于合成作用，呼吸作用不正常的增强，结果大量消耗有机物质，同时代谢也失去协调性，使某些物质积累而致中毒。另一方面是破坏了植物体内的水分平衡。植物在遭受冷害后，若天气好转，气温升高较快，这时土壤温度较低，根系吸水较弱，因而根系吸水少而叶面积蒸腾失水多，使植物体内水分不能持平造成生理干旱，出现芽枯、顶枯、茎枯和落叶现象。

（三）植物对寒冷的生理适应

植物在长期的进化过程中，对冬季低温，在生长习性和生理生活方面都具有种种特殊的适应方式。例如，一年生植物主要以干燥种子形式越冬；大多数多年生草本植物越冬时地上部死亡，而以埋藏在土壤中的延存器官（如鳞茎、块茎等）渡过冬天；大多数木本植物以落叶或在生理生化上产生变化而有所适应，增强抗寒能力。

植物在冬季到来之前，随着温度的逐渐降低，体内发生一系列的适应低温的生理生化变化，抗寒力逐渐加强，这种提高抗寒能力的过程叫抗寒锻炼。尽管植物抗寒性强弱是植物长期对不良环境适应的结果，是植物的本性，但是，即使抗寒性很强的植物，在未进行过抗寒锻炼以前，对寒冷的抵抗力还是很弱的。例如，针叶树的抗寒性很强，在冬季可以忍受 -40℃的低温，但在夏季若处于人为的 –8℃下便会冻死。

经过抗寒锻炼的植株，含水量下降，减少了细胞结冰的可能性，同时呼吸减弱，淀粉水解成糖的反应加快，使体内积累较多的糖分，从而使细胞冰点下降，原生质胶体不致凝结。此外，在抗寒锻炼的过程中，细胞也大量积累蛋白质、核酸等，所以原生质内贮存有许多物质，提高了抗寒性。

（四）影响植物抗寒性的因素

1. 内部因素

各种植物原产地不同，生育期长短不同，对温度条件的要求也不一样，因此抗寒能力也不同。

植物生育期不同，其耐寒性也不同。如樱桃和桃树的休眠芽，在冬季气温降至 –18℃以下，才有冻害。而在春季开花期内，气温降至 1 ～ 2℃时就出现冷害。

2. 外界因素

抗寒性强弱与植物所处的休眠状态及抗寒锻炼的情况有关，所以影响休眠及抗寒锻炼的环境条件，对植物的抗寒性将产生影响。温度逐渐降低是植物进入休眠的条件之一，因此秋季温度渐降，植物渐渐进入休眠状态，抗寒性逐渐提高。光照长短可影响植物进入休眠，同样影响抗寒能力的形成。我国北方秋冬白昼渐短，长期以来就导致植物产生一种反应，秋季日照渐短是严冬即将来临的信号，所以短日照促进植物进入休眠状态，提高抗寒力；长日照则阻止植物休眠，抗寒性减弱。

土壤含水量过多时，细胞吸水太多，植物锻炼不够，抗寒力差，在秋季，土壤水分不宜太多，以便降低细胞含水量，造成植物生长缓慢，提高抗寒性。

（五）提高抗寒性的措施

1. 栽培管理措施

施用有机肥，增施磷、钾肥，合理灌溉等措施，可促进植物根系发育，体内积累较多的营养物质，增强植物抗寒能力。

2. 控制小气候

在气温较低时，育苗时采用温室、温床、阳畦、塑料薄膜和土壤保温剂等均可克服低温不利因素。此外，还可采用设置风障、覆盖等方式改变小气候，避免低温伤害。

3. 选育抗寒性强的品种

这是提高植物抗寒性的根本方法。可利用嫁接的方式、转基因技术等培育出抗寒性强的新品种。

二、植物的抗盐性

含盐较多的土壤称为盐碱土。盐碱土中含有多量的盐类，特别是溶解的盐类，绝大多数以钠盐（氯化钠和硫酸钠）为主，其他还有钙盐（硫酸钙和氯化钙）、镁盐（硫酸镁）等。土壤盐分过多，对植物是有害的。这种由于土壤中盐分过多危害植物正常生长的现象称为盐害。

（一）产生盐害的原因

土壤中盐分过多，土壤溶液浓度过高，使植物吸水困难，造成生理干旱。

植物受盐害时叶绿体受到破坏，叶片失去绿色；同时盐害还破坏蛋白质的合成，体内积累氨基酸和氨。氨和氨基酸的含量过多，会对植物发生毒害。

（二）植物抗盐性

某些植物在系统发育中产生了对盐碱的适应，形成各种抗盐植物的类型：真盐生植物、泌盐生植物和淡盐生植物。

1. 真盐生植物

具有肉质多浆的茎叶，细胞可以积累大量盐分，降低了细胞的渗透势，以保证从高浓度的土壤溶液中获得水分，而原生质不受盐分积累的危害，如盐角草、碱蓬等。

2. 泌盐生植物

靠细胞内积累盐分等方式来从盐碱土中获得水分，但它们的茎叶具有特殊的分泌腺，可将体内过多的盐分排出体外，如柽柳、胡杨、匙叶草等。

3. 淡盐生植物

其根部细胞对盐的透性很小，同时组织内含有较多的有机物质，如糖和有机酸等，能保持较低的渗透势，以利吸水。如艾属和胡颓子属等。

（三）提高植物抗盐性的途径

与盐害做斗争的基本方法是进行土壤改良工作，消除土壤中有害的盐分。采用适于盐碱土的栽培措施及选择抗盐性强的植物都是有效的方法。在生产中种植绿肥和施有机肥料可改良土壤的物理性质，减少土壤水分蒸发，降低盐分的积累，并能改善植物的营养状况，有利于壮苗的培育，提高抗盐能力。特别是增施磷肥有明显的效果，其原因是在盐碱土中，磷易变为不溶性，磷缺少对植物的生长影响较大。

有些地方还利用生长素来提高植物的抗盐性，如在0.15%Na_2SO_3的土壤中，小麦生长受到抑制，若先用吲哚乙酸浸种，其后生长不但不受抑制，而且增产31%。播种前用盐溶液处理种子同样也可以提高抗盐性，播种前，将已吸水膨胀的种子，浸入适当浓度的盐溶液中，经一定时间后播种，能提高植物在盐碱土上的萌芽率及以后的生长力。盐溶液除可用氯化钠、氯化钙、硼酸等外，也可用盐土浸出液。

三、植物对环境污染的抗性

（一）环境污染对植物的影响

环境污染可分为大气污染、水质污染、土壤和生物污染。其中大气污染和水质污染对植物的影响最大，不仅污染范围较广，接触面积较大，而且容易转化为土壤污染和生物污染。

1. 大气污染

造成大气污染的种类很多，主要有硫化物、氯化物、氟化物、氮氧化合物、粉尘以及带有各种金属的气体。这些气体都会对植物产生危害，但危害的轻重与气体的浓度和危害事件的长短有关。有害气体通过气孔进入植物内部，造成危害。而粉尘则是堵塞气孔，从而影响光合作用和蒸腾作用的进行。

植物受害状况有3种类型，即急性危害、慢性危害和不可见危害。急性危害表现在植物的叶子上有伤斑，严重时叶片枯萎脱落；慢性危害表现是叶片褪绿；不可见危害是植物生长发育正常，但生理机能受影响，产量下降，这种受害现象不易察觉。受污染的植物，生长较弱，对病虫害的抵抗能力也下降。因此大气污染地区，病虫害比较严重。

2. 水质污染

污水中含有各种有害物质，主要有重金属、盐类、洗涤剂、酚类化合物、氰化物、含氮化合物、燃料等。水中所含的这些污染物质，不仅危害水生生物资源和人们的健康与安全，同时也影响植物的正常生长。当污染物达到一定浓度时，植物就会受害，出现生长不良现象，甚至死亡。如酚浓度超过50～100ug/g，对植物生长有抑制作用。重金属中的汞、铬、镉、铅、铜、砷、锌含量过高时，也都会对植物造成危害。

（二）植物对环境污染的抗性

植物对环境的污染，特别是大气污染的抗性是不同的，产生抗性的原因也是各种各样的，可归纳为三类：生物学抗性、形态解剖学抗性和生理学抗性。

生物学抗性：是指植物地上部分受害后恢复和再生的能力。生长和萌芽力旺盛的植物常常具有这种特点，这种抗性只是出现在偶然的危害情况下，时间长或污染严重植物也会死亡。所以这种抗性不是植物直接产生的抗性。

形态解剖学的抗性：是指叶片在结构上能阻止和减少有害气体进入，从而减少了植物受害。例如肉质植物和角质层厚的植物，一般来说，叶小、叶面多毛、角质层厚、气孔下陷、气孔小及数目少，以及有乳汁等，都具有较强的抗性。

生理学抗性：使植物对大气污染具有生理学抗性的原因是多方面的。如叶子汁液的pH值，与抗性有害气体的能力有关。对二氧化硫、氟化氢等酸性气体来说，pH值越高抗性越强。有的植物在不利条件下能关闭气孔，暂时停止气体交换。

（三）影响植物抗污染的因子

不同的植物对不同的污染物的抗性是不同的，差异很大。同一种植物在不同条件下抗污染的能力也有很大差别。一般植物处于它最适应的环境条件下时抗性最强。相反，处于不良环境下，由于生长不良，抗性也就变弱。各种环境条件与植物的抗性是密切关系的。在通常情况下，温度升高，植物对有害气体的敏感度也随着增强，植物处于5℃以下抗性最强。大气中较大的相对湿度有利于气孔的开张，从而能加重植物受害，而光照则是通过影响气孔的开闭和生理活动来影响抗性的大小。同样，土壤水分和养分的多少以影响植物的生长情况来影响植物的抗性。

（四）植物对环境的保护作用

1. 净化环境

某些植物由于它们生活方式的特点，能够吸引大气中的各种有害气体。例如垂柳、云杉、臭椿、悬铃木、合欢，大叶黄杨、海桐、米兰等对二氧化硫（SO_2）有很强的吸收能力。

油茶、拐枣、海桐、珊瑚树、万寿菊、矮牵牛等能吸收大气中氟化物。夹竹桃、棕榈、樱花、八仙花、美人蕉、广玉兰、蜡梅等具有吸收大气中有毒气体汞的能力。常春藤、冬青、朴树、榆树、广玉兰、重阳木、女贞、刺槐等具有巨大的吸尘、滞尘能力。

2. 监测环境

有些植物对某些污染物质十分敏感，环境质量稍有下降，即会从形态、生理方面表现异常状态，因此可以作为监测环境污染的指示植物。例如苔藓、地衣、马尾松、枫杨等对二氧化硫非常敏感，植物受害，叶片出现斑点或体内成分发生异常改变。唐菖蒲、萱草、葡萄、落叶松等，对氟化氢敏感。秋海棠、悬铃木、向日葵等对氯和氯化氢敏感。贴梗海棠、矮牵牛、女贞、葡萄等对臭氧敏感。

利用植物进行环境污染监测还是一项新工作，对于环境中污染物质的含量与植物某一器官或某一生理过程所显现症状的关系，还需要进一步深入研究。

第二章　土壤肥料

第一节　土壤理化性状

一、土壤容重

土粒密度（即土壤颗粒密度，旧称土壤比重，现已废除不用）是指单位体积土壤固体物质（不包括粒间孔隙）的干重，其单位是 $g \cdot cm^{-3}$，$t \cdot m^{-3}$。含有机质多，则土粒密度小。由于土粒密度测定较复杂，且大部分土壤的矿物成分相似，故实际土壤的密度变化不大，一般情况下就认为土粒密度为 2.65~2.70 $g \cdot cm^{-3}$。如果有特殊需要则须单独测定土粒密度。

土壤密度，又称土壤容重，指单位体积自然状态的土壤干重（包括土壤孔隙），单位是 $g \cdot cm^{-3}$。土壤密度越小，表明土壤疏松多孔。腐殖质含量多的团粒结构土壤容重为 1.0~1.2$g \cdot cm^{-3}$；含有机质多而结构好的土壤，容重为 1.1~1.4$g \cdot cm^{-3}$；含有机质少且结构差的土壤，容重较高。土壤容重大小随土壤质地、土壤结构和土壤有机质含量等因素而变化。容重值可以作为土壤肥力评价指标之一。

土壤容重一般变动在 1.0~1.8$g \cdot cm^{-3}$，高容重的土壤通气透水性差，不利于植物根系伸展和土壤养分运移。花卉类通常对土壤容重要求较高，一般小于 1.0$g \cdot cm^{-3}$；灌木和乔木类对土壤容重则要求相对较低，通常不高于 1.35$g \cdot cm^{-3}$ 为宜（北京市地方标准，DB11/T 864—2012）。土壤容重通常采用环刀法测定。

花卉类对栽培基质容重要求较高，通常需要使用人工配制的营养土，一般需要掺入疏松多孔的低密度介质材料加以改良，常用材料有泥炭、珍珠岩、蛭石、松针、木屑等。掺入比例需要根据植物种类适度调整，兼顾营养充足、通气和保水性能。

二、土壤孔隙

（一）土壤孔隙概念

当大小不同的土粒聚积在一起时，产生粒间孔隙以及土粒团聚体（土壤结构体）之间的孔隙。土壤孔隙是指土壤土粒或土团间通过点、面的接触形成的大小不等的不连续空间。土壤孔隙多少用土壤总孔隙度表示。

土壤总孔隙度是指在一定容积原状土内孔隙容积占土壤总容积的百分比，实际工作中，直接测定原状土的孔隙容积比较烦琐，但可通过测定容重，再经计算得到。参考计算公式：

孔隙度（%）=（土粒密度 – 土壤密度）/ 土粒密度 ×100%

不同土壤总孔隙度不同。结构不良的底层土（如建筑施工中的开槽土，绿化工程经常使用），总孔隙度很低，大约为25%~30%，结构良好的耕作土或自然界的表层土，总孔隙度约为55%~65%；富含腐殖质的团粒结构土壤总孔隙度可达70%；草炭土总孔隙度可达90%。

（二）土壤孔隙类型及其作用

土壤孔隙大小不同，它们在土壤肥力上发挥的作用也不相同。由于土壤孔隙的形状并不规则，很难描述，因此以相当于一定水吸力的孔隙直径作为土壤孔隙直径的指标，所以称为当量孔径。

根据土壤中孔隙的通透性和持水能力，可将其分成以下3种类型：

1. 通气孔隙

指当量孔径大于0.02 mm的土壤孔隙。孔隙内的水吸力小于15 kPa，所含的水分极易在重力作用下向深层土壤渗透。因此，这部分孔隙的主要作用是通气透水。通气孔隙体积占土壤总体积的比例称为通气孔隙度，其计算公式是：

通气孔隙度（%）= 总孔隙度（%）– 田间持水量（%）(容积）

2. 毛管孔隙

指当量孔径在0.02~0.002 mm之间的那部分土壤孔隙。毛管孔隙保持的水分称为毛管水，所受到的吸力为15~150 kPa，能够全部被植物吸收利用，是植物吸收的主要水分类型。该种孔隙的主要作用是保水蓄水，以及土壤中水分补充的主要通道。毛管孔隙体积占土壤总体积的百分数称为毛管孔隙度，其计算公式：

毛管孔隙度（%）= 田间持水量（%）(容积）– 凋萎系数（%）(容积）

3. 非活性孔隙（也称无效孔隙）

指当量孔径小于0.002 mm的那部分土壤孔隙。其相应的水吸力大于1.5 MPa，土粒与水分之间的吸力大，且移动困难，空气不能进入，保持在非活性孔隙中的水分不能被植物吸收利用。因此，这部分孔隙在肥力上没有意义，故称为无效孔隙或非活性孔隙。

（三）土壤孔隙状况的调节

土壤孔隙性主要影响土壤的通气、透水和保水能力，对土壤肥力状况有重要的作用，它是指土壤孔隙的大小、大小孔隙的比例、孔隙的多少等性质。土壤孔隙的主要作用是影响土壤的水、气状况，归纳起来讲有两点：一是土壤水分和土壤空气存在的场所；二是土壤空气和水分运动的通道，即通气、透水和保水作用，影响土壤水、气的通透性和保蓄性。

1. 影响土壤孔隙性的因素

影响土壤孔隙性质的因素主要是土壤质地、土壤有机质和土壤耕作措施。不同质地土壤的孔隙度如下：黏土45%~60%，砂土33%~45%，壤土45%~52%。黏土的非活性孔隙度大，而砂土的通气孔隙度大，非活性孔隙度小，壤土的毛管孔隙度大，通气孔隙度高于黏土而小于砂土，非活性孔隙度大于砂土但小于黏土。

有机质含量越高的土壤，孔隙度越大，毛管孔隙度增加的幅度更大，反之，孔隙度越小，孔隙类型则主要受质地的影响。耕作的农机具挤压会降低土壤孔隙度，增加非活性孔隙度，降低通气孔隙度。但土壤耕翻，由于粉碎了大的土块，反而会增加土壤孔隙度，降低非活性孔隙度，增加通气孔隙度和毛管孔隙度。

2. 土壤孔隙性的调节

生产实践表明，大多数植物适宜的土壤总孔隙度是50%~55%，毛管孔隙度与非毛管孔隙度之比为1 ∶ 0.5为宜，无效孔隙度要求尽量低。通气孔隙度不宜低于10%。但不同植物和同种植物不同生育期对土壤孔隙度的要求不同。一般来讲，须根系植物的根系穿透能力差，而直根系植物根系的穿透能力较强。

北京市地方标准《园林绿化种植土壤》（DB11/T 864—2012）中规定土壤容重不高于1.35g/cm^3，非毛管孔隙度最低范围为5%~8%。

绿化工程及养护中调节土壤孔隙性质，只能从施用有机肥和土壤耕翻两方面着手。施用有机肥能增加土壤孔隙度，降低非活性孔隙度，增加毛管和通气孔隙度，一般在新建植绿地采用。增加土壤耕翻次数，可明显提高被耕翻土壤的孔隙度，而降低非活性孔隙度，建成绿地养护中一般通过中耕松土才实现。但是，目前绿地建成后，中耕松土等措施采用较少，随着绿地建成年限的增加，绿地土壤中过低的孔隙度越来越成为限制根系伸展的重要因素。

三、土壤结构

岩石风化的矿物质颗粒受各种作用胶结成形状不同的团聚体，在土壤中排列形成不同的结构，如块状、核状、柱状、片状、团粒状结构。最理想的土壤结构是团粒结构。

1. 团粒结构土壤具有以下特点

粒径约在0.25 ~ 10mm之间的近似圆球的土团，组成了团粒结构的土壤，实践证明团粒结构粒径为2 ~ 5mm，遇水不能散开的团粒对改善土壤质量最有益，团粒结构同时满足植物对水分、空气的需要。

孔隙适当，通气透水性好，在团粒之间为非毛管孔隙。为空气所占据，是空气和水分的通道，这样结构的土壤透水、保水、通气性好。

团粒多，保水保肥能力强；团粒内部为毛管孔隙，是水分、养分的贮存所、供应站。

2. 促进土壤团粒结构形成的方法

腐殖质、黏粒、钙离子是团粒的胶结剂。增施有机肥，提高土壤有机质和腐殖质含量，是促进团粒结构形成的有效途径；把绿地产生的枯枝落叶经过粉碎、充分腐熟，施入土壤中，对于改善土壤结构具有良好的效果。

四、土壤缓冲性

当土壤中增加了酸碱物质后，土壤并不随酸碱物质的增加而改变了pH值。这种抵抗酸碱物质改变土壤pH值的能力称之为土壤缓冲性。这种性能主要是土壤胶体具有离子代换作用或弱酸及其盐类，以及土壤中两性物质产生中和反应。缓冲作用可使土壤酸碱度经常保持在一定范围内，避免因施肥、根系呼吸、微生物活动、有机质分解等引起土壤反应的显著变化。土壤缓冲性的高低与土壤胶体物质含量有关，黏质土与腐殖质含量高的土壤，缓冲作用都很强。在改良土壤酸碱性时必须考虑土壤的缓冲性，如用石膏（$CaSO_4$）改良黏质土的碱性，其用量必须比改良砂质土的碱性要大得多。土壤中物质缓冲性能强弱顺序为腐殖质土 > 黏土 > 砂土。

缓冲性能是土壤的一种重要性质，它可以稳定土壤溶液的酸碱反应，使土壤不会过酸或过碱。所以生产中采用增加土壤有机质、增施有机肥料、施用石灰以及砂土掺入塘泥等办法来提高土壤缓冲能力。

第二节　土壤养分与合理施肥

一、植物必需的营养元素与土壤养分的形态有效性

（一）植物生长发育必需的营养元素

植物生长发育要从土壤和空气中吸收几十种化学元素作为养料，才能完成完整的生命周期。主要元素有：碳、氢、氧、氮、磷、钾、钙、镁、硫、铁、锰、铜、锌、硼、钼、氯。其中碳、氢、氧是组成植物体的主要元素，占干物重的90%以上，主要从空气和土壤中获得。其他元素则主要从土壤中吸收。植物对不同种类元素的需求量差异巨大，其中氮、磷、钾的需要量最多，称之为“大量元素”；而且植物对氮、磷、钾需要量要比土壤的供应量大得多，必须经常施肥来加以补充，因此通常把氮磷钾称为肥料的“三要素”。相对而言，钙、镁、硫的需求量次之，称之为“中量元素”，铁、锰、铜、锌、硼、钼、氯则需求量最少，称之为“微量元素”。尽管植物对各种营养元素需求量差别很大，但它们对于花草树木的生长发育却同等重要，既不可缺少，也不可相互替代。

（二）土壤养分的形态有效性

1. 氮

土壤中的氮绝大部分是有机态的氮，约占土壤全氮的95%或以上，它们存在于土壤腐殖质中，植物不能直接吸收。而能被植物根系直接吸收的氮主要是无机氮（硝态氮和铵态氮），只占土壤全氮的5%。因此土壤速效氮素需要经常性地通过施肥加以补充，满足植物需求。

豆科植物根系上的根瘤菌和土壤固氮菌可以固定空气中游离的氮气，转化成含氮化合物，丰富了土壤中的氮素。

2. 磷

土壤中的磷有水溶性、酸溶性和难溶性几种。易溶的如磷酸二氢钾、过磷酸钙等；酸溶的只能溶于酸性溶液中，如磷酸钙等；难溶性的磷矿物有磷灰石和骨粉等，植物不能直接吸收利用。水溶性磷或易溶性磷是植物可以吸收利用的，属于速效磷，速效磷在土壤中是不稳定的，遇到石灰性物质就生成难溶性的磷酸钙盐，造成速效磷被固定，对植物的有效性降低。因此北京地区碱性和强碱性土壤中，需要采用技术措施避免磷肥的被固定，比如与有机肥混施、集中分层施用、集中施用在根系附近、制成颗粒等以减少与土壤的接触面积。

3. 钾

钾在土壤中存在的状态有水溶性和缓效性 2 种类型。钾素以矿物钾为主，主要存在于斜长石、正长石和白云母类土壤母质中，难溶于水，植物不能吸收利用，必须经过长期风化过程才能逐渐释放。北京地区土壤缓效性钾素含量丰富，但水溶性钾素占比较小，只占全钾的 0.5%~1.5%。

4. 铁

土壤中铁的含量极为丰富，但主要以难溶性的矿物态存在，植物不能吸收利用。北方地区土壤碱性较强，亚铁离子极易被氧化为三价铁，植物无法利用。因此，北方地区常常出现缺铁性失绿症，尤其双子叶植物多见。

二、合理施肥的概念与原则

施肥是保证植物对营养方面的要求，也是提高植物产量和品质的重要途径。但是必须合理施用才能达到预期的效果，否则不仅造成浪费，还能引起各种副作用，产生不良后果。因此，合理施肥就是根据土、肥、水等环境条件与植物之间的关系，合理地掌握肥料的种类、数量、配比，同时采取多种施肥的方式方法，来提高肥料的有效性，使园林植物达到最佳的观赏效果。

关于合理施肥的原则，可以从 5 个方面阐述。

（一）施肥目的性明确

根据不同的施肥目的，针对性地制定出施肥的方案和措施。如以改良土壤为目的的，以多施有机肥料为主；对观叶植物，在深秋季节应适量增施磷、钾肥，以提高其抗寒性。

（二）施肥和气候条件的关系

气候情况影响植物吸收营养的能力，从而影响到植物的生长，也影响到土壤营养状况的转化。

气候和施肥关系最明显的是雨量和温度因子：如早春气温低，雨量少，肥料分解缓慢，应施充分腐熟的有机肥料；夏季，温度高、雨量多，肥料分解快，养分易流失，因此，宜分次施用，以防养分流失或肥力过大。但盛暑季节，最好不要施肥；冬季，温度低、雨量少，根的吸水吸肥能力也下降，因此，冬季休眠的植物，在休眠期也不宜施肥。

（三）施肥和土壤条件的关系

植物的生长，必须不断从土壤中吸取自己需要的养分，肥料施入土中后也要通过土壤才能被植物吸收。只有在土壤缺肥时，施肥才最有成效。当需要施肥时，应充分考虑到土壤的特点。

1. 土壤腐殖质含量

它对土壤结构、养分供应、土壤微生物活动都有影响，含腐殖质多的土壤，结构性良好，保肥保水能力很强，肥效持久，土壤微生物活动也旺盛，因而植物生长良好。故设法增加土壤中的有机质是很重要的，即施肥时应多施有机质肥料，例如种植绿肥、施用堆肥、厩肥和泥炭等有机肥料。

2. 土壤养分的有效性

土壤中的养分状态是不断变化的，在不同的气候、季节、植物生育阶段和土壤微生物活动下，土壤养分的含量都不一样。因此，以土壤有效养分含量的测定来确定该地土壤是否缺少某种养分，是有局限性的。当然，有效养分的含量可以在制定施肥措施时提供参考。

3. 土壤酸碱性

土壤酸碱性强弱，影响着土壤中有效养分的含量，同时也影响着肥料的利用率。如酸性土壤可施用难溶性磷肥。

4. 土壤质地

了解土壤质地情况，可以确定施用肥料的时间、用量和施肥范围。如黏重土壤含水多，而通气不好，因此施用有机肥时应浅施，以加速其分解；砂质土壤保肥能力较差，因此宜多分几次施用，以利发挥肥料效果。

（四）施肥和植物的关系

各种植物由于其自身不同的生物学特性及不同的环境条件，因此营养特性也是有区别的，所以N、P、K三要素的需要量及比例也各不同。木本植物和草本植物、观叶类和观果类植物，以及球根类植物，它们对N、P、K需求量上都有显著差异。

同一植物处于不同的生育期，需要养分情况也不同，一般植物的幼苗期需要较多的氮肥，分枝开花期需要较多的磷、钾肥。

（五）施肥和修剪栽培、灌溉的关系

各种植物因栽培方法不同，施肥也要相应配合。如月季花需要经常整枝，每次开花后要剪去枯萎的花枝，相应地必须在整枝后及时追肥，以补充养分的损失，促进其正常生长。

植物的根只能吸收水溶性肥料，如果土壤中缺乏水分，植物吸收养料就困难。所以在旱天或土壤缺水时就必须灌水，否则植物不但吸收不到养料，还会因缺水造成肥料浓度过大而受到伤害。

三、合理施肥的方式方法

（一）施肥方式

按照肥料供应的目的和施肥的不同时期，施肥方式可分为：

1. 基肥

在耕地时（在播种、移植或定植前）把大量的肥料撒于田间或耕埋在地内的肥料，称为基肥，又称底肥。它在施肥中占有重要地位，担负着培肥土壤和供给植物整个生长发育期（对多年生植物可能是几个生长发育期）中所需养分的双重任务。

一般基肥使用量较大，以肥效持久的有机肥料为主，如绿肥、厩肥、堆肥等。而化学肥料则较少做基肥，原因是使用后容易流失，而且由于肥效迅速，使植物生长初期养分供应过剩导致苗木徒长。通常将化学肥料中的部分磷肥、钾肥与有机肥料配合作为基肥，而氮肥仅少量做基肥。

2. 追肥

在植物生长的不同阶段，特别是生长发育的关键时期，植物需要大量的营养，此时基肥提供的养分已不能满足植物生长的需要。为了促进植物的迅速生长，增加植物体内营养而施用的肥料，称为追肥。

一般以速效性无机肥料做追肥，如尿素、磷酸二氢钾、碳酸氢铵等。其次，充分腐熟的有机肥料，如人粪尿、饼肥水等，其速效养分高，也可做追肥。

3. 种肥

在播种或幼苗移植的时候施用的肥料，称为种肥。主要目的是满足幼苗初期生长发育需要的养分，为种子发育和幼苗生长提供良好的土壤环境。

通常以速效性化肥作种肥，也包括一些微量元素肥料。由于种肥常和种子或幼苗根系直接接触，所以对肥料种类和用量要求严格。一般来说，选用的种肥以接近中性为佳，浓度宜低，亦不能含有毒物质或易产生高温的化肥。如尿素，由于在转化过程中可产生缩二脲，对种子有毒害作用，不宜作种肥。

4. 根外追肥

根外追肥是把速效肥料溶化后直接喷施在植物的地上部分，使植物茎、叶片等器官直接吸收的施肥方法，以叶面喷施法为主。其特点为肥料用量少、利用率高、见效快。选用根外追肥的肥料一般以化肥为主，如磷酸二氢钾、硫酸亚铁等。施用时浓度宜低，施肥时间适宜在早晚进行，避免在下大雨之前喷施。

（二）施肥的方法

根据肥料的供应情况和土壤的肥沃程度，以及植物对肥料的需要而采用的施肥手段，具体可分为：

1. 全面施肥

即在圃地播种育苗或绿地建植前在表土中普遍施用肥料，一般都是结合绿地建植时整地、除草、松土时使用，以撒施为主。全面施肥在方式上以基肥为主，选用的肥料多数为有机肥，如厩肥、堆肥、绿肥等。

撒施法的优点是简便易行，促使植物生长发育健壮。但缺点是肥料的用量大，利用率低，成本高。主要是施入的肥料，在被植物吸收的同时，也被杂草利用。

2. 局部施肥

根据植物对营养的需要，为节约用肥，并能充分发挥肥效，采用 4 种方法。

（1）沟施：在植物吸收根附近开沟，把肥料施入沟中后覆土，常以有机肥料为主。为使植物根系充分吸收到肥料，对于株型较大树种，可以采用放射状施肥。大致做法是在树冠投影下大约沿投影边缘位置开环形、半月形或辐射状的沟，将肥料埋入沟内，然后覆土。开沟深度应适宜，一般为 30~40cm，沟宽 25cm 左右，沟开得过深和过宽均要伤及树根。为避免伤根过重，可以分不同年度在对角线方面分别进行开沟。

（2）穴施：在栽植植物时，常将肥料施于树穴底部，或与土壤混匀后填穴。也可以在树木或灌木周围挖穴，将肥料撒于穴内，覆土盖没。

沟施、穴施时应当在肥料上面盖一层土，然后再栽种植物，尽量避免根系与肥料直接接触。以沟、穴形式进行追肥时，也应注意肥料不要与密集的根系接触，避免烧根。

（3）条施和沟施近似，沟长而窄浅，常以化肥撒施在条沟中后覆土。

（4）孔施：采用打孔的方法，将肥料施入土壤。一般洞的深度由根系分布深度而定，重点施在吸收根附近，施肥洞点最好分布在树冠水平投影区中部至外缘 1~2 m 的范围内，以有机肥为主的混合肥料为好，可适当配以少量速效化肥；切忌将大量易溶性化肥集中填入孔洞中，这会导致局部盐分浓度过高的严重后果。

孔施通常在城市行道树复壮时采用，因为城市行道树根系生长空间十分有限，生长环境类似于生长在大号花盆中，施肥作业空间也十分受限，打孔相对便于操作。

无论采取哪种施肥方法，肥料必须施在树根能够吸收到的地方，施肥范围应该就是吸收根的位置。一般树木吸收根的分布大约与展开的树梢位置相一致，吸收根大部分集中在树冠外缘垂直投影下的 2/3 处。在绿地上的大树，可采用打洞施肥法，这样可省去翻动草皮的麻烦，又能使肥料均匀地分布到根区里。洞的分布间隔 50~60cm，深 30~45cm，按施肥的总量平均分配到每个洞穴里。以后，再填入少量的泥炭土或表土，最后用脚踏紧。

第三节　盆栽营养土的配制

盆栽植物不同于大田栽培植物。由于受容器的限制，对土壤的要求较高，单用一般的大田土壤很难满足盆栽植物生长的需要。盆栽土壤要有丰富的养分、良好的土壤结构、良好的保水保肥性和通气性等。所以，盆栽土壤通常是根据需要，以园土等为材料进行混合配制而成。把这种混合物称为培养土或营养土，简称盆土。

一、盆栽培养土配制的原则

培养土的配制必须根据植物的需求，能满足植物生长、发育对水、肥、气、热等肥力因素供应及所需的物理性状和化学性状。其物理性状，主要指土壤结构、排水性、透气性和持水保肥等性能；化学性状，主要指土壤酸碱度、土壤养分含量等。

（一）营养成分丰富

由于盆栽植物容器的限制，使培养土的容重与植物根系的生长受到限制，根系吸收养分也受到限制。所以，要求培养土有丰富的有机质及各种植物生长必需的营养元素。但培养土的养分浓度又不能太高，否则会造成植物生理障碍，要有适宜的养分浓度。

（二）良好的物理性质

由于盆栽植物使根系生长环境受到限制，培养土的物理性质显得更为重要。

一般要求培养土的容重低于 1.0g · cm^{-3}，通气孔隙不低于 15%。如：观叶植物培养土的容重控制在 0.5~0.75g · cm^{-3} 较好。

有良好的团粒结构。团粒结构土壤有利于协调水气状况。

有良好的通气性和较高的持水量。由于盆壁和盆底的排水受到限制，气体交换就受到影响，所以要求培养土有更好的通气性。盆栽土壤体积有限，要求培养土有较高的持水量满足植物对水分的需求。

（三）良好的化学性状

主要为土壤 pH 值和较高的保肥性。针对不同植物，应该将培养土的酸碱度调节在植物生长所需的 pH 值范围，以满足植物的生理特性要求及提高栽培质量。另外，盆栽植物由于经常浇水，土壤养分容易流失，要选用阳离子交换量较高的土壤胶体作配制材料，以提高保肥能力。

（四）价格便宜，经济适用

营养土配制因为用量较大，配制原料最好能就地取材，或价格便宜。

二、盆栽培养土的配制材料

培养土的配制要遵循配制的原则，具体要根据植物的种类、植物的生长期及栽培管理方法等进行。在配制材料的选择上要考虑那些在当地容易获得的材料，但无论什么材料配制，总的目的是降低土壤的容重，增加总孔隙度和水分、空气的含量。然后将选择的材料按一定比例混合均匀即可。具体比例组成依据植物种类和原材料特征而不同，没有统一的标准。

常用培养土的配制材料有：园土、腐殖土、草炭、河沙、珍珠岩、木屑、树皮等。

1. 园土

园土是种植过植物的土壤，特别是菜园土，有机质含量较高，保水保肥能力强。但应注意病菌、虫卵及杂草种子等，使用时应充分晒干、敲成粒状，必要时须进行土壤消毒。质地上应选用砂壤或轻壤土。可作为多数花卉的主配材料。

2. 腐叶土

腐叶土是森林地带的表土，由植物落叶堆积腐熟而成。也可就地取材，自行积制。秋季将森林、行道树和城市绿地中的各种落叶收集起来，拌以少量粪肥和水堆积，待全部腐烂后过筛备用。腐叶土偏酸性，养分丰富，质地轻、疏松、通气透水性好、保水保肥性强。腐叶土是优良的盆栽用土，适合栽种多数花卉，如秋海棠、仙客来、天南星科观叶植物、地生兰花、观赏蕨类植物等。

3. 腐殖土

腐殖土也称堆肥土，由植物残枝落叶、农作物秸秆、可腐烂的垃圾废物、家畜粪尿等为原料，加入旧培养土或园土堆积而成。腐殖土稍次于腐叶土，但仍是优良的盆栽用土。

4. 泥炭土

泥炭土含有大量的有机质，疏松质地轻，通气透水性好，保水保肥能力强。是优良的盆栽用土，被广为栽培各种盆栽植物。它可以单独用于盆栽，也可与珍珠岩、蛭石、河沙等配合使用。

5. 砂

砂通常是指建筑用的河沙。容重较大，保水能力差，能改善土壤通气性，提高排水能力。用于培养土配制的砂粒不应小于 0.1mm 或大于 1mm，平均为 0.2~0.5mm，用量不宜超过培养土总体积的 1/4。

6. 珍珠岩

珍珠岩吸水性和透气性好，可改善土壤的物理性质，使土壤疏松、透气、保水。但它质地轻，在使用中容易浮在培养土的表面。

7. 蛭石

蛭石有很好的吸水性和透气性，但在使用中容易破碎变密，使通气和排水性变差，不宜作长期盆栽植物的材料。

8. 泥炭

泥炭是苔藓类植物经人工干燥后制成，它质地轻，十分松软，通气保水能力极好。是观叶植物、凤梨科植物、兰科植物等的最好盆栽基质之一。但使用寿命短，易腐烂，使用 1~2 年就须更换。常与碎砖块、树皮块等配合使用。

9. 树皮

主要是栎树皮、松树皮及其他厚而硬的树皮，它具有良好的物理性能，能够代替苔藓、泥炭作为附生性植物的栽培基质。使用时将其破碎成 0.2~2cm 的块粒状，筛分成不同规格，小颗粒的可与泥炭等混合，栽种一般盆花；大的用来栽植附生植物和观叶植物。

10. 塘泥

塘泥也称河泥，是指沉积在河底、池塘底的泥土，比较肥沃，将其挖取后晒干，破碎成 0.3~1.5cm 的颗粒，它遇水不易破碎，排水和透气性比较好，一般使用 2~3 年后颗粒粉碎，通透性变差，需要更换。

11. 陶粒

陶粒呈颗粒状，通气排水能力强，有一定的持水量，性质稳定、卫生，不易分解，可长期使用。

12. 醋渣、酒糟

主要成分是稻壳、麦皮等。颗粒均匀，质地轻，疏松、通气性好，呈酸性，是改良土壤物理性质和调节酸碱度的最好材料。

三、土壤消毒

设施栽培土壤或栽种植物的基质、培养土中存在许多植物病原微生物、有害动物及杂草种子，特别是在连续多年种植同类植物时，土传病害会逐渐加重，会给植物生产造成严重损失。如果进行土壤消毒，可以杀灭这些有害生物，大大减轻危害，甚至消除危害。因此，在现代化栽培植物时，土壤消毒是一项重要的工作。土壤消毒的方法主要有蒸汽和太阳能消毒等方法。

（一）蒸汽消毒

蒸汽消毒一般由锅炉或移动式蒸汽消毒机发生干燥蒸汽（约 200℃），经耐热软管送出（约 190~120℃）。进入土壤中（约 90~100℃）。几乎大多数病原菌及生物在 60~70℃下 30min 即能被杀死。蒸汽消毒前一般施入有机物（秸秆等）与土充分混合，再将蒸汽软管拉伸置于畦的中央，覆盖薄膜紧闭，确保消毒温度80℃左右持续30min。然后停止蒸汽发生，仍保持原状态30min。

蒸汽消毒与其他消毒方式相比，消毒效果极好。能杀死土壤中有害病菌及几乎所有生物（病菌、害虫、杂草种子等）。并且消毒后，待土温下降即能播种或定植。但由于蒸汽消毒能无选择地杀死土壤中的生物（包括有益生物）。因此，一旦发生病菌再污染，病害的发展速度也快。所以，在消毒以后进行作业时，有关接触到消毒土壤的工具及设备等都应严格消毒。

在人工配制的基质消毒时经常使用蒸汽消毒的方式，尤其在重复使用种植基质时，常常需要蒸汽消毒保证再次安全使用。

（二）太阳能消毒

一般可在7—8月的高温期间，利用太阳热进行土壤消毒，这是一种节省能源的消毒方法。如果在密闭的温室、大棚内进行效果更好，能有效地杀灭土壤病虫，增进地力。

第四节　生物肥料

生物肥料又称菌肥，是人们利用土壤中有益微生物制成的肥料。生物肥料是一类辅助性或间接性肥料，它本身并不含有植物需要的营养元素，而是通过微生物的生命活动，改善根系营养环境，如固定空气中的氮素、转化养分、促进植物吸收养分、分泌激素刺激植物根系生长、抑制有害微生物等。

一、菌根菌肥

菌根是土壤中的一类真菌与寄主植物（植物根系）的共生体。共生真菌从植物体获得碳水化合物作为自身营养，而植物通过菌根增大了吸收面积，从而提高了对水分和矿质养分的吸收能力。由于菌根分泌维生素、酶类和抗生素等物质，促进了根系的生长，所以菌根对树木的营养有着重要意义。菌根菌肥是将土壤中的菌根进行人工分离培育而制成的含有大量菌根菌的肥料。

菌根分为外生菌根、内生菌根。

外生菌根的特点是菌丝包被在吸收根的根尖区，只有少量菌丝伸入根组织，在皮层细胞间生长。外生菌根主要发生于许多树木的根系上，如松、云杉、冷杉、落叶松、栎、栗、水青冈、桦、榛子等。

内生菌根的特点是菌丝体分为两部分，一部分伸入皮层细胞并形成内生菌丝网，另一部分延伸在根际土壤中，并与内部菌丝相互连接。内生菌根以草本植物中最多，如兰科植物具有典型内生菌根。另外，许多树木也能形成内生菌根，如柏、雪松、红豆杉、核桃、白蜡、杨树、杜鹃、槭、葡萄、李、柑橘等。

菌根对于树木的营养具有特殊重要性，无论是肥沃土壤还是瘠薄土壤，特别是在瘠薄土壤条件下，菌根菌往往是树木生存不可缺少的生物因素。在园林生产中，为了提高苗木的成活率和健壮生长及增强对环境的适应性，使幼苗感染相应的菌根菌很有必要。在许多土壤上的实生苗，由于缺乏菌根，往往生长不良，表现出磷、钾不足的“花苗”或因氮素的缺乏，导致萎黄，以致死亡；而感染了菌根菌的实生苗，则生长良好。带土球移植可以在一定程度上保留根系附近的土壤微生物。

二、固氮菌肥

固氮菌肥是指含有大量固氮微生物的肥料。它是通过固氮微生物体内有特殊催化能力的固氮酶的作用，在常温常压下将空气中氮气转化成氨，能改善植物根部的氮素营养，有的还能分泌一些生长素，刺激植物的生长发育。土壤中有固氮能力的微生物很多，主要为细菌类、放线菌类和蓝、绿藻类；由于园林植物中豆科植物占比较大，根瘤菌应用前景很好，在此主要介绍根瘤菌肥。

根瘤菌存在于土壤及豆科植物的根瘤内。根瘤菌肥是把豆科植物根瘤内的根瘤菌分离出来，进行选育繁殖制成的根瘤菌剂。它是一种细菌性肥料。

1. 根瘤菌的作用

根瘤菌在适宜的条件下，遇到相应的豆科植物，就会侵入根内，与寄主植物建立共生关系形成根瘤。通过体内固氮酶的作用，把空气中的氮气转化为含氮化合物。它与自生固氮的区别在于微生物直接从植物组织中获得碳水化合物，同时将其固定的氮直接提供给寄主植物。如刺槐、紫穗槐、胡枝子、锦鸡儿、三叶草等，都能同根瘤菌共生形成根瘤。一般来说，1hm^2 豆科植物可固氮 45kg 左右。

2. 根瘤菌的特性

根瘤菌具有感染性、专一性和有效性。感染性是指根瘤菌能进入豆科植物的根内，进行繁殖，形成根瘤。感染性弱的根瘤菌不能迅速侵入根内形成根瘤。专一性是指根瘤菌只能生活在各自相应的豆科植物上，建立共生关系形成根瘤。所以在施用时必须注意这种特性。有效性是指根瘤菌的固氮能力。在各种根瘤菌中，不同菌株固氮能力不同，土壤中虽然存在着不同数量的根瘤菌，但不一定是固氮能力很强的优良菌剂，从根瘤的外观来看，灰色瘤和分散小瘤的固氮能力很弱，只有红色瘤才是有效根瘤。所以，施用优良根瘤菌肥很重要。

3. 影响根瘤菌肥肥效的因素

根瘤菌肥肥效与菌剂质量、营养条件和土壤状况等有关。

菌剂质量：菌剂要选用结瘤能力强、固氮率高、侵染力强、适应性广的优良菌剂，同时要求新鲜，每克菌剂中活菌数在 2 亿 ~3 亿个以上，杂菌数不得超过 3%~5%。

营养条件：根瘤菌与豆科植物共生要有一定的营养条件，在豆科植物生长初期，施少量无机氮肥有利于豆科植物的生长和根瘤的形成。根瘤菌和豆科植物对磷、钾、钙、钼、硼、铜等营养元素比较敏感，所以配合施用磷、钾、钼、硼、铜等肥是提高根瘤菌肥肥效的重要措施之一。

土壤条件：根瘤菌属于好气又喜湿的微生物一般在土壤疏松、土壤含水量相当于田间持水量的 60%~70% 时，能发挥较好的效果。根瘤菌能耐低温，但以 20~35℃最好。根瘤菌对土壤酸碱性也比较敏感，在 pH4.6~8.0 范围内能形成根瘤，以 pH6.7~7.5 最适宜。

4. 根瘤菌肥的施用方法

根瘤菌肥的施用，以作种肥比追肥好，早施比晚施好。主要施用方法是拌种。在播种前将菌剂加适量清水或新鲜米汤，拌成糊状，再与种子拌匀，置于阴凉处，稍干后拌少量泥浆裹种，最后拌磷钾肥或添加少量钼、硼等微肥，立即播种。根瘤菌肥的施用量，根据植物种类、种子大小和菌剂质量而定，一般是大粒种子以每粒沾上10万个以上活菌，小粒种子沾上1万个以上活菌的效果较好。菌肥拌种时不能拌入杀菌农药，应在药剂消毒种子两星期后再拌用菌肥，以免影响根瘤菌的活性。

菌肥在施用时应注意，不可与杀菌剂混用，另外硫酸铵、硝酸铵、碳酸氢铵对其有抑制作用，施后10余天才能使用菌肥。

三、磷细菌肥

磷细菌肥是一种含有大量磷细菌的肥料。它能强烈分解土壤中有机磷或无机磷化合物。它在释放有效磷的同时，还能促进土壤中自生固氮菌和硝化细菌的活动，并分泌激素类物质，有利于植物生长。磷细菌多属好气性微生物，有的能分解有机磷化合物，有的能分解无机磷化合物，在水分适宜、通气适宜、富含有机质的土壤中施用，往往效果显著。

磷细菌的专一性不是很强，适用范围较广。可作基肥、追肥和种肥施用。作基肥和追肥施用时要施到根层，施后立即覆土；作种肥时可采用拌种、浸种或蘸根等方法。磷细菌肥可与有机肥及固氮菌肥等混合施用，但不能与农药混用，并注意在使用过程中防止日晒。

四、生物钾肥

生物钾肥是一种含有大量好气性硅酸盐细菌的肥料。这种细菌能够分解长石、云母等硅酸盐和磷灰石，使这些矿物中的磷、钾养分转化为有效性磷和钾，供植物吸收利用。钾细菌对环境条件适应性强，对土壤要求不太严格，即使养分贫瘠的土壤，也能正常生长。最适宜的温度条件为25~30℃，pH值为7.2~7.4，当pH值小于5或大于8时，其生长将会受到抑制。

生物钾肥适宜在喜钾植物和缺钾土壤上施用。使用时要注意早、匀、近，即施用时间要早，最好作基肥和种肥；拌种、拌土或拌有机肥时要均匀；施用部位要离植物根系近。

第五节　城市绿地土壤

一、城市绿地土壤的类型

城市土壤的均一性非常差，空间立体差异很大，比如同一个公园不同区域土壤质量差别巨大。绿地土壤具体环境不同，相应的土壤类型也不一样。从土壤类型上看，大致分为以下3类。

（一）填充土

目前城市绿地林地大多属于填充土，即在房屋、道路等建设完成后余下的空地，需要使用地下设施建设过程中清理出来的开槽土回填到表面，这样的话，土壤中根本没有土壤层次的概念，大部分是未经熟化的生土或素土，缺乏有机质和土壤微生物，经常混入城市建筑的渣料和垃圾，对植物后期生长非常不利。这种填充土必须经过改良，符合相关绿化种植土质量标准后，方可用于绿化种植。相关标准有行业标准《绿化种植土壤》(CJ340)、北京市地方标准《园林绿化种植土壤》、《园林绿化工程施工及验收规范》等。

（二）**农田土**

随着城市规模的扩张，摊大饼式的发展，城市郊区农田甚至菜地逐渐改变用途，部分建成了配套绿地和林地、苗圃地等，这种在原来农田或菜地土基础上改建的绿地，还保持着农田土、菜园土的特点，土壤肥力特征较好。但作为苗圃后，由于经常带土球起苗，再加上枝条、枝干、树根全部出圃，后期土壤培肥投入不够，因此土壤肥力逐年下降。苗圃应注意培肥土壤。

（三）**自然土壤**

远郊区的自然保护区和风景旅游区，土壤受人为干扰少，土壤在自然植被的影响下，土壤剖面有较明显的发育层次。相比而言，城区绿地则以填充土为主，受到城市活动的干扰较大，土壤性质差异很大。

二、城市绿地土壤的特点

1. 自然土壤层次紊乱

由于频繁的建筑活动，城市绿地土壤土层经常被扰动，表土经常被移走或被底土盖住。目前城区绿地基本以填充土或开槽土为主，层次紊乱，甚至根本就没有土层，原有的土壤发育形成的层次完全被打乱。

2. 土壤中外来侵入体多而且分布深

城市绿地建植大多在房屋、道路等建筑工程完成后开展，现场的大量建筑垃圾、渣土等仍然大量留存在绿地土壤中，导致土壤中外来侵入体较多而且成分复杂，包括水泥混凝土渣料、砾石、沥青等材料，不利于后期植物根系生长。也有部分侵入体，如陶土烧制的砖头瓦块，由于其本身孔隙较多，少量的砖头瓦块存在可以适度改善土壤的通气透水性，促进根系生长发育。

3. 受到各种市政基础设施的影响

为了保证城市生活的正常运转，绿地内不可避免地要铺设有各种市政设施，如热力、煤气、电信、排污管线等各种管道或地下构筑物，这些构筑物隔断了土壤毛细管道的整体联系，占据了树木根系的营养面积，不利于后期植物根系生长。

4. 受到城市人群活动影响，土壤密实度高

绿地土壤表层一方面由于人为踩踏，另一方面由于很少翻耕，多年的自然沉降导致绿地土壤压实紧密，通气透水性差，根系不易下扎导致根系分布很浅，深层根系也会因为缺少而逐渐干枯，上层土壤须根也减少；也不利于雨水和灌溉水入渗，绿地的海绵作用大大减弱。土壤有机肥施用量严重不足，也是导致土壤紧实的原因之一。土壤密实度过高，已经成为城市绿地土壤的一个重要的制约因素，急需通过耕翻、打孔、施入有机肥等措施加以改善，提

高土壤的通气透水性能。

5. 土壤中有机质极其缺乏

土壤中的有机质主要来源于动植物残体。目前，城区绿地中的植物枯枝落叶等有机残体，迫于消防安全的压力，大部分都被清除，很少回归到土壤中。绿地养护过程中，有机肥的投入和施用也非常不够，长此以往，导致绿地土壤中的有机质日益下降，逐渐枯竭，大部分绿地土壤有机质含量都不足1%。另外目前绿地土壤的来源以开槽土（生土）为主，这种土壤有机质非常缺乏，肥力水平低下，直接用于绿化则导致后期土壤板结，营养贫瘠，不利于园林植物的生长发育。建议栽植苗木前，先施入草炭、有机肥等有机质含量高的组分加以改良，把土壤有机质含量提高到1%以上，再做种植。

6. 土壤pH值偏高

北京地区绿地土壤pH值大多在碱性至强碱性范围（7.5~8.5），部分地区在8.5以上。这种碱性土壤非常不利于矿质元素的活化，导致植物出现矿质元素的生物有效性大大降低，因此建议多施用有机肥或弱酸性肥料等改良土壤，提高土壤矿质元素的活性。

三、改良城市绿地土壤的措施

城市土壤是园林植物赖以生长的地下空间，城市土壤的质量直接影响到园林植物的生长质量，进而影响到园林植物生态效益及景观效果的发挥。针对城市土壤存在的以上问题，可以采取技术措施加以改良，重点包括土壤物理性状（土壤通透性、土壤质地、土壤结构等）和土壤养分调整补充等技术措施。

（一）土壤通透性改良

当前全国各地在推进海绵城市的建设，其中城市绿地土壤理论上是吸纳和蓄积雨水的重要海绵组织。但是由于大规模的人口活动造成的机械压实和人为踩踏，加上绿化工程建设阶段改土不到位等等原因，造成的土壤结构不良及土壤有机质缺乏问题突出，城市绿地土壤的通透性普遍较差，普遍存在着土壤过于紧实的问题，影响了土壤的通气透水性，阻碍了根系的伸展，影响了植物的健康生长。这也是当前制约和影响园林植物正常生长的重要因素之一。

1. 施工阶段

绿化苗木栽植前，应对绿化种植区域土壤进行松翻，保证土壤容重不高于1.35g/cm^3。另外完工前应针对施工机械作业通道的压实区域进行人工松翻，使其恢复良好的疏松度，便于后期苗木的根系伸展和土壤透气透水。同时保证必要的土层厚度是保持土壤疏松的前提，不同植物的土层厚度要求见（表2-1）。

2. 养护阶段

园林植物不同于农作物的当季收获，园林树木、草坪等生长周期通常比较长，尤其树木生长周期都在几十年甚至上百年。随着土壤的自然沉降和压实，土壤通透性也会逐渐变差，因此绿地建成后的日常养护措施中，也需要定期松土。

草坪通常采用打孔机或人工打孔，这样可以不破坏草坪景观的前提下改善通透性。草坪打孔时应避免在过干或过湿进行，因为过干时土壤坚硬，作业阻力过大，而过湿操作时，反

园林绿化种植土壤土层厚度要求 表 2-1

植被类型		土层厚度 /cm
乔木	深根	≥ 200
	浅根	≥ 100
灌木	高度≥ 50cm	≥ 60
	高度 <50cm	≥ 45
竹类		≥ 50
多年生花卉		≥ 40
一、二年生花卉		≥ 30
草坪植物		≥ 30

而加剧了土壤压实。如果草坪土壤质地过黏，可以打孔后适当撒施细沙、砂土、有机肥、草炭等，填充孔洞。

大规格树木的松土，可以在树冠投影的外围（即吸收根分布区域）采取中耕松翻等，注意尽量顺着根系伸展方向进行下挖翻动，最大限度地避免伤根。针对客流量大，人为踩踏严重的大树分布区域，可以设置围栏、护栏、绿篱、竹篱等加以隔离，减少或避免人为踩踏。围栏或护栏等应不小于树冠投影面积的三分之二，围栏过小则达不到保护根系的目的，而且树干附近以粗大的支撑根为主，纤细的吸收根分布很少，因此围栏要重点保护吸收根分布区域。

3. 古树等重点树木

古树名木是不可再生的活文物，这类重点保护对象，进行立地土壤通透性改良时，具体改良方案应进行专家论证，确保方案的科学性和可行性。常用方法有埋条法、透气井、透气管法等。

（二）土壤质地改良

最理想的土壤质地是壤土，但实际的城市绿化所用土壤中壤土所占比例很低，相反存在大量质地黏重的黏质土，比如目前城市绿地建设中大量使用的深层开槽土（高楼建设时开挖地基时产生的）；同时部分区域的绿化种植需要在砂质土上进行，比如某些滨河森林公园的建设，需要在河岸边的沙地或滩涂上进行，针对这些情况，均需要进行土壤质地的改良，以利于后期植物的成活及健康生长。

1. 黏土改良

黏土中掺入砂土或细河沙，从根本上改变土壤的机械组成，是改良黏质土的有效方法。也可以因地制宜就地取材，掺入腐熟的有机肥、枯枝落叶堆肥、草炭、珍珠岩、岩棉、沸石、炉渣、粉煤灰、醋糟类材料加以改良。为了控制成本，也可以仅改良树穴、花坛等局部区域。其中使用有机肥、枯枝落叶堆肥等改良土壤质地是综合效果最好的，在改善土壤质地的同时，还丰富了土壤有机质，改善了土壤的通气透水性，提升了土壤的综合肥力水平。

2. 砂土改良

砂土改良的常用方法就是掺入黏土或质地黏重的淤泥、河泥、塘泥等，从根本上改变土壤的机械组成。也可以掺入腐熟的有机肥、枯枝落叶堆肥、草炭等，既可以改善土壤质地，也可以提升土壤有机质水平，补充土壤养分，促进团粒结构的形成，提高土壤的保水保肥性能。

（三）土壤结构改良

当前城市绿化建设用土中，人工熟化的耕层土壤非常稀缺，大多以深层开槽土为主，开槽土的土壤结构不良，核状、块状及棱柱状结构较多，耕性差，土壤肥力低下，需要采取措施进行熟化改良，才能保证植物的正常生长。

针对结构不良的土壤改良，可以采取施用腐熟的有机肥、草炭土、枯枝落叶堆肥等，同时结合耕翻、耙碎、晒垡等作业，促进加速土壤熟化过程。也可以施入人工合成的聚丙烯酰胺类的土壤结构改良剂，兼具保墒蓄水功能，按一定比例与土壤混合后，能与土壤颗粒结合成水稳性团粒结构，提高土壤蓄水储水能力100倍以上。人工合成的土壤结构改良剂还包括其他种类，且在不断更新换代，都可以按照对应的比例加以施用。

（四）土壤养分调整

土壤养分是土壤肥力四大要素之一，土壤养分水平直接影响着植物的生长发育。长期以来，由于肥料投入严重不足导致的城市土壤养分缺乏，已经成为制约园林植物健壮生长的重要因素。需要从园林植物生长的全生命周期（前期施工和后期养护），关注植物的营养需求，通过科学合理的施肥措施，保证土壤养分的持续供应，确保土壤肥力水平不下降。

苗木栽植前，需要加大对底肥和基肥的投入力度，种植土改良要到位，满足相应的种植土质量标准要求，确保土壤有机质含量不低于10g/kg，氮磷钾等速效养分达到中等水平。底肥和基肥坚持以有机肥为主，包括腐熟的生物有机肥、枯枝落叶堆肥、草炭土等，兼顾补充养分和改良土壤通透性，协调土壤的水、气、热状况。绿地建成后的后期养护阶段，可以考虑复合肥类的速效化肥为主，应遵循少量多次的原则，及时补充土壤养分。日常养护中，要把追肥纳入常规化、常态化养护措施，使土壤肥力维持在中等肥力水平，保证可持续的土壤养分供应。

同时每年植物从土壤中吸收带走大量的矿质元素，用于地上部分植物体的构建。为了维持土壤肥力的平稳提升，枯枝落叶等植物凋落物应及时归还到土壤中去，这也是维持土壤肥力水平、补充土壤养分的重要措施之一。枯枝落叶经粉碎腐熟后，是非常好的土壤改良剂。目前植物凋落物的归还做得还不到位，因为景观、卫生、防火等需要，大部分枯枝落叶被清理出绿地。同时肥料投入不足，长此以往则会导致城市土壤肥力水平不断下降。因此今后应重视并加强植物凋落物归还土壤的推广应用。

另外，由于不同植物对养分的需求量及种类不同，根系分布深度和吸收养分的能力也不同，因此合理的植物配置也是协调利用土壤养分的有效途径之一，比如乔、灌、花、草相结合的复式植物配置模式，则有利于协调利用不同土壤深度的养分。

（五）土壤酸碱性改良

园林植物种类繁多，生长习性差距巨大，因此土壤酸碱性改良也是满足园林植物生长环境的重要措施之一。

1. 中性和石灰性土壤的人工酸化

北方地区的中性和石灰性土壤上，为了造园或造景需要，经常要栽植部分喜酸性的杜鹃、栀子、山茶、杜鹃、桂花等植物，为了保证这些喜酸性植物正常生长，则必须要对土壤做酸化处理。通常施用硫磺粉或硫酸亚铁，参考用量 $50g/m^2$ 硫磺粉或 $150g/m^2$ 硫酸亚铁，可以在短期内使土壤 pH 值有所下降。另外，酸性花卉栽植时，也可以施用部分酸性基质，如泥炭、醋糟、酒糟、松针土、南方酸性土等，也可以适当降低 pH 值。

2. 酸性土壤改良

改良酸性土壤，常用的措施就是施入石灰、粉煤灰、草木灰等碱性物质，一方面中和酸性成分，还可以增加土壤中钙、镁、钾等营养元素。另外，在酸性土壤上，尽量施用碱性或生理碱性肥料，并尽量多施有机肥，对增强土壤抗酸化能力和提高土壤缓冲性都十分有益。

由于土壤本身具有缓冲性，土壤酸碱性改良的维持效果通常比较有限，因此生产实践中，为了长期保持酸化或中性的根系生长环境，需要经常性地采取对应的措施加以改良。

四、城市绿地土壤的污染与防治

土壤是城市生态系统的重要组成部分，被动接受着来自大气、水体等环境中的污染物，比如大气沉降物、水体污染等最终会进入土壤。当土壤中累积的污染物含量过高，超过了土壤的自净能力时，就会对土壤造成危害，产生土壤污染。土壤污染不仅降低土壤质量，影响绿地植物的生长，而且可能会通过人群密切接触绿地而影响到居民或游人健康。

城市绿地土壤可能的污染源包括但不限于污水灌溉、大气沉降、生活垃圾、污泥、工业废渣及施入的农药、肥料、融雪剂污染等。为了更好地建设节约型园林，应推广使用达标的再生水、达标的污泥产品等，杜绝未经处理或不达标的产品进入绿地。同时，严格控制融雪剂的用量和使用范围，并做好道路绿化带的围挡保护，尽可能降低融雪剂造成的危害。

为了减少或降低土壤污染的风险，需要从源头上做好质量把关。比如，施入土壤的有机肥料和化学肥料等质量要达标，不能产生重金属污染；农药施用过程中，严格执行农药安全使用标准，采取综合防治预防为主的方针，优先施用生物制剂农药和生物防治技术；未经处理的污水、污泥或生活垃圾等禁入绿地。

一旦融雪剂进入绿地产生了污染，最有效的措施就是在浇灌返青水之前，铲除表土层，避免融雪剂进入根系分布层土壤。

对于焦化或化工类工厂搬迁后腾退的污染土地，则需要依靠专业团队进行土壤修复和相关环境影响评价，确保其生态风险在可接受范围内，才能用作绿地。

第三章　园林树木

第一节　园林树木的分类

地球上的植物约有 50 万种，而高等植物达 35 万种以上，就我国而言，就有高等植物 3 万种以上，其中木本植物 7500 多种。如此多的植物若没有科学的鉴别和系统的分类，人们就无法正常应用。为了便于识别、应用和研究，必须将不同植物按照一定的方法进行分门别类，以便于人们在实践中加以利用。植物分类的具体方法和理论依据有很多种，但大致可归为两类，一类是人为分类法，多在应用学科中使用；一类是自然分类法，多在理论学科中使用。

一、人为分类法

人们凭着植物习性、形态或其效用等方面的某些特点进行分类的方法，称之为植物的人为分类法。

我国在公元前 476—221 年的《尔雅》一书记载植物约 300 种，分为草本和木本两类。我国明代本草学家李时珍（1508—1578 年）根据植物的形状和用途，以纲、目、部、类、种作为序列，将 1195 种植物分为草、谷、菜、果、木 5 类，并写成著名的《本草纲目》一书。欧洲最早进行植物分类的人是希腊学者亚里士多德（公元前 384—公元前 322 年），其按植物生长的习性，把植物分为乔木、灌木、半灌木和草本。瑞典植物学家林奈（1707—1778 年）根据植物的生殖器官—雄蕊的数目及其位置作为分类依据，把植物界分为 24 个纲。人为分类法大体分为以下几个方面。

（一）按生长类型分类

1. 乔木类

通常树体高大，有明显的主干，高度至少在 5m 以上。根据株高具体分为大乔木、中乔木和小乔木。大乔木高度 20m 以上，如毛白杨、新疆杨、悬铃木等；中乔木高度 10~20m，如国槐、白蜡、栾树等；小乔木高度 5~10m，如山桃、紫叶李、石榴、樱花等。

2. 灌木类

树体矮小，高度在 5m 以下，无明显主干或主干低矮，分单干型和丛生型，多数灌木为丛生型。主要树种有迎春、连翘、榆叶梅、珍珠梅、黄刺玫、月季、金银木、天目琼花等。

3. 藤木类

藤木靠缠绕或攀附他物向上生长，依据生长特点分缠绕类、钩攀类、吸附类和卷须类。

常见藤木有紫藤、金银花、爬山虎（地锦）、五叶地锦、凌霄等。

（二）按观赏特性分类

1. 观叶树木类

叶形或叶色具有观赏价值，或既观叶形，又观叶色。常见观叶形树种有银杏、鹅掌楸、紫荆等；常见观叶色树种有元宝枫、黄栌、洋白蜡、紫叶李、紫叶矮樱、紫叶小檗等；形色兼具的树种有银杏、元宝枫。

2. 观花树木类

可分春夏秋不同季节观赏。大多数树种花期集中在春季，常见树种有玉兰、蜡梅、迎春、连翘、榆叶梅、碧桃、黄刺玫、猬实、丁香、棣棠、月季等；夏季常见观花树种有栾树、合欢、紫薇、木槿、海州常山等；秋季常见观花树种有糯米条。

3. 观果树木类

常见树种有柿树、石榴、金银木、平枝栒子、水栒子、小紫珠等，秋季果实成熟后除观赏外，如柿树和石榴还可食用。

4. 观枝干树木类

常见树种有白皮松、悬铃木、山桃、红瑞木、棣棠、黄刺玫等。

5. 观树形树木类

常见树种有雪松、馒头柳、龙爪槐、垂枝榆、垂枝碧桃等。

（三）按在园林绿化中的用途分类

1. 行道树与庭荫树类

（1）行道树。种植在道路两旁的乔木，给车辆、行人遮荫，并美化街景，一般要求主干通直、冠大荫浓，抗污染，耐修剪，寿命长，且无绒毛飞絮。如国槐、银杏、栾树、丝棉木、鹅掌楸等。

（2）庭荫树。种植于庭院中及绿地内，以遮荫为主，兼顾观赏，一般树体高大，冠大荫浓。如悬铃木、泡桐、楸树、七叶树等。

2. 孤植树与园景树类

（1）孤植树。在绿地中单株栽植的树木，如雪松、白皮松、华山松、云杉等。

（2）园景树。在庭院、绿地中栽植观赏的树木，如雪松、油松、白皮松、合欢、栾树、垂柳等。

3. 防护林类

主要指防风固沙、防止水土流失、吸收有毒气体等树木，多成片或成带栽植，如杨柳林带、杨柳片林、油松片林、圆柏片林。

4. 花灌木类

一般具有观花、观果、观叶、观枝干颜色和形态等特点，在园林中应用种类和数量多。观花灌木有迎春、连翘、丁香、榆叶梅、黄刺玫、紫薇等；观果类有金银木、小紫珠、水栒子等。

5. 藤木类

在园林或城市中，起着垂直绿化作用的树木，多应用于棚架、墙面、拱门，及立交桥绿化等，如爬山虎、五叶地锦、紫藤、凌霄等。

6. 绿篱类

在绿地中起着分割空间、开阔视野、衬托景物的作用，一般生长缓慢、分枝多、耐修剪。北京常见有锦熟黄杨、圆柏、侧柏、金叶女贞、大叶黄杨、紫叶小檗等。

7. 地被类

用于裸露地面或斜坡绿化的树木，一般为植株低矮的灌木或匍匐的藤木，如平枝栒子、砂地柏、铺地柏、地锦、五叶地锦、扶芳藤等。

8. 盆栽及造型类

多生长缓慢、枝叶细小，耐修剪、易造型、耐贫瘠、易成活、寿命长，苹果树、荆条、榔榆、五针松、蜡梅、梅花等。

9. 切花或室内装饰类

梅花、蜡梅、银芽柳、丁香等。

二、自然分类法

（一）自然分类法的概念

自然分类法是依据植物进化顺序及植物之间亲缘关系而进行分类的方法。它基本上反映了植物自然历史发展规律，亲缘关系相近的种归到一起，有利于植物识别。

（二）植物分类单位

自然分类法从广到细的分类单位为界、门、纲、目、科、属、种，有的因在某一等级中不能确切而完全地包括其形状或系统关系，故另设亚门、亚纲、亚目、亚科、亚属、亚种或变种等。

“种”是分类的最基本的单位，相近的种集合而成属，类似的属而成科，由科并为目，由目而成纲，由纲而成门，由门合为界。这样循序定级，就构成了植物界的自然分类系统。

“种”是具有相似形态特征，表现一定的生物学特性，并要求一定生存条件的多数个体的总和，在自然界占有一定的分布区。因此，每一个“种”都具有一定的本质性状，并以此而界限分明地有别于他“种”。如侧柏、国槐、油松等都是彼此明确不同的具体的种。以元宝枫为例，植物的分类位置如下：

界 .... 植物界

门 .... 种子植物门

亚门 .... 被子植物亚门

纲 .... 双子叶植物纲

目 .... 无患子目

科 .... 槭树科

亚科 .... 槭树亚科

属 .... 槭树属

种 .... 元宝枫

如此，在自然分类系统中，每种树木都有其具体的位置。

（三）**植物命名**

植物种类繁多，按人为分类法只能进行归类，而自然分类法无法统一世界各地的叫法，即使同一地区，同种植物也有多个名称，给引种和应用带来诸多不便。因此，规范和统一树种的命名显得尤为重要。

目前，国际上通用的命名方法为林奈倡用的“双名法”，由两个拉丁化的词组成，第一个词为属名，第二个词为种名，种名之后附以命名人（多缩写）。如银杏的学名为 *Ginkgo biloba* L. 属名 *Ginkgo* 为我国广大方言的拉丁文拼音；种名 *biloba* 为拉丁文形容词，意为“二裂的”，系指银杏叶片先端二裂的意思；L 为命名人林奈 Carlvon Linne 即 Linnaeus 的缩写。

种下面有变种、品种和变型等，目前拉丁名均为在种名后加单引号表示，品种的第一个字母大写。

第二节　园林树木的生态习性

树木的生态习性是指树木与外界环境之间的关系，其外界环境包括气候因子（温度、水分、光照）、土壤因子、地形地势因子、生物因子及人类活动等，这些因子与树木生长息息相关。

一、温度因子

温度是影响树木生长的主要生态因子之一，影响树木的自然分布和生长发育，决定着树木的应用范围。

（一）**温度对树木生长的影响**

树木长期生活在其自然分布区内，形成了对环境的高度适应性。就温度因子而言，不同树种，其生命活动所要求的最高温度、最低温度和极限温度不同。当温度超出其所能忍耐的限度时，树木的生命活动就会受到抑制或伤害。在树木引种中，常发生香樟、火棘、石楠等许多南方树木北移后，因不能忍受低温而受到冻害，严重者甚至死亡。

北方树木南移后，则发生因冬季不够寒冷而引起叶芽很晚萌发和开花不正常等现象。或因不能适应南方长期的高温而受到灼伤，及湿度过大而生长不良或不能结实，严重者甚至死亡。从山区高海拔向平原地区引种树木时，也会因树木不能忍受过高的温度而生长不良或死亡。

温度对树木的伤害除由于超出树木忍受范围引起外，就是在树木能忍受的温度范围内，也会因温度发生急剧的变化，而使树木受到伤害。在高纬度地区，由于日照长，在冬季，白天树干被阳光晒热，日落后温度急剧降低，一些引自低纬度地区的薄皮树种如悬铃木、七叶树、蒙椴等，干皮尤以西南方向易发生裂伤。因此，越冬时人们往往采取树干涂白或包裹等措施，防止树皮灼伤。

（二）温度对树木分布的影响

温度对树木的自然分布起着很大的作用。每一树种均有一定的适生范围，故在温度与其他因子的综合影响下，形成一定的地理分布。根据树种分布区域温度高低的状况，可分为热带树种，如橡胶、可可等；亚热带树种，如柑橘、毛竹等；暖温带树种，如香樟、广玉兰等；温带树种，如毛白杨、油松等；寒带树种，如西伯利亚冷杉、红松等五类。不同地区应选用能适应该地区温度的树种。

二、水分因子

树木的一切生命活动都离不开水，水分是园林树木生存和繁衍的必要条件。根据对水分的不同要求，园林树木可分为以下几类。

（一）旱生树种

具有高度耐旱能力的树种，它们在长期的系统发育过程中形成了生理与形态方面具有适应大气和土壤干旱的特性。如梭梭木、伏地桧、栎类等树种。

（二）湿生树种

此类树种需要生长在潮湿的环境中，干燥或中生的环境中常致死亡或生长不良。例如水松、落羽松、池杉、红树等。

（三）中生树种

大多树种均属此类，细分为略耐旱或较耐低湿环境两类。如油松、侧柏、柽柳、牡荆等有很强的耐旱性，但仍以在干湿适中的条件下生长最佳；桑树、旱柳、垂柳、紫穗槐等耐水湿能力很高，但仍适宜在中生环境下生长。

三、光照因子

光是树木生长发育的必要条件，绿色植物通过光合作用将光能转化为化学能，为地球上的生物提供能源。根据树木对光照的需求不同，将其分为以下 3 类。

（一）阳性树种

在全日照下生长良好而不能耐阴的树种，如油松、白皮松、水杉、杨属、柳属、刺槐、银杏、臭椿、悬铃木、玉兰、碧桃、黄刺玫、水栒子等。此类树种细胞壁较厚，叶表有厚的角质层。

（二）阴性树种

在较弱的光照下比全光照生长良好，有较高的耐阴能力，且在气候较干旱的环境中，常不能忍受过强的光照，如云杉属、冷杉属、椴树属、八仙花属、天目琼花、棣棠、矮紫杉等。此类树种叶片表皮薄，无角质层。

（三）中性树种

在充足光照下生长最好，也具有一定的耐阴能力，在高温干旱的全光照环境生长受抑制的树种，包括中性偏阳性和中性偏阴性两类。如圆柏、侧柏、国槐、元宝枫、七叶树、珍珠梅、金银木为中性偏耐阴种类；榆树、朴树、榉树、枫杨、樱花等为中性偏喜光种类。

树木栽培应用应考虑其对光照的需求，喜光树种不能栽植在全阴环境，否则会表现出枝叶稀疏、花量减少等不良性状。如黄刺玫生长在强光下的花量是其全阴环境的10倍；元宝枫全光照栽培，尤其道路高温环境中，往往表现出焦叶现象。因此，只有熟悉每种树种的生态习性，才能栽植出生长健壮、表现优良的树种，充分发挥其观赏价值。

四、土壤因子

土壤是树木赖以生存的基础，树木根系深扎土壤，从土壤中吸收水分供地上部分生长。南北方除树木种类分布不同外，其树木对土壤酸碱度和盐分含量的要求也不相同。因此，土壤也是影响树木生长的主要因子之一。

依树木对土壤酸碱度的不同要求，可分为酸性土树种、中性土树种和碱性土树种。

（一）酸性土树种

在呈或轻或重的酸性土壤中生长最佳的树种，一般以土壤pH值小于6.5为宜。如马尾松、油松、杜鹃、红松等都是酸性土树种。北方山区腐殖质疏松土质，及南方土壤多为酸性。

（二）中性土树种

在中性土壤中生长最佳的树种，土壤pH值为6.7~7.5。大多数树种都属于本类。

（三）碱性土树种

在呈或轻或重的碱性土壤中生长最佳的树种，土壤pH值大于7.5。如柽柳、紫穗槐、杠柳、沙枣、沙棘等属于碱性土树种。

树种对土壤肥力的要求也各不相同，可分为瘠土树种和肥土树种。瘠土树种耐瘠薄能力强，如油松、酸枣、荆条、小叶鼠李等。绝大多数园林树种喜欢深厚肥沃而适当湿润的土壤，但有些树种对土壤肥力要求严格，需要充沛的肥力才能正常生长，称为肥土树种。胡桃、梧桐等为肥土树种。

五、地形地势因子

（一）海拔高度

随着海拔高度升高，温度降低，湿度渐高，光照渐强，紫外线含量增加，因而会影响树木的生长与分布。一般来说，生在高山上的树木比同种而生于平原或低海拔处者，有植株高度变矮、节间变短、叶的排列变密等变化。

（二）方位、坡向

不同的方位、坡向对气候因子影响很大。如南坡光照强，湿度小，土壤较干旱，而北坡湿度和水分含量高于南坡。南北坡树种在生长势上明显不同，北坡比南坡生长旺盛，盖度大。在降雨量少的地区，北坡自然生长乔木、灌木和地被，而南坡则以灌木和地被为主。

（三）地势变化

地势的陡峭起伏，坡度的缓急等，不但影响小气候的变化，而且对土壤的流失与积聚都有影响，因此，可直接影响到树木的生长和分布，如生长在坡度陡峭处的植物形态呈悬崖状，就与生长在平地上的植物形态明显不同。

第三节　园林树木各论

一、常绿乔木

1. 辽东冷杉

科属　松科 冷杉属

别名　杉松

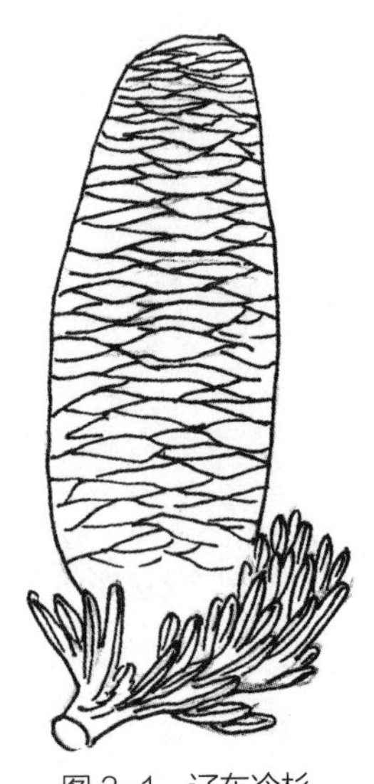

图 3-1　辽东冷杉

形态　树冠阔圆锥形，老龄广伞形；树皮灰褐色，内皮赤色；冬芽有树脂；叶条形，上面深绿色，下面有 2 条白色气孔带（图 3-1）；雌雄同株，球花单生于叶腋，球果直立；花期 4~5 月，球果 9~10 月成熟。

分布　产我国东北东南部，为长白山、牡丹江山区主要森林树种之一。

习性　阴性树，耐寒性强，喜冷凉湿润气候；不耐高温及干燥，于城区下垫面热辐射强烈地区栽植，越夏易焦叶；喜酸性土壤，不耐干旱、盐碱和土壤密实，忌积水；抗烟尘污染能力差。

繁殖　播种。

园林用途　树形端庄，姿态优美，园林中可列植或作背景树栽植应用。

2. 红皮云杉

科属　松科 云杉属

别名　红皮臭、高丽云杉

图 3-2　红皮云杉

形态　树冠尖塔形；小枝细，淡红褐色至淡黄褐色，无白粉，基部宿存的芽鳞先端常反曲；针叶长 1.2~2.2cm，先端尖；果鳞先端圆形，露出部分有光泽，常平滑（图 3-2）。

分布　产我国东北山地，在小兴安岭和吉林山区常见。

习性　阴性树，喜冷凉湿润气候；耐寒性强，耐干旱瘠薄土壤；浅根性，侧根发达，生长较快。

繁殖　播种。

园林用途　姿态优美，耐寒冷气候，比辽东冷杉更适应北京环境，是优良的园林绿化树种。

3. 云杉

科属　松科　云杉属

别名　茂县云杉、异鳞云杉、大云杉、大果云杉、白松

形态　树冠圆锥形，树皮鳞片状剥落；小枝淡黄色，微被白粉，基部宿存芽鳞先端反曲，针叶长1~2cm，横切面菱形，微弯曲（图3-3）；球果下垂；花期4~5月，球果9~10月成熟。

图3-3　云杉

分布　产于四川、陕西、甘肃等山区，自然生长多为纯林，现城市有引种栽培。

习性　较喜光，有一定耐阴性；耐寒冷，有一定耐干燥能力，以深厚的酸性土壤生长良好；生长速度中等，较白杄略快。

繁殖　播种。

园林用途　树形秀美，耐干冷能力强，北京可用于建筑物北侧，或风口位置；园林中可点缀于公园、庭园或作背景树，也可山地造林应用。

4. 女贞

科属　木犀科　女贞属

别名　冬青、大叶女贞

形态　树皮、小枝灰色，光滑无毛；单叶对生，叶片卵形至卵状长椭圆形，先端尖，全缘，革质而有光泽（图3-4）；顶生圆锥花序，花白色，芳香；核果椭球形，熟时蓝黑色；花期6~7月，果9~10月成熟。

图3-4　女贞

分布　产我国长江流域及以南地区。

习性　耐寒性不强，北京背风向阳处可露地栽植，早春干旱大风会造成抽条，以3月下旬～4月上旬景观欠佳，此时老叶脱落，新叶还未展出；不甚耐干旱和瘠薄，耐修剪，抗有害气体能力强。

繁殖　播种为主，也可扦插。

园林用途　女贞终年常绿，叶片光泽洁净，花期正值炎热夏季，能抗有害气体，南方城市常用作行道树、园路树或庭园树，也可作绿篱应用，或工矿区绿化栽植。

二、常绿灌木

1. 粗榧

科属　三尖杉科　三尖杉属

别名　粗榧杉

形态　小枝对生，基部有宿存芽鳞；叶条形，下面有2条白色气孔带，叶基扭转排成二列状（图3-5）；种子核果状，次年10月成熟。

图 3-5 粗榧

分布 我国特有树种，产长江流域及其以南地区，北京有栽培应用。

习性 喜温凉湿润气候，耐阴性强；有一定的耐寒性；抗病虫害能力强；不耐移植。

繁殖 播种为主，也可扦插繁殖。

园林用途 粗榧四季常绿，叶形整齐，叶色深绿，可作基础种植，或与其他树配植，也可丛植应用。

2. 矮紫杉

科属 红豆杉科 红豆杉属

别名 伽罗木

形态 灌丛状生长，高达 2m，多分枝而向上，小枝互生，基部有宿存芽鳞；叶条形，中肋明显（图 3-6）；种子具红色杯状假种皮，9 月成熟，而后陆续脱落。

图 3-6 矮紫杉

分布 产东北山区，北京有栽培应用。

习性 耐寒性强，喜冷凉湿润气候，适生范围广；浅根性，侧根发达；生长缓慢，为慢生树种。

繁殖 播种为主，也可扦插繁殖。

园林用途 植株低矮，枝条密集，适植于墙边、路缘和基础种植；因其生长缓慢，也可栽植于岩石园或作盆景。

三、落叶乔木

1. 新疆杨

科属 杨柳科 杨属

形态 树冠开张角度小，枝条近直立向上生长，树冠呈圆柱形；干皮灰绿或灰白色，很少开裂；短枝上的叶片近圆形，有缺刻状锯齿，叶背幼时密生灰白色绒毛，长枝上的叶片缺刻较深或呈掌状深裂，背面被白色绒毛（图 3-7）。

图 3-7 新疆杨

分布 以新疆分布较多，尤以南疆为主，北京等其他城市有引种栽培。

习性 喜光，耐寒、耐旱、耐水湿及盐碱；深根性，抗风力强，生长迅速；对烟尘污染抗性较强。

繁殖 扦插、埋条。

园林用途 新疆杨树体高大、树冠紧凑，秋色叶金黄，是优良的风景树；因其耐水湿，可植于水边绿化；又抗烟尘污染，也可在工厂区绿化栽植。

图 3-8　枫杨

2. 枫杨

科属　胡桃科 枫杨属

别名　元宝枫、平柳、水麻柳

形态　枝具片状髓，裸芽密被褐色毛，下有叠生无柄潜芽；叶痕肾形，叶迹 3；多偶数羽状复叶，少奇数，叶轴具翅，小叶 9~23 枚；雌雄同株，葇荑花序下垂（图 3-8）；坚果近球形，具翅；花期 4~5 月，果实 8~9 月成熟。

分布　广泛分布在我国东北南部、华北、中南和西南各省。

习性　较耐寒，以温暖湿润气候为宜；不择土壤，酸性和微碱土壤中均可生长；耐水湿，但也有一定的抗旱能力；深根性，萌蘖性强，寿命长。

繁殖　播种为主。

园林用途　树冠宽阔，枝繁叶茂；北京市以公园栽植居多，道路曾栽植，但生长表现差；耐水湿能力强，常作为水边护岸固堤或防护林树种。

图 3-9　榉树

3. 榉树

科属　榆科 榉属

别名　大叶榉

形态　树皮片状剥落，树冠倒卵状伞形；小枝细，褐色，冬芽长卵形，先端尖，叶痕位置不规则；单叶互生，叶卵状椭圆形，缘具近桃形整体锯齿（图 3-9）；花期 3~4 月，坚果 10 月成熟。

分布　分布于长江中下游至华南、西南各地区。

习性　喜温暖湿润气候；深根性，抗风力强；对土壤要求不严，酸性、中性和石灰性土壤中均可生长；不耐干旱和水湿；抗烟尘、有毒气体和病虫害能力强。

繁殖　播种为主。

园林用途　榉树树形优美，枝叶细密，秋季叶片变为黄红色，可作庭荫树、行道树，孤植、丛植、群植皆可，优良的城市绿化树种。

图 3-10　小叶朴

4. 小叶朴

科属　榆科 朴属

别名　黑弹树

形态　树皮和枝条灰色，极少开裂；小枝光滑无毛，二叉分枝；单叶互生，叶基歪斜，长卵形（图 3-10）；核果单生，熟时黑色，果柄为叶柄长的 2 倍。

分布　产我国东北南部、华北、长江流域及西南各地。

习性 喜光，也较耐阴；耐寒，耐干旱瘠薄；深根性，萌蘖力强，生长缓慢，寿命长。

繁殖 播种。

园林用途 小叶朴树皮光滑，树形美观，枝叶茂密，适应性强，可作庭荫树、行道树和城市绿化树种。

5. 桑树

图 3-11 桑树

科属 桑科 桑属

别名 家桑、白桑

形态 树冠倒广卵形，根鲜黄色；小枝浅黄色，嫩枝和叶内有乳汁；冬芽三角形，先端盾，叶痕半圆形，叶迹 1 组；单叶互生，叶卵形或倒卵形，叶表面有光泽，幼树之叶有时分裂（图 3-11）；雌雄异株，雌花序无花柱，雄花序下垂，聚花果熟时白色、红色或紫黑色；花期 4 月，果实 6~7 月成熟。

分布 原产我国中部，现全国各地广为栽培应用。

习性 适应性强。喜光，耐寒，耐干旱瘠薄土壤，也耐水湿；不择土壤，耐轻度盐碱，抗硫化氢、二氧化氮和烟尘污染能力强；深根性，抗风力强，寿命长。如北京大学西门校友桥北侧一株桑树，树龄已 300 年以上，仍枝繁叶茂。

繁殖 播种、扦插、嫁接。

园林用途 桑树枝叶茂盛，为我国特产树种，我国古代一般把桑树和梓树种植在房前屋后，寓意故土家乡，因此有“桑梓故乡情”的说法。桑树秋季叶色金黄，抗烟尘污染能力强，可作庭荫树、四旁绿化或工矿区；桑叶可养蚕，在养蚕地带种植较为普遍。其观赏品种有垂枝桑和龙桑等。

6. 构树

科属 桑科 构属

别名 褚谷树、谷树、谷浆树、奶树

形态 落叶乔木。树皮暗灰色，平滑，有时斑驳呈蛇纹状；小枝粗壮，密被丝壮刚毛，“之”字形弯曲；叶痕近圆形，叶迹 5；单叶互生，叶卵形，不裂或 2~5 裂，两面密生柔毛（图 3-12）；雌雄异株，雌花为头状花序，雄花为葇荑花序；聚花果球形，熟时橘红色；花期 4~5 月，果 8~9 月成熟。

图 3-12 构树

分布 北至华北、西北，南到华南均有分布，为各地低山、平原常见树种。

习性 适应性极强，干冷和湿热环境均可；种子随处萌发，根系滋生性强，强入侵树种；不择土壤，极耐粗放管理；浅根系，但侧根发达；抗烟尘污染、病虫害及有毒气体能力强。

繁殖 播种、埋根、分蘖。

园林用途　构树枝繁叶茂，自然生长良好，极耐粗放管理，但由于其种子随处萌发，不易根除，公园、小区等管理精细处很少栽植应用，可应用于荒山坡地或四旁绿化，及环境恶劣且疏于管理之处，也可用作防护林。

7. 海棠花

科属　蔷薇科 苹果属

别名　海棠、西府海棠

形态　落叶小乔木，树形峭立。小枝红褐色，嫩梢有柔毛；冬芽红褐色，伏芽互生；叶长椭圆形，缘有细锯齿，托叶叶片状（图 3-13）；花在蕾时深粉红色，开后淡粉或近白色，单瓣或重瓣；梨果近球形，熟时黄色，基部不凹陷；花期 4 月，果期 9 月。

图 3-13　海棠花

分布　原产我国，栽培历史悠久。

习性　喜光，不甚耐阴，阴性环境虽能生长，但很少开花；耐寒、耐旱，较耐盐碱，但不耐水湿；对二氧化硫、一氧化碳及烟尘污染有较强抗性。

繁殖　播种、嫁接。

园林用途　著名的春季观花树木，花期 4 月中旬，盛开时繁花似锦，花蕾艳红，观赏甚佳。北京古典园林及明清私宅庭院、寺院中常用的珍贵观赏花木，栽培久远，如颐和园、北海公园、宋庆龄故居等都有栽植。可于庭园、公园、街头绿地、居民区、道路隔离带等广泛栽植，是北方重要的春花树种。

8. 山杏

科属　蔷薇科 李属

形态　小枝红褐色，短枝与长枝垂直着生，先端刺状；单叶互生，叶片宽椭圆形，先端突渐尖，基部阔楔形或截形，叶缘具细密钝锯齿（图 3-14）；花瓣 5，2 朵并生，叶前开放，白色至淡粉红色；核果熟时红色或橙红色，可食；花期 4 月，果 6~7 月成熟。

图 3-14　山杏

分布　产我国东北、内蒙古和华北，江苏、山东也有分布。

习性　喜光，耐寒、耐旱；不择土壤，较耐瘠薄土壤，但以土层深厚、排水良好地方生长为好，低湿、黏重土壤不利于生长。

繁殖　播种。

园林用途　山杏早春先花后叶，花期早，花量繁丰，秋叶变为亮丽的黄红色，是北方城市早春观花乔木之一。园林中可群植、从植于山坡，以常绿树作为背景，景观更佳；也可在庭园、公园内草坪、水边、林缘零星栽植；因其适应性强，也是荒山造林的首选树种。

9. 毛刺槐

科属 豆科 刺槐属

别名 江南槐

形态 茎、小枝、花梗和叶柄均有红色刺毛；奇数羽状复叶，小叶 7~13 枚，叶片先端钝且有小尖头，托叶不变为刺状（图 3-15）；花粉红或紫红色，总状花序，单花朵花径大于刺槐；花期 5 月，很少结实。

图 3-15 毛刺槐

分布 原产北美，我国东北、华北、西北及华中园林中有栽培。

习性 喜光，耐寒，耐干旱瘠薄；根系水平分布广，且萌蘖性强。

繁殖 嫁接繁殖为主。

园林用途 毛刺槐花朵大，颜色亮丽，宜于庭院、草坪边缘、园路旁丛植或孤植观赏。高接繁殖也可用作园区小型行道树。

10. 七叶树

图 3-16 七叶树

科属 七叶树科 七叶树属

别名 梭椤树、天师栗

形态 落叶乔木。树皮鳞片状剥落，小叶粗壮，交互对生，无毛；叶迹 3，顶芽大，略四棱，芽鳞黄褐色，被有蜡质；掌状复叶，小叶 5~7 枚，长倒卵形，叶柄短（图 3-16）；杂性同株，花白色，微带红晕，4 瓣，呈顶生圆锥花序；蒴果球形；花期 5~6 月，果 9~10 月成熟。

分布 自然分布于秦岭一带，现华北以南广为栽培。

习性 中性，耐半阴，强光下易焦叶；干皮较薄，西晒易灼皮，适宜栽植于楼东北或疏林处；喜凉润小气候环境，不耐干热；深根性，不甚耐移植；根肉质，不耐积水；对城区少量渣土有一定适应性，不耐土壤密实。

繁殖 播种为主，也可扦插。

园林用途 本种树冠开阔，叶形独特，初夏白花满树，为世界著名观赏树种之一，适合栽作庭荫树、园景树或行道树。人们视其为菩提树、梭椤树，常栽植于寺庙、皇家园林中，祈祷平安幸福，如潭柘寺、卧佛寺等都保留有百年以上七叶树。

11. 文冠果

科属 无患子科 文冠果属

别名 文官果、文官花

形态 小乔或灌木。树皮灰褐色，小枝幼时紫红色，被绒毛，白色皮孔明显；顶芽大，叶痕肾形，叶迹 3；奇数羽状复叶，互生，小叶 6~10 枚，顶生小叶常 3 裂；总状花序，花杂性，花瓣 5，白色，内侧基部有黄紫色斑晕（图 3-17）；花期 4~5 月，蒴果椭球形，熟时 3 裂，9~10 月成熟。

分布　原产我国北部，冀、晋、鲁、陕、豫、甘、辽及内蒙古等省区均有分布。

习性　喜光，耐寒，耐干旱瘠薄和盐碱，但不耐涝；适生性强，不择土壤；深根性，萌蘖力强。

繁殖　播种为主，也可分株繁殖。

园林用途　文冠果春季白花满树，且有秀丽光洁的绿化相衬，花期可持续 20 余天，种子可作油料，是绿化观赏兼油料树种。园林中可孤植、丛植或群植于草坪、路边、林缘，也可与其他树种搭配应用；还可作为山区造林树种推广应用。

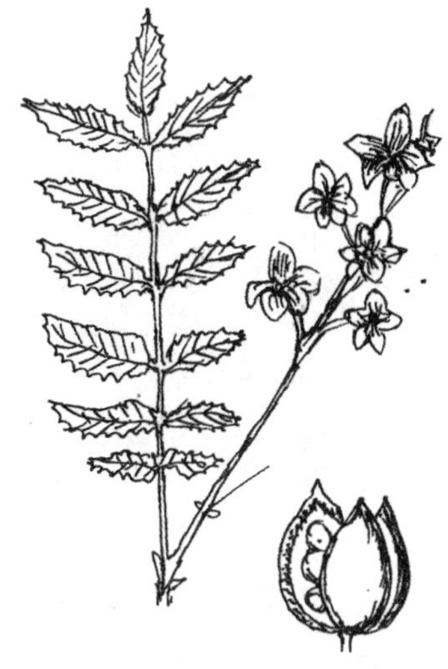

图 3-17　文冠果

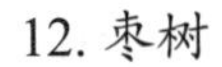

12. 枣树

科属　鼠李科 枣属

形态　具长短枝，长枝“之”字形扭曲，短枝矩状；托叶刺状，单叶互生，叶片椭圆形或卵形，基出 3 主脉，叶表有光泽；花黄绿色，5 瓣，2~3 朵簇生叶腋（图 3-18）；核果近球形，熟时红色；花期 5~6 月，果实 9~10 月成熟。

分布　东北、内蒙古南部至华南均有栽培，以华北、黄河中下游栽培较广。

习性　喜光，耐热、喜干、耐寒，耐干旱瘠薄，耐涝和微碱地；适应性强，根蘖性强。

繁殖　分根和嫁接。

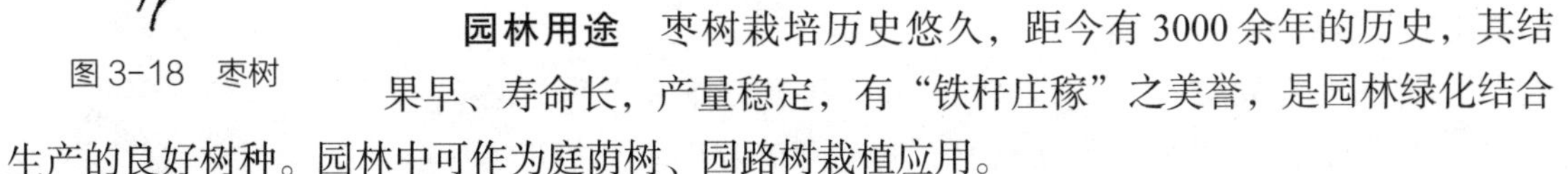

图 3-18　枣树

园林用途　枣树栽培历史悠久，距今有 3000 余年的历史，其结果早、寿命长，产量稳定，有“铁杆庄稼”之美誉，是园林绿化结合生产的良好树种。园林中可作为庭荫树、园路树栽植应用。

13. 蒙椴

科属　椴树科 椴树属

别名　小叶椴

形态　树皮红褐色，小枝光滑无毛；单叶互生，叶片广卵形，基部截形或楔形，少心形，叶缘具不整齐粗齿，仅叶背脉腋有簇毛（图 3-19）；花淡黄色，10~20 朵呈下垂聚伞花序，花序梗之苞片有柄；花期 6~7 月，核果球形，10 月成熟。

分布　主产华北、东北，内蒙古也有分布。

习性　耐寒，耐阴性强，喜生于湿润的阴坡，不甚耐干燥。

繁殖　播种。

园林用途　树冠宽广，枝繁叶茂，花期正值少花的夏季，

图 3-19　蒙椴

图 3-20 梧桐

且花有香味，是很好的蜜源树种，园林中可作庭荫树、公园行道树，也可栽植在近山风景区、城近郊公园、庭院等小气候湿润的半荫环境中。

14. 梧桐

科属 梧桐科 梧桐属

别名 青桐

形态 落叶乔木。树皮、小枝绿色平滑，且小枝粗壮；顶芽大，卵圆形，略有 5 个棱角，侧芽小，球形；单叶互生，叶 3~5 掌状裂，裂片全缘，基部心形，叶柄长（图 3-20）；雌雄同株，顶生圆锥花序，无花瓣，花萼白色或黄白色，外面密生淡黄色绒毛；蓇葖果生于 5 分离心皮上，种子黄棕色，表皮皱缩；花期 6~7 月，果期 9~10 月。

分布 原产中国和日本，现华北至华南、西南广为栽培。

习性 喜光，略耐半阴，干皮强光西晒易灼伤；喜温暖湿润气候，耐寒性稍弱，新植苗和幼苗越冬易灼条，需采取保护措施；不耐低湿、瘠薄和盐碱，受涝 5 天即可致死；深根性，萌芽力弱，一般不宜修剪；对二氧化硫、一氧化碳、烟尘污染抗性较强。

繁殖 播种。

园林用途 梧桐树干和枝条绿色光滑，叶大而形美，叶色浅绿，洁净可爱，可作庭荫树、行道树或园景树，也可孤植或丛植于林缘、草坪、坡地、湖畔等地。梧桐落叶早，有“梧桐一叶落，天下尽知秋”之说法。

15. 柽柳

科属 柽柳科 柽柳属

别名 三春柳

形态 落叶灌木或小乔木，高 5~7m。小枝纤细而下垂，略带红色；叶细小，钻形或卵状披针形；春季总状花序侧生于两年生枝上，夏、秋季圆锥花序生于当年生枝条上（图 3-21）；花粉色，5 瓣，花小；花期 5~6 月初开，夏秋仍连续开花，故得名“三春柳”。

分布 原产我国，现分布广泛，尤以沙荒盐碱地栽植多。

习性 喜光，耐烈日晒；耐寒，耐干热，也耐水湿；耐沙荒盐碱地，能在含盐量 1% 的重盐碱地生长；深根性，根系发达，萌芽力强；生长快，耐修剪和刈割。

繁殖 扦插、播种、分根、压条均可，以扦插为主。

园林用途 柽柳适宜沙荒及盐碱地绿化种植，具有防风固沙、保持水土等生态功能；园林中可用于粗放环境、绿篱或林带下木；因其耐水湿，也可植于水中或水边。

图 3-21 柽柳

16. 桂香柳

图 3-22　桂香柳

科属　胡颓子科 胡颓子属

别名　沙枣

形态　落叶小乔。幼枝银白色，老枝栗褐色，有时具刺；单叶互生，叶披针形，两面均密被银白色柔毛，尤以叶背明显（图 3-22）；花生于叶腋，外面银白色，里面黄色，芳香；核果，熟时黄色，可食；花期 5~6 月，果期 9~10 月。由于其叶形似柳，花香如桂，果实像枣，故得名“桂香柳”“沙枣”。

分布　我国分布在西北沙地，华北、东北也有。

习性　喜光，耐寒性强；耐干旱，也耐水湿和盐碱；深根性，抗风沙；生长快，萌芽力强，耐修剪。

繁殖　播种。

园林用途　叶形似柳，叶色灰绿，叶背有银白色光泽，为优良的双色叶树种。因抗逆性强，适用于沙荒地及盐碱地，也可栽植于城市园林绿地中观赏，或作背景树。

17. 流苏

图 3-23　流苏

科属　木犀科 流苏树属

形态　落叶乔木。树皮纸状剥落；小枝灰色，皮孔明显，近二叉分枝，分枝处似有关节；冬芽近四棱形，叶痕半圆形，1 组叶迹；单叶对生，近革质，全缘或偶有锯齿（图 3-23）；雌雄异株，圆锥花序，花白色，狭长 4 裂，筒部短；核果，熟时蓝黑色；花期 4~5 月，果期 9~10 月。

分布　产河北、山西、甘肃及其以南各省区。

习性　喜光，也耐半阴；耐寒，耐干旱瘠薄土壤，不耐水湿；生长慢，病虫害少，对烟尘污染及有害气体抗性强。

繁殖　播种、嫁接，嫁接砧木为白蜡属树种。

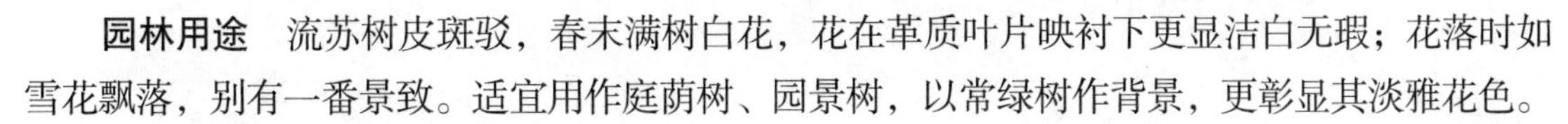
园林用途　流苏树皮斑驳，春末满树白花，花在革质叶片映衬下更显洁白无瑕；花落时如雪花飘落，别有一番景致。适宜用作庭荫树、园景树，以常绿树作背景，更彰显其淡雅花色。

18. 暴马丁香

科属　木犀科 丁香属

别名　暴马子

形态　落叶小乔。小枝较细，皮孔明显，二叉分枝；单叶对生，叶卵形，叶基近圆形或亚心形，叶表网脉明显凹陷，叶背显著隆起（图 3-24）；圆锥花序，花黄白色，雄蕊长于花冠裂片；蒴果先端钝；花期 5~6 月，果期 10 月。

分布　产河北、北京等地。

习性　喜光，也较耐阴；耐干旱瘠薄、盐碱和密实土壤，对城市渣土适应性强；抗二氧化硫和烟尘污染。

图 3-24 暴马丁香

繁殖 播种。

园林用途 为丁香类乔木状晚花树种，花期正值春末夏初的少花季节，在丁香专类园中可丰富层次，适当延长花期，园林中可于庭园、公园、街头绿地、居民区广泛栽植，也可选择单干型于庭院、公园及道路上作行道树栽植。由于花具浓香，又是很好的蜜源树种。

19. 楸树

科属 紫葳科 梓树属

形态 树冠紧密，分枝角度小；树皮暗灰色，平滑，不易裂；小枝粗壮，叶痕近圆形，叶迹圆环状；单叶对生或轮生，叶片三角状卵形，先端长渐尖，基部脉腋有 2~4 个紫色斑点（图 3-25）；花白色，内有紫斑，顶生总状花序；蒴果细长，20~50cm；花期 4~5 月，果实 8~9 月成熟。

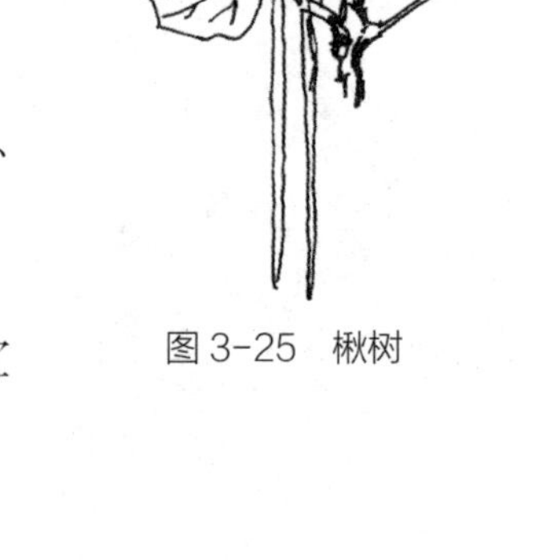

图 3-25 楸树

分布 主产黄河流域，长江流域也有分布，北京应用广。

习性 喜光，耐寒性不强，不耐干旱和水湿；对二氧化硫、氯气等有毒气体抗性较强。

繁殖 播种为主，也可分蘖、埋根。

园林用途 楸树干形高大挺拔，花大而美丽，艳丽悦目，宜作庭荫树、行道树，也可植于草坪、建筑、山石旁。

20. 梓树

科属 紫葳科 梓树属

图 3-26 梓树

形态 树皮褐色或黄灰色；叶痕近圆形，叶迹圆环状；叶对生或 3 枚轮生，广卵形，基部心形，背面无毛，基部脉腋具 3~6 个紫斑（图 3-26）；圆锥花序，花淡黄色，内具紫斑或黄色条纹；蒴果细长如筷；花期 5~6 月，果 9~10 月成熟。

分布 原产我国，分布较广，主产区为黄河中下游，北京有栽培。

习性 较耐寒，喜光，稍耐阴；喜温暖湿润而排水良好的土壤；抗污染能力较强。

繁殖 播种为主。

园林用途 梓树树冠宽广，叶大荫浓，花开繁茂，且正值初夏时节，可用作庭荫树、行道树和园景树；因抗污力强，也可在工矿区栽植应用。

四、落叶灌木

1. 三桠绣线菊

科属　蔷薇科 绣线菊属

别名　三裂绣线菊

形态　落叶丛生灌木，高 1~3m。小枝较细，红褐色，冬芽细长，先端尖；单叶互生，叶近圆形，先端钝，常 3 裂（图 3-27）；花白色，5 瓣，呈密集伞形总状花序；花期 5~6 月，蓇葖果。

分布　我国华北和东北各省，自然分布在海拔 450~2400m 的向阳山坡或灌丛林中。

习性　喜光，耐寒、耐旱；不择土壤，较耐粗放管理。

繁殖　播种、扦插或分株。

园林用途　株型圆满，春季满树白花，繁花似锦，可植于庭园、路边、林缘，或岩石园等，是优良的观花灌木。

图 3-27　三桠绣线菊

2. 水栒子

图 3-28　水栒子

科属　蔷薇科 栒子属

别名　多花栒子

形态　枝条拱垂形，小枝红褐色，被有蜡质，顶端有绒毛；冬芽带黄色柔毛，尤以顶芽明显；单叶互生，叶卵形（图 3-28）；花白色，5 瓣，聚伞花序；花期 5~6 月，梨果球形，9~10 月成熟，熟时红色。

分布　华北、东北、西北、西南等地。

习性　喜光，耐寒，耐干旱瘠薄；适应性强，耐修剪。

繁殖　播种、扦插。

园林用途　该种树姿拱形下垂，姿态优美；春季满树白花，秋季红果累累，且性强健，是优良的观花观果灌木，适宜栽植在公园、小区、街头绿地，或点缀于山石、路边、建筑旁。

3. 黄刺玫

科属　蔷薇科 蔷薇属

形态　具皮刺，小枝、皮刺、冬芽均红褐色；奇数羽状复叶，小叶卵形或近圆形（图 3-29）；花黄色，单生，半重瓣或重瓣；蔷薇果近球形，熟时红色；花期 4~5 月，果期 7~8 月。

原种单瓣黄刺玫，为栽培黄刺玫的原始种。花单瓣，黄色或浅黄色，易结实，果实亮红，观果好，园林中有栽培。

分布　产华北、东北及西北。

习性　强阳性树种，阴性环境栽植虽能生长，但花量较阳性环境减少 10.6 倍，且初花期延迟，花期缩短；耐寒，耐干旱瘠薄，耐热性

图 3-29　黄刺玫

强；少病虫害，对城市渣土适应性较强，耐粗放管理；对二氧化硫、一氧化碳、烟尘污染抗性较弱，在首钢焦化厂区种植者，叶多焦卷、早落、生长较差。

繁殖 扦插、分根、压条。

园林用途 黄刺玫花色亮丽，花期正值五一前后，冬季其枝条和皮刺为红褐色，亦具观赏价值。宜于草坪、林缘路边丛植，亦可作花篱及基础种植，或与棣棠搭配种植，冬季观其枝条颜色。

4. 紫穗槐

科属 豆科 紫穗槐属

别名 棉槐

形态 丛生灌木。枝条青灰色，幼时有毛，有凸起锈色皮孔；冬芽常叠生；奇数羽状复叶，长椭圆形，常具透明油腺点（图 3-30）；顶生穗状花序，花冠紫色；荚果下垂，微弯曲，棕褐色；花期 5~6 月，果期 9~10 月。

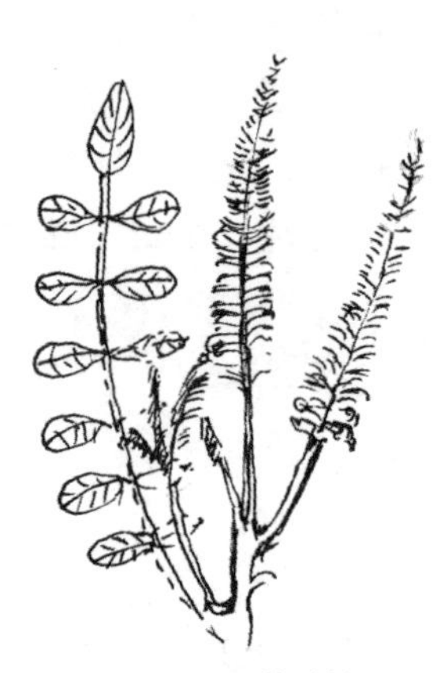

图 3-30 紫穗槐

分布 原产北美，我国东北中部以南至长江流域广泛栽培或野生，以华北地区生长最好。

习性 耐寒性强；对土壤要求不严，耐干旱贫瘠、水湿和轻碱土；生长迅速，根系发达，萌芽力强，耐刈割；对烟尘污染有较强抗性。

繁殖 播种、扦插、分株。

园林用途 性强健，适应性强，常作高速路两侧和荒山护坡树种，或荒地、盐碱地及低湿地造林树种，也可作防护林或工矿区林下灌木。根具有根瘤，有固氮作用，可改良土壤，花也是很好的蜜源材料。枝条柔韧性好，可作编筐材料。

5. 枸橘

科属 芸香科 枳属

别名 枳

图 3-31 枸橘

形态 落叶灌木或小乔木。小枝绿色，光滑，稍扁而有盾棱，常呈‘之’字形扭曲；枝刺绿色，粗长而基部略扁；3 出复叶，叶轴有翅，小叶无柄（图 3-31）；花单生，白色，先花后叶；柑果球形，熟时黄色；花期 4 月，果期 10 月。

分布 原产我国中部，黄河流域以南地区多有栽培。

习性 喜光，稍耐阴；喜温暖湿润气候，不甚耐寒，北京市小气候栽植可安全越冬，迎风口易抽条；对土壤要求不严，微碱性土壤也能生长；萌发力强，耐修剪；抗烟尘污染、二氧化硫和氯气能力强，对氟化氢抗性差。

繁殖 播种、扦插。

园林用途 枸橘枝刺坚硬，早春白花满树，秋季果实变黄，且果实入药，可植于公园、庭院观赏种植，或工矿区绿化，也可用作刺篱。

6. 石榴

科属　石榴科 石榴属

别名　安石榴

形态　灌木或小乔木。小枝四棱形，平滑，顶端多为刺状；单叶对生或簇生，长椭圆状倒披针形，叶表有光泽（图 3-32）；花通常深红色，单生枝端，花萼钟形；浆果皮厚，种子外种皮汁多可食；花期 5~7 月，果实 9~10 月成熟。

图 3-32　石榴

有花石榴和果石榴两类。花石榴以观花为主，花有单瓣和重瓣，园林中常见栽培。

分布　原产伊朗，张骞出使西域引种我国，栽培历史悠久，北京小气候有栽植。

习性　喜光，喜温暖湿润气候；耐热，不耐寒，2009 年北京极端低温下，有 90% 以上的石榴地上部冻死，甚至地径 10cm 的大苗也遭冻害；耐干旱，较耐密实土壤。

繁殖　播种、扦插。

园林用途　树姿优美，枝叶秀丽，花色红艳，花期长，果实可食用，优良的观花食果树种。园林中以花石榴应用较广，常栽植在街头绿地、道路隔离带，丛植或群植于园路两侧，花开季节如火如荼，十分引人注目。

7. 山茱萸

图 3-33　山茱萸

科属　山茱萸科 山茱萸属

形态　落叶灌木或小乔木。树皮片状剥落，当年生枝红褐色；冬芽对生，顶芽似柄下芽（图 3-33）；花蕾饱满，外被鳞片 2 裂；叶全缘，弧形脉；先花后叶，花黄色，伞形花序腋生；核果球形，熟时红色；花期 3~4 月，果期 9~10 月。

分布　产我国长江流域及河南、陕西等地，现多地有栽培。

习性　性强健，喜光，耐寒、耐旱；对土壤要求不严，微酸、微碱土壤中均可生长，北京城市栽植生长良好。

繁殖　播种。

园林用途　本种早春满树黄花，秋季果实变红，秋色叶也为红色，是优良的观花、观果和观秋色叶树种，适宜栽植于公园、小区或庭园中；果实可入药，具温补肝肾、固涩精气之功能。

8. 小叶女贞

科属　木犀科 女贞属

形态　落叶或半常绿。小枝灰白或灰黄色，具短绒毛；单叶对生，叶薄革质，倒卵状长

图 3-34　小叶女贞

椭圆形，全缘（图 3-34）；圆锥花序顶生，花小，白色，芳香；核果；花期 7~8 月，果 10~11 月成熟，熟时紫黑色。

分布　原产我国中部及西南部，北京有栽培。

习性　喜光，较耐寒；耐旱，耐高温；对土壤要求不严，城市渣土可正常生长；生长快，耐修剪；抗有害气体能力强。

繁殖　扦插、播种。

园林用途　小叶女贞枝叶紧密，株型圆整，夏季枝头开满白色芳香小花，秋冬宿存黑色果实，小气候落叶较晚，是优良的园林绿化材料；又因其萌蘖性强，耐修剪，也可造型或作绿篱应用。

9. 海州常山

科属　马鞭草科

别名　臭梧桐、泡花桐

形态　枝内髓中有淡黄色薄片横隔；冬芽紫色，交错对生；叶痕 U 形，叶迹 1 组；单叶交错对生，叶片宽卵形，先端渐尖，基部截形或宽楔形（图 3-35）；花冠白色或带粉红色，萼片红色，宿存；核果近球形，熟时蓝紫色；花期 6~8 月，果 9~11 月成熟。

分布　产华北、华东、中南、西南各省，朝鲜、日本也有分布。

习性　喜光，稍耐阴，有一定耐寒性；对土壤要求不严，较耐城市渣土和密实，耐干旱，也耐水湿；抗有毒气体能力强。

繁殖　播种、分蘖。

园林用途　海州常山花期夏秋季节，红色花萼冬季宿存，配以蓝紫色的果实，远观如隆冬盛开的朵朵鲜花，亮丽醒目，且该种适生性强，耐粗放管理，是美丽的夏秋观花、冬季观红色萼片灌木。

图 3-35　海州常山

10. 小紫珠

科属　马鞭草科 紫珠属

别名　白棠子树

形态　当年生枝紫色，有柔毛，四棱形；芽叠生，上面芽大，伏芽；单叶对生，卵状长圆形，两面无毛，叶背有黄色腺点（图 3-36）；聚伞花序，花淡紫色，花序柄长为叶柄长的 3~4 倍；核果球形，熟时紫色，如串串紫色的珍珠；花期 6~7 月，果 10~11 月成熟。

分布　产我国东部及中南部，华北可露地栽培。

习性　喜光，喜肥沃湿润之土壤；耐寒性尚可，北京可露地栽培。

繁殖　播种、扦插均可。

图 3-36　小紫珠

园林用途 本种入秋紫色的果实如串串珍珠，色美而有光泽，为园林中优良的观果灌木，可成片丛植或点缀于林缘、路边、假山旁、草坪中。

11. 锦带花

科属 忍冬科 锦带花属

别名 五色海棠、五色梅

形态 丛生灌木。小枝细弱，具两列短柔毛，且交错对生；冬芽为伏芽；单叶对生，叶椭圆形，两面均有毛，叶缘锯齿为红色（图 3-37）；聚伞状花序，花冠漏斗状钟形，端 5 裂，玫瑰红色，后变浅；蒴果细长，花期 4~5 月，果期 10~11 月。

图 3-37 锦带花

其变种和栽培品种有：

‘红王子’锦带花：花鲜红色，北京开 2 次花，花期长，目前应用较广。

金叶锦带花：叶片春季金黄色，夏秋新叶金黄色，花红色。

分布 原产华北、东北南部及河南、江西等地，现栽培较为广泛。

习性 喜光，耐寒；耐干旱瘠薄土壤，怕水涝；对土壤要求不严，在渣土中也能正常生长；萌枝力强，生长快；抗氯化氢等有毒气体能力强。

繁殖 播种、扦插、压条。

园林用途 锦带花分枝多，花朵繁密，花色亮丽，花期长，是华北地区重要的花灌木之一。适于庭园角隅、湖畔群植；也可在树丛、林缘作花篱、花丛配植；或点缀于假山、坡地。

12. 海仙花

科属 忍冬科 锦带花属

别名 朝鲜锦带

形态 灌木。小枝粗壮，无毛或近无毛；单叶对生，叶阔椭圆形或倒卵形，稍有毛（图 3-38）；聚伞花序，腋生，花冠漏斗状钟形，初时白色或黄白色，后变为深红色；蒴果柱形，2 瓣裂，种子有翅；花期 5~6 月，果期 10~11 月。

图 3-38 海仙花

分布 我国华东、华北地区有栽培。

习性 喜光，稍耐阴；耐寒性次于锦带花，但北京仍能露地越冬；性强健，耐旱，不耐涝。

繁殖 播种、扦插。

园林用途 本种生长健壮，花开于春夏之交，且花色由浅入深，富有变化，可丛植于草坪、建筑物旁或疏林边缘。海仙花花量少，园林中应用不及锦带花多。

13. 猬实

科属 忍冬科 猬实属

图 3-39　猬实

形态　姿态拱形下垂；树皮和老枝薄片状剥落，幼枝有柔毛；单叶对生，叶椭圆形至卵圆形，近全缘或疏具浅齿（图 3-39）；聚伞花序，花成对着生于侧枝顶端，花冠粉红色，喉部黄色；瘦果状核果，2 个合生，密生刺状刚毛；花期 4~5 月，果 8~9 月成熟。

分布　产华中、华北和西北等地。

习性　喜光，亦较耐阴；耐寒，耐干旱和瘠薄能力较强，忌涝；较耐粗放管理。

繁殖　播种、扦插、分株均可。

园林用途　本种姿态优美，花量繁丰，果形独特，是优良的观花灌木。适合丛植于林缘、路边、草坪、角隅等地。

14. 糯米条

图 3-40　糯米条

科属　忍冬科　六道木属

形态　小枝灰色，皮撕裂单叶对生，叶缘疏生浅齿；花萼浅粉或黄绿色，花后冬宿存枝条（图 3-40）；花近白色，漏斗状，花冠 5，雄蕊 5，长于花冠；瘦果似核果状。

分布　产长江以南海拔 1500m 以下山区。

习性　喜光，稍耐阴；耐寒性不强，北京迎风口偶有抽条；耐干旱瘠薄能力强。

繁殖　扦插、播种。

园林用途　本种花期正值夏秋少花季节，花期长且花量多，并具芳香；花后萼片宿存枝条，在深秋如红艳的花朵，是优良的观花灌木。

五、藤木

1. 凌霄

科属　紫葳科　凌霄属

别名　紫葳

图 3-41　凌霄

形态　落叶吸附类藤本。具气根，芽对生，叶痕近圆形，叶迹圆环状；奇数羽状复叶，小叶 7~9 枚，两面光滑无毛（图 3-41）；顶生聚伞花序或圆锥花序，花冠唇状漏斗形，鲜红色或橘红色；蒴果细长，顶端钝；花期 7~8 月，果 10~11 月成熟。

分布　原产我国中部和东部，各地有栽培。

习性　喜光，耐寒；耐干旱瘠薄，忌积水。萌蘖力、萌芽力均强；对城市环境适应性强，耐粗放管理。

繁殖　播种、扦插、埋根、压条、分蘖均可。

园林用途　凌霄花大色艳，花期正值夏季少花季节，橘红色花朵甚为醒目。可攀援于墙垣、棚架、画廊、枯树、石壁。凌霄花美色艳，但花粉有毒，须加注意。

图 3-42 美国凌霄

2. 美国凌霄

科属 紫葳科 凌霄属

别名 紫威、女威花、武威花

形态 落叶吸附类藤本。具气根，芽对生，叶痕近圆形，叶迹圆环状；奇数羽状复叶，小叶 9~13 枚，叶背具白色短柔毛（图 3-42）；顶生聚伞状圆锥花序，花冠较凌霄小，橘黄或深红色；蒴果顶端尖；花期 6~8 月，果期 10~11 月。

分布 原产北美，我国各地常见栽培。

习性 耐寒性较凌霄强，耐旱，也耐水湿；对土壤要求不严，萌蘖性强。

繁殖 播种、扦插、埋根、压条、分蘖。

园林用途 同凌霄。

图 3-43 南蛇藤

3. 南蛇藤

科属 卫矛科 南蛇藤属

形态 落叶藤木。髓心白色，皮孔大而隆起；单叶互生，叶近圆形或椭圆形（图 3-43）；花小，黄绿色，单性或杂性，常 3 朵呈聚伞状；蒴果黄色，呈球形，假种皮深红色；花期 5 月；果 9~10 月成熟。

分布 产我国东北、华北、西北至长江流域，朝鲜、日本也有分布。

习性 适应性强，耐寒，性强健。

繁殖 播种为主，也可扦插、压条。

园林用途 本种秋叶红色或黄色，蒴果鲜黄色，成熟开裂后露出鲜红色的假种皮叶颇具观赏价值。常作攀援或地面覆盖材料，景观野趣自然。

第四章　园林花卉

第一节　花卉的生长发育与外界环境的关系

花卉生长发育除受遗传特性影响外，是在各种必需的外界环境因素综合作用下完成的。这些因子中任何一种都是不可缺少的，也是不可代替的。在各种因子不断变化情况下，有时还很难区分具体是哪些因子直接或间接影响了花卉的生长发育。因此，花卉栽培的成功与否，主要取决于花卉对这些环境因子的要求、适应以及环境因子的控制和调节关系，正确了解和掌握花卉生长发育与外界环境有关的相互作用机理，是花卉生产和应用的基本理论及基本课题。

一、温度

温度是影响花卉生长发育最重要的环境因子之一，关系也最为密切，它影响着植物体内一切生理的变化。一切植物的生命活动必须在一定的温度条件下才能进行。

（一）温度对花卉分布的影响

1. 基点温度

花卉的生长发育，对温度有一定的要求，都有基点温度。所谓基点温度，即最低温度、最适温度、最高温度。各种花卉在原产地气候条件的长期影响下，形成各自的感温特性，原产热带的花卉，生长的基点温度较高，一般在 18℃开始生长。原产温带的花卉，生长基点温度较低，一般 10℃左右开始生长。原产亚热带的花卉，其生长的基点温度介于前二者之间。

一般情况下温度越高，呼吸作用越强，但若温度过高反而使呼吸作用减弱，大部分植物进行呼吸作用的最高温度约为 35 ～ 55℃。大多数植物在 20 ～ 28℃时光合作用最强烈，35℃以上则下降。

各种花卉从种子萌发到种子成熟，对于最适温度的要求常随着发育阶段而改变，如一年生花卉的种子发芽要求较高温度，幼苗期要求较低，以后成长到开花结实对温度要求又逐渐增高。二年生花卉种子发芽在较低温度下进行，幼苗期要求温度更低，而开花结实则要求温度稍高。根的生长，最适点比地上部分要低 3 ～ 5℃，因此在春天大多数花卉根的活动要早于地上器官。大多数植物根系生长最适温度约为 15 ～ 25℃，高温能使根老化，因此在育苗时不要使土温过高。

原产温带的芍药，在北京冬季零下十余摄氏度条件下，地下部分不会冻死，翌春 10℃

左右即能萌动出土。生长最适温度是最适于生长的温度，这里所指的生长最适温度不同于植物生理学中所指的最适温度，即生长速度最快时的温度，而是说在这个温度下，不仅生长快，而且生长很健壮、不徒长。

2. 依耐寒力分类

由于不同气候带、气温相差甚远，花卉的耐寒力也各不相同，通常依耐寒力的大小可将花卉分为3类：

（1）耐寒性花卉

这类花卉原产寒带或温带，抗寒性强，一般能耐零度以下的温度，如二年生露地花卉及露地宿根花卉多属此类。如三色堇、金鱼草、蜀葵、玉簪等。

（2）半耐寒花卉

这类花卉多原产于温带较暖处，耐寒力介于耐寒性与不耐寒性花卉之间，在北方冬季需加温防寒才可越过冬季。在北京如金盏菊、紫罗兰等，通常秋季露地播种，在早霜到来前移到阳畦中。

（3）不耐寒花卉

一年生花卉及不耐寒的多年生花卉属于此类，多原产于热带及亚热带，在生长期间要求高温，不能忍受0℃以下温度，其中一部分种类甚至不能忍受5℃左右温度。

花卉的耐热能力也各异，有些种类耐热力较差，需适当的保护才能完全越夏，如仙客来、倒挂金钟等。有些耐热力差的花卉则在夏季进入半休眠或休眠状态。

植物生长一般是指细胞增殖、伸展与内含物积累而引起体积、重量及数量的增加。在影响花卉生长的因子中，温度是最重要的。

（二）温度对花卉生长发育的影响

温度不仅影响花卉种类的地理分布，而且还影响各种花卉生长发育的每一过程和时期。同一种花卉的不同发育时期对温度有不同的要求，即从种子发芽到种子成熟，对于温度的要求是不断改变的。一般种子萌发期需要较高的温度，而苗期则要求较低的温度，这种情况在二年生花卉中尤为显著。当营养生长开始后又需温度逐渐升高，但开花结果时大多又不需很高温度。

1. 温周期现象

温度的周期变化对生长发育的影响叫温周期现象，包括年周期和日周期变化两种。温带植物的生长随季节的变化表现为周期现象，春季开始萌芽，夏季旺盛生长，秋季生长缓慢，冬季进入休眠，这是年周期现象。但有些植物周期反应不完全一样，到夏季进入休眠或半休眠状态。昼夜温周期现象是直接影响植物生长的温度条件。昼夜温差现象是普遍存在的，白天适当的高温，有利于光合作用，夜间适当的低温可抑制呼吸作用，降低对光合产物的消耗，有利于营养生长和生殖生长。适当的温差能延长开花时间以及果实着色鲜艳等作用。

2. 地温

除气温的影响外，植物还受地温的影响，一般情况下最适的地温是昼夜气温的平均数。

灌溉或盆花浇水时要考虑到水温与地温相近，最低不得低于10℃，温差过大，根部会形成萎蔫，严重时甚至造成死亡。如紫罗兰、金鱼草等，以15℃左右的地温最为适宜。

3. 积温

花卉的生长发育，不但需要一定的热量水平，而且还需要一定的热量积累，这种热量积累以积温来表示。全年凡每日平均温度在0℃以上，相加的总和为积温。感温性较强的花卉，在各个生育阶段所要求的积温是比较稳定的。如月季从现蕾到开花所需积温为300～500℃，而杜鹃由现蕾到开花则为600～750℃。又如短日照的象牙红从开始生长到形成花芽需要10℃以上的活动积温1350℃，它在大于20℃气温环境中仅需两个多月就能形成花芽继而开花，而在15℃的环境中需要3个月才能形成花芽。了解各种花卉原产地的热量条件，它们的生命过程中或某一发育阶段所需积温，对引种推广或促成栽培与抑制栽培工作都有重要意义。

4. 春化作用

某些植物在个体发育过程中要求必须通过一个低温周期，才能继续下一阶段的发育，即引起花芽分化，否则不能开花，这个低温周期就叫春化作用。二年生花卉常需在子叶展开之后经过一段0～5℃的低温期才可能进行花芽分化。牡丹、芍药的种子如进行春播，则不能解除上胚轴的休眠。丁香、碧桃若无冬季的低温，则春季的花芽不能开放。

在栽培过程中，不同品种间对春化作用的反应程度也有明显差异，有的品种对春化要求性很强，有的品种要求不强，有的则无春化要求。

5. 花芽分化

自顶端分生组织形成花原基开始至花的各部分器官的形成过程为花芽分化阶段。温度对花卉的花芽形成有密切的关系。如碧桃在7～8月进行花芽分化后，必须经过一定的低温条件才能正常开花。山茶花的花芽是在25℃左右形成的，但其生长和开花则是在10～15℃的温度条件下。

秋植球根类花芽分化的最适温度与花芽伸长的最适温度是不一致的。如郁金香花芽分化的适温为20℃，花芽伸长的适温为9℃。风信子的花芽分化最适温度为25～26℃，伸长的适温为13℃。水仙花芽分化适温为13～14℃，伸长适温为9℃。百合、小苍兰、唐菖蒲等，是在叶子伸长后才进行花芽分化，最适温度百合为7～8℃，小苍兰为10℃，唐菖蒲为10℃以上。

花芽分化和发育在植物一生中是关键性的阶段，花芽的多少和质量不但直接影响观赏效果。而且也影响到花卉事业的种子生产。因此，了解和掌握各种花卉的花芽分化时期和规律，确保花芽分化的顺利进行，对花卉栽培和生产具有重要意义。

（三）温度的调节

花卉的不同发育阶段对温度的要求不同，因此常以人工控温来满足花卉的要求。一般日温变化幅度大对花卉生长不利。多数温室植物能忍受夜晚4～6℃的低温，如需在5℃下越冬休眠的花卉，温度达15℃时，需及时通风降温。

耐寒的室内植物如遇霜冻，应慢慢解冻，直至温度升至0℃以上。多肉植物需经一段较高温度后才能形成花芽，但如果冬季也为高温，夏季开花反而减少。植物体感受低温的部位是叶片，根部能忍受的最高温度为 45℃。

二、光照

光是花卉必不可少的生存条件之一，是制造有机物质的能源，光合作用一词即因光的参与而得来。它对花卉生长发育的影响主要表现在 3 个方面：即光照强度、光照时间、光的组成。

（一）光照强度对花卉的影响

依地理位置、地势高低及云量、雨量的不同而变化。随纬度的增加而减弱，随海拔的升高而增强。依花卉对光照强度要求的不同分为以下几类。

1. 阳性花卉

此类花卉在完全的光照下才能正常生长，不能忍受遮荫。喜光的花卉包括大部分露地栽培的一、二年生草花、宿根花卉、球根花卉、木本花卉及多浆植物等。如鸡冠花、百日草、月季、朱槿等。

2. 阴性花卉

此类花卉多半原产于山背阴坡、山沟溪涧、林下或林缘，只有在遮荫条件下才能正常生长。喜漫射光，不能忍受强烈的直射光线。如蕨类、兰科、苦苣苔科、凤梨科、玉簪、姜科及秋海棠科等植物。

3. 中性花卉

此类花卉对于光照强度的要求介于以上二者之间，一般喜欢阳光充足，但在微荫下生长也良好，如萱草、耧斗菜、桔梗等。

光照强度对花色也有影响，紫红色的花是由于花青素的存在而形成的，花青素必须在强光下产生，在散光下不易产生。花青素产生的原因除受强光影响外，一般还与光的波长和温度有关。光的强弱对矮牵牛某些品种的花色也有明显的影响，具蓝白复色的矮牵牛花朵，其蓝色部分和白色部分的比例变化不仅受温度的影响，还与光强和光的持续时间有关。

（二）光照长度对花卉的影响

光周期指一天中日出日落的时数，即一日的日照长度，或指一日中明暗交替的时数。光周期对植物从营养生长到花原基的形成，有着决定性的影响。光期长的昼夜为长日照，光期短的昼夜为短日照，日照长短对植物的影响主要表现在生长、休眠、打破休眠、落叶、花芽形成及花期等方面。短日照促进植物的休眠，削弱形成层的活动能力。根据不同植物光周期的特性，可将其分为 3 类：

1. 长日照植物

这类植物要求较长时间的光照才能成花。一般要求每天有 14 ～ 16 小时的日照，可以促进开花，若在昼夜不间断的光照下，能起到更好的促进作用，如瓜叶菊、福禄考。

2. 短日照植物

这类植物要求较短的光照就能成花。在每天日照 8 ～ 12 小时的短日照条件下能够促进开花，而较长的光照下便不能开花或延迟开花，如菊花、一品红。

3. 中性植物

这类植物在较长或较短的光照下都能开花，对于光照长度的适应范围较广。如大丽花、非洲菊。

日照长度还能促进某些植物的营养繁殖，如某些落地生根属的种类，其叶缘上的幼小植物体只能在长日照下产生，虎耳草腋芽发育成的匍匐茎，也只有在长日照中才能产生。日照长度对温带植物的冬季休眠有重要意义和影响，短日照经常促进休眠，长日照通常促进营养生长。因此，休眠能够在短日照处理的暗周期中间曝以间歇光照，从而获得长日照效应。

（三）光的组成对花卉的影响

光的组成是指具有不同波长的太阳光谱成分。根据测定，太阳光的波长范围主要在 150 ～ 4000nm，其中可见光波长在 380 ～ 760nm 之间，占全部太阳辐射的 52%，不见光即红外线占 43%，紫外线占 5%。

不同波长光对植物生长发育的作用不同。红光、橙光有利于植物碳水化合物的合成，加速长日照植物的发育，延迟短日照植物发育。蓝紫光能加速短日照植物发育，延迟长日照植物发育。

植物同化作用吸收最多的是红光和橙光，其次为黄光，而蓝紫光的同化作用效率仅为红光的 14%，散射光对半阴性花卉及弱光下生长的花卉效用大于直射光，但直射光所含紫外线比例大于散射光，对防止徒长，使植株矮化的效用较大。

（四）光照的调节

日照长度对温带植物的冬季休眠有重要意义和影响。短日照经常促进休眠，长日照通常促进营养生长。因此，休眠能够在短日照处理的暗周期中间曝以间歇光照，从而获得长日照效应。

光对花卉种子的萌发有所影响，部分种子曝光时发芽比在黑暗中发芽效果更明显，称为喜光性种子，这类种子播种时不需覆土。部分种子需在黑暗条件下发芽，称为嫌光性种子，此类种子播种后需及时覆土。

三、水分

水为植物体的重要组成部分，整个生命活动中，都是在水的参与下进行的。植物生活所需要的元素除碳和氧气外，都来自含在水中矿物质被根毛所吸收后供给植物体的生长发育。

（一）依水分要求分类

由于花卉种类不同，需水量有极大差别。在花卉栽培中根据不同花卉的需水量，采取措施为花卉供水。依据花卉对水分需求大致可分为 4 类：

1. 水生花卉

指只有在水中才能正常生长的一类花卉，如荷花、睡莲、王莲等，这类花卉一般还需要较强的光照。

2. 湿生花卉

指适于生长在水分比较充裕，甚至积有浅水条件下的一类花卉。喜阴的有海芋、翠云草等。喜光的如燕子花、水仙等。

3. 中生花卉

这类花卉对水分的需求介于湿生与旱生花卉之间，能在适量供水条件下正常生长，大多数栽培花卉均属此类。常见的有大花美人蕉、栀子花、大丽花等。

4. 耐旱花卉

这类花卉常有持水和保水的结构，多半原产干旱、沙漠或雨季与旱季有明显区分的地带。常见的有仙人掌、日中花、龙舌兰等。

（二）不同生长阶段对水分的要求

同一植物体在不同的生长发育时期对水分的需求不同。一般来说是随着不断的生长需水量递减。生长部位如形成层、根尖、茎尖以及幼果中含水量高。这也就是为什么植物在幼苗期含水量高，进入成熟期后含水量逐渐减少的原因。

种子发芽时需要较多的水分，以便透入种皮，有利于胚根的抽出。并供给种胚必要的水分。种子萌发后，在幼苗状态时期因根系弱小，抗旱力极差，须经常保持湿润。生长期的花卉，一般都要求湿润的空气，但湿度过大时，易发生徒长。开花结实时，要求空气湿度小，反之会影响开花和花粉自花药中散出，使授粉作用减弱。

水分对花芽分化也有影响，在栽培中，通过控制水分的供给来抑制营养生长，促进花芽分化。球根花卉，若球根含水量少，则花芽分化早。球根鸢尾、风信子等用 30 ~ 35℃的高温处理，使其脱水而达到提早花芽分化和促进花芽伸长的目的。

花色与水分有关，水分充足才能显示花卉品种色彩的特性，花期增长，水分不足则花色深黯。

（三）水分的调节

花卉对水分的消耗决定于生长状况。休眠期的鳞茎和块茎，不仅不需要水，有水会引起腐烂，当叶子长出后才需要水分的供应，如朱顶红。多肉植物冬季休眠期，温度低于 10℃以下时可以不灌水。

空气的湿度也会影响一些花卉的生长，多数花卉要求 60% ~ 90% 的相对湿度，因此可以通过喷雾及地面洒水等方法来提高空气湿度。

四、土壤

土壤是植物赖以生存的基础，它能不断地提供花卉生长发育所需要的空气、水分和营养，所以土壤的理化性质与花卉的生长发育密切相关。

（一）土壤性状对花卉的影响

土壤性状主要由土壤矿物质、土壤有机质、土壤温度、水分及土壤微生物、土壤酸碱度等因素决定。

土壤矿物质为土壤组成的基本物质，根据颗粒大小分为砂土类、黏土类及壤土类。壤土类土粒大小居中，通透性好、保水保肥力强，对花卉生长有利。

土壤有机质是土壤养分的主要来源，在微生物作用下，分解释放出植物生长所需的多种大量元素和微量元素。

土壤空气、土壤温度和水分直接影响花卉的生长发育，植物体大多数的生长活动都与这些因子密切相关。

土壤酸碱度与花卉的生长发育密切相关。有酸性、中性、碱性 3 种情况，过酸及过碱性土壤都不利于植物生长。各种花卉对土壤酸碱度的适应力有较大差异。依花卉对其要求，可大致分为 4 类：

1. 酸性花卉

这类花卉所适应的土壤 pH 值范围为 4 ～ 6。如杜鹃、山茶、蕨类、凤梨及兰科植物等。

2. 弱酸性花卉

这类花卉所适应的土壤 pH 值范围为 5 ～ 6。如仙客来、大岩桐、蒲包花、非洲菊、秋海棠等。

3. 中性偏酸花卉

这类花卉所适应的土壤 pH 值范围为 6 ～ 7。在微酸或中性土壤中才能生长良好。如菊花、金鱼草、月季、一品红等。

4. 中性偏碱花卉

这类花卉所适应的土壤 pH 值范围为 7 ～ 8。在中性或偏碱的土壤中才能良好生长。如天竺葵、石竹、仙人掌等。

土壤酸碱度对八仙花的花色有着重要的影响，花色的变化由 pH 值的变化而引起。pH 值低时，花色呈蓝色。pH 值高时则呈粉红色。

（二）不同花卉类型对于土壤的要求

花卉的种类繁多，对土壤要求也各不相同。同一花卉的不同生育期对土壤的要求也不相同。现对不同类型花卉对土壤要求简要说明。

1. 露地花卉

一般露地花卉除沙土和重黏土外，其他土质均能生长。一二年生花卉在排水良好的沙质壤土、壤土上生长良好。适宜土壤表土深厚、地下水位较高、富含有机质的土壤。宿根花卉根系较强，入土较深，应有 40 ～ 50cm 的土层。栽植时应施入大量有机质肥料，幼苗期间喜腐殖质丰富的轻松土壤，而在第二年以后以黏质壤土为宜。

大多球根花卉对于土壤的要求更为严格，一般都以富含腐殖质而排水良好的砂质壤土或壤土为宜，但水仙、风信子、百合及郁金香则以黏质壤土为宜。

2. 温室花卉

温室盆栽花卉通常局限于花盆或栽培床中生长。营养物质丰富、物理性质良好的土壤、才能满足其生长和发育的要求。

随着无土栽培技术的发展，各种新的轻质栽培基质出现。目前常见的有蛭石、珍珠岩、苔藓、椰糠、木屑等。

（三）土壤酸碱度的调节

土壤内碱性过高时，大部分花卉都不宜生长，因此必须改良，提高酸性。常用的方法有以下几类。

1. 施用硫黄粉

硫黄粉不溶于水，必须经微生物分解后才能被利用，因此效果较为迟缓，但能持久。具体的施用量根据土壤的碱性情况而定。如 pH 值由 8 降到 6，每 $100m^2$ 施 18kg。

2. 施用硫酸铝

栽培喜酸花卉时可根据植株生长情况适当使用。pH 值为 7 时要求降到 6，每 $100m^2$ 施 4.5kg。也可用 300 倍硫酸铝水。15 ～ 20 天浇一次。

3. 使用硫酸亚铁

硫酸亚铁可使土壤为弱酸性，且可供给植物铁元素。

4. 使用腐殖质肥

腐殖质肥料含有大量腐殖酸，腐殖酸有胶体质，吸附性强，能吸附置换土中过多的酸碱离子，使土壤的酸碱度向中性转变。如土壤 pH 值过低时可施用石灰及草木灰等进行中和。

第二节　花期调控

花卉的花期调控主要指对开花时期的调节，有时也包括对花枝或植株形态的调整，也可叫催延花期。应用栽培技术、药剂或改变栽培环境，使植物改变自然花期，提前开花的栽培方式称为促成栽培，使花期延后的方式为抑制栽培。

花期调控的目的在于根据市场或应用需求按时提供产品，以丰富节日或平常需要。在调节花期的过程中，由于准确安排栽培程序，可缩短生产周期，节约成本，准时供花还可获取有利的市场价格，具有重要的社会意义与经济意义。

一、花芽分化与发育

植物在营养生长阶段，顶端分生组织不断地形成枝叶，但生长到一定大小或年龄时，受外界环境某些因素的影响，就会进入生殖生长，即分生组织形成花原基，逐渐分化为花芽而开花。花芽的形成和开花，因植物种类而异，开花时期及开花次数不同，这都是由植物本身遗传性所决定。同一种植物在不同环境下，花芽的形成与花期也不相同，这是由外因决定。

植物的开花可分为花芽分化与花芽发育两个阶段。自花原基开始至花的各部器官的发生为花芽分化期，自花芽萌动开始至开花为花芽发育阶段。花芽形成后有些植物并不立即开花。花芽的分化与发育除植物本身遗传因素外，外界环境有密切的关系，而这两个时期所需要的外界环境并不完全一致。如桂花除对光照要求外，其花芽形成与开花受温度影响较明显，在北京花芽分化时期在 6 ～ 8 月气温较高时，而花芽发育则需较低温度。

（一）花芽分化与光照

光对花的形成起着最有效的作用，阳光充足的地方花芽较多，光促进了光合作用，植物的碳水化合物含量增加了，为花芽的形成打下了物质基础。且日光有抑制细胞分裂的作用，这样促进了细胞的分化，有利于花原基的形成。光周期对花的形成起重要作用，有的花卉在春夏日照长时开花，有的则在秋冬日照短的季节开花。

（二）花芽分化与温度

各种植物的生长发育阶段所需的温度不同，有些植物在高温下形成花芽继续发育而开花，有些在高温下开始花芽分化，但必须经过低温阶段才能开花。

很多植物的花芽形成或开花与夜间温度有密切关系，二年生草本小苗必须夜间温度降至10℃左右才能开花。

（三）花芽分化与营养

当植物吸收过多的氮肥时，则营养生长过强，影响花芽分化。因此当花卉生长势过强时必须适当控制氮肥。磷肥可以使枝干充实，促进花芽分化，因此在花芽分化期可适当地给以磷酸二氢钾等磷肥。

二、花期调控的方法

（一）温度处理

1. 增加温度

（1）促进花芽分化

有些植物完成营养生长阶段后在高温下形成花芽。可提前给以高温，促进花芽分化。梅花的花芽是在7～8月形成的，为了迎接国庆可将盆栽梅花在早春2月将花蕾摘除或春节后放在高温温室保持25～30℃，注意通风，及时浇水施肥，可提前完成营养生长，并进入生殖生长开始花芽分化，至6月中旬，室外自然温度30℃以上时移出温室，适当控制水分，促进花芽分化。至7月底8月初花芽直径达1mm时，放置冷库保持-2～0℃的低温40天左右，使叶进入休眠状态。9月上中旬移出冷库，放在室外半阴处，保持自然温度，日温约30℃左右，夜温18℃左右，花芽逐渐发育膨大，半个月即可开花，花期可达十余天。

“五一”开花的月季，可自2月开始放低温温室1周后再放入10～12℃室内，使萌芽生长，注意通风。如及时浇水施肥，4月上中旬即可出现花蕾，如4月中旬花蕾较小，可适当加温，但月季花期短，4月下旬气温升高较快，因此要适当控制花蕾，萌发不可过早。

（2）提前开花

牡丹、榆叶梅、西府海棠、碧桃等冬季落叶休眠的花卉，花芽通常是在7～8月夏季高温下形成的，早春气温转暖时花芽萌动开花。因此如果牡丹春节开花，可在秋季落叶后仍放在露天，经过低温阶段，至春节前60～70天逐渐给以5～10～20～30℃的温度，注意通风，及时浇水施肥，并在每天上、下午叶面喷水1次。温度不可升高过急，否则只开花不长叶，或叶下不伸展。

（3）延长花期

有些夏季开花的植物，当天气转凉，花蕾停止发育而枯萎，如给以高温则可继续开花。

2. 降低温度

（1）延长休眠期推迟开花

早春开花的花卉，经过冬季低温休眠后再开花，如春季继续给以低温则可延长休眠期，推迟开花。如要碧桃、西府海棠、杜鹃在“十一”前气温逐渐下降则停止开花。为使它“十一”开花则可在9月份保持最低温度25℃左右则可使之继续开花。

（2）促进花芽萌动

有些植物花芽形成要经过适当的低温来促进花芽形成。桂花在天气转凉时开花，特别是夜温影响较大，在花芽形成后连续给以夜温18℃的低温4～6天，则花芽萌动。

（3）延缓生长推迟花期

荷花玉兰正常花期在6月中下旬。如果花期推延至“十一”，则可在6月中旬，将有花蕾的植株放在2～4℃的条件下，在“十一”前半个月移至温室，则“十一”即可开花。

（二）光照处理

1. 短日照处理

菊花、一品红、蟹爪兰等均为短日性植物，在秋冬两季日照短时开花。叶子花在短日照下花量多而整齐，如在“十一”盛开，则每天给以8～9小时光照，剩余时间遮光，保持黑暗。菊花早花品种50～60天，一品红单瓣品种45～55天、重瓣品种55～66天，叶子花45天，蟹爪兰50天则可开花。

在遮光处理时，遮光必须严密，如有漏光则达不到预期效果。遮光必须连续进行，如有间断处理无效。遮光处理时温度不可高于30℃，否则开花不整齐。在遮光处理时，应按正常浇水施肥。

2. 长日照处理

9月上旬菊花花芽分化前给以长日照处理30天，20℃条件下每日增加光照6小时，则花期可推至元旦。

3. 日夜倒置法

昙花为夜间开花植物，如果在花蕾形成后，开花前4～6天，白天将昙花遮光处理保持黑暗，夜间给以光照，则可白天开放。

（三）药剂处理

利用药剂刺激打破休眠使花芽提前萌动。山茶7～8月花芽已分化，但至第二年2月才开花，如要“十一”开花，则可在9月初每隔1天在花芽涂500ppm的赤霉素，如花芽膨大较缓，则可每天以同样浓度涂抹，当花芽过于膨大时，则可将花芽外部的鳞片剥除4～6片，经10天左右即可开花。

（四）调整繁殖期

一般春播草花如要“十一”开放，一串红可在6月初播种，鸡冠花在6月中旬播种，翠菊可在6月中旬播种，百日草、万寿菊等可在7月中旬播种。

“五一”用的草花，金鱼草、三色堇可在12月初温室播种育苗。雏菊可在11月中旬进行播种。毛地黄、羽扇豆等要在10月中旬进行。

“五一”开花的一串红可于12月底再温室内进行扦插，成活后逐渐增高室温，保持25℃，夜间不低于20℃，正常水肥管理，注意通风，最后一次摘心在3月底或4月初进行，则可按时开花。

（五）其他方法处理

1. 修剪

月季如需“十一”开花，则在8月15日前后将枝条基部留4～6cm，在饱满芽的上端进行修剪，及时浇水施肥充分见阳光即可。紫薇正常花期为7月中旬至8月下旬，如要“十一”开花，则可在8月20日左右进行修剪，粗壮的花枝在基部留4～6cm，及时浇水施肥，如阳光充足“十一”即可开花。五月菊冬季保持25℃室温，1月中旬进行最后1次修剪，则“五一”可开花。

2. 摘心摘叶

一串红可以采用摘心的方式推迟花期，且能改变株型。榆叶梅、西府海棠等可在8月中旬将叶片剪掉一半，8月下旬将全部叶摘除，则可“十一”开花。

3. 调整施肥

由于生殖生长期植物需较多的氮肥、磷肥，通常用磷酸二氢钾，根外追肥或施于根部1～2次。

第三节　花卉生产设施及设备

多数花卉需在一定的设施条件下进行保护地栽培，以满足社会及人们的日益需求。常用的栽培设施有温室、塑料大棚、荫棚、风障、阳畦、冷床、温床以及一些相关设备。

一、温室

温室是花卉栽培中最广泛的栽培设施，是以透明覆盖材料作为全部或部分材料，带有防寒、加温设备的特殊建筑。根据形状及材质等不同，在花卉栽培中有不同用途。

（一）温室的种类

1. 依建筑形式划分为

（1）单屋面温室

仅屋脊一侧为采光面，另一侧为墙体，又称为日光温室。构造简单，采光材料以玻璃或塑料薄膜为主。

（2）双屋面温室

屋脊两侧均为采光面，一般采用南北走向、面向东西的两个相等的倾斜屋面，这种温室的屋顶均由玻璃覆盖。光照与通风良好，但保温性能差，适于温暖地区使用。

（3）不等屋面温室

一般采用东西走向，坐北朝南，南北面有不等长的屋面，北面的屋面长度比南面的短，二者比例多为 3 ：4 或 2 ：3。

（4）连栋式温室

由相等的双屋面温室纵向连接起来，相互连通，可以连接搭建，形成室内串通的大型温室，温室屋顶呈均匀的弧形或三角形。

2. 依覆盖材料划分为

（1）塑料薄膜温室

以各种塑料薄膜为覆盖材料，具造价低廉、保温效果好、重量轻、易施工等特点，即可用于日光温室也可用于连栋温室，世界各国广泛应用。

（2）玻璃温室

以玻璃为主要覆盖透光材料，特点是透光性最好，采光面积大，光照均匀，适宜高需光性植物的种植。使用寿命长，具极强的防腐性，阻燃性，适合于多种地区和各种气候条件下使用。

（3）硬质塑料板温室

多为大型连栋温室。主要材料有丙烯酸塑料板、聚碳酸酯板、聚酯纤维玻璃等，其中聚酯酸酯板是当前应用较多的材料。

3. 依有无加温设施划分为

不加温温室，即日光温室，只利用太阳辐射和夜间保温设备来维持室内温度，设施较简陋。

加温温室，有加温设备的温室，如利用烟道、热水、蒸汽、电热等人为加温的方法来提高室内温度。

（二）温室内其他设备

1. 栽培床

主要用于穴盘育苗和盆栽作物，分固定式和移动式两种，苗床制作材料要有很好的防腐性能，骨架常用热镀锌型钢制作，床面用防腐处理的筛网或焊接平板网。一般为离地 75~100cm 的高架苗床，便于操作人员管理，有利于通风透气和排水，减少病虫害的发生。

2. 灌溉与施肥系统

温室内植物需要的水分完全靠人工灌溉措施来保证。现代化大型生产企业均采用灌溉施肥技术。借助新型微灌系统，在灌溉同时将肥料配对成各种比例的肥液一起注入农作物根部土壤。

3. 虫害防除设施

为防止外界昆虫进入温室危害植物，一般在温室的顶窗和侧窗安设防虫网。防虫网一般为 20~30 目，幅宽 1~2m，白色或银灰色。

二、塑料大棚及附属设施

塑料大棚是花卉栽培及养护的又一重要设施，没有砖石等围护结构，以竹、木、钢材等材料做骨架，表面全部采用塑料薄膜作为透光，充分利用太阳能，有保温作用，可用来代替温床、冷床及低温温室。建造简单，气密性好，成本低廉，适合大面积生产。目前，在北方广泛用于一、二年生草花春、夏、秋三季的生产和半耐寒花卉的越冬。

（一）塑料大棚的类型

通常是南北延长，主要由骨架和透明覆盖材料组成。根骨架结构、屋顶形状、覆盖材料不同可分为以下几种。

1. 根据骨架结构分为

（1）竹木结构大棚

简易竹木结构大棚，立柱和拉杆使用的硬杂木、毛竹竿等。这种结构的大棚，各地区不尽相同，但其主要参数和棚形基本一致，跨度6~12m、长度30~60m、肩高1~1.5m、脊高1.8~2.5m。

（2）钢竹混合结构大棚

以毛竹为主，钢材为辅。其建造特点是将毛竹经特殊的蒸煮烘烤、脱水、防腐、防蛀等一系列工艺精制处理后，使之坚韧度等性能达到与钢质相当的程度，作为大棚框架主体架构材料。

（3）焊接钢结构大棚

这种钢结构大棚，拱架是用钢筋、钢管或两种结合焊接而成的平面桁架。这种结构的大棚，骨架坚固，无中柱，棚内空间大，透光性好，作业方便，是比较好的设施。

（4）镀锌钢管装配式大棚

拱杆、纵向拉杆、端头立柱均为薄壁钢管，并用专用卡具连接形成整体，所有杆件和卡具均采用热镀锌防锈处理，并由工厂按定型设计生产出标准配件，运到现场安装而成。

2. 按屋顶形状分为

（1）拱圆形大棚

我国普遍使用，建在背风、向阳、管理方便、有排灌条件、地势高燥的沙壤地块。这种大棚的横断面呈拱圆形，或顶部为拱圆形，而两侧壁直立。面积可大可小，可单栋也可连栋，建造容易。

（2）屋脊型大棚

采用木材或角钢为骨架的双层屋面塑料大棚，多为连栋式，具有屋面平直，压膜容易，开窗方便，通风良好，密闭性能好的特点，是周年利用的固定式大棚。

（二）大棚附属设备

1. 草被或草苫

用稻草纺织或机器加工而成，保温性能好，是配合塑料大棚使用的夜间覆盖及冬季保温材料。

2. 无纺布

具有防潮、透气、柔韧、质轻等特点，新型环保材料、无毒无刺激性气味。有不同的密度和厚度，在花卉生产中可用于塑料大棚的保温、遮阳和育苗初期的保湿覆盖。

3. 遮阳网

又称遮光网，用于夏季的遮阳、挡雨、保湿、降温等，冬春季覆盖后还有一定的保温保湿作用。

三、催芽室

催芽室又称发芽室，是环境可控的种子萌发室，温度、湿度及光照均可人工控制。在其内可完成种子处理、浸种、催芽作业流程。如用来进行大量种子的浸种后催芽，也可将播种后的苗盘放进催芽室，待胚根长出后及时挪出。

催芽室空间小，比温室更容易控制环境、保持种子发芽的最佳条件，获得最高的种子发芽率和整齐度，确保了全年生产计划，相对降低了生产成本。缺点是建造催芽室成本高、生产流程中需要搬运穴盘、时间控制要求严，必须及时观察以便穴盘能及时从催芽室转移到温室，避免胚芽生长过长造成徒长。

催芽室的建造规模，要同时考虑年生长量、同一批次种苗生产规模、不同种类的催芽时间及温度设置等综合因素。催芽室的位置不要距离温室太远，以便冬季能缩短萌发的苗盘转移到生产温室时暴露在外的时间。还应具有良好的温、湿度调节系统和光照控制系统。

建造时要本着经济、实用、保温、增湿效果好的原则，育苗量少，可在温室内搭建简易的催芽室。

第四节　常见一、二年生花卉

1. 矮牵牛 *Petunia hybrida*

又名碧冬茄，为茄科碧冬茄属多年生草本植物，常作一、二年生栽培。原产于南美洲阿根廷，现世界各地广泛栽培。

形态特征　全株具粘毛，茎直立或匍匐。叶质柔软，卵形，全缘，近无柄，互生或对生。花单生，花冠漏斗状。花瓣边缘分为平瓣状、波状、锯齿状。花色丰富有白色、黄色、粉色、红色、紫色、蓝色，另具双色、星状、脉纹等。蒴果，种子细小，每克 8000 ～ 10000 粒（图 4-1）。

生长习性　属长日照植物，喜温暖和阳光充足的环境，生长适温为 13 ～ 18℃。忌高温高湿，超过 35℃对植株生长不利。不耐霜冻，冬季温度低于 4℃，植株停止生长。北方夏季生长旺盛期，需充足水分，但南方梅雨季节又对矮牵牛生长不利，易徒长。花期雨水多，易褪色或腐烂。盆栽适用疏松肥沃、排水良好的微酸性基质，正常光照条件下，从播种至开花约需 100 天。冬季温室内，低温短日照条件下，茎叶生长茂盛，着花困难。

图 4-1　矮牵牛

图4-2　一串红

2. 一串红 *Salvia Splend*

又名爆仗红，唇形科鼠尾草属多年生草本植物，常作一、二年生栽培。原产巴西，中国各地庭院广泛栽种。

形态特征　株型紧凑，茎四棱光滑直立，茎节为紫色，茎基部多为木质化。叶片有长柄，卵形，尖端较尖，叶边缘有锯齿，对生。花多为红色、深红色，一般为6朵轮生，总状花序。苞片卵形，深红色，早落。花萼钟状，二唇，宿存，与花冠同色，花冠唇形有长筒伸出花萼外。花期6～10月，种子成熟期8～10月。花色通常有紫色、白色、粉色等类型。坚果，小坚果卵形，内有黑色种子，容易脱落，每克256～290粒（图4-2）。

生长习性　属短日照植物，喜全光、耐半阴、不耐寒，生长适温为15～21℃。低于15℃植株生长缓慢。高于30℃花叶大小发生变化。长日照利于一串红植株营养生长，短日照有利于一串红植株的花芽分化。一串红幼苗需水较多，但积水过多则会对植株生长造成不良影响。不耐霜冻，经过霜冻的一串红植株全株茎叶变黑，霜期过后收获的一串红种子发芽率普遍较低。一串红盆栽适用疏松肥沃、排水良好的基质。正常光照条件下，从播种至开花约需80～100天。

3. 鸡冠花 *Celosia Cristata*

又名老来红、芦花鸡冠、大鸡公花等，为苋科青葙属一年生草本植物，作一年生栽培。原产亚洲热带，世界各地广为栽培，我国南北各地均有种植。

形态特征　全株具粘毛，茎光滑具棱，直立少分枝。叶质柔软，长卵形或卵状披针形，全缘或有缺刻，有绿色、黄绿色、红绿色及红色等颜色，互生。花顶生，花冠肉质，扁球状、扇形或肾形。花小而不显著，花序上部丝状，中部下部干膜状。花色有深红色、鲜红色、红黄相间色、橙色等。蒴果，种子扁圆肾形、黑色发亮，每克1000粒左右（图4-3）。

分类　鸡冠花依花序形状不同可分为头状鸡冠及羽状鸡冠。花序顶生、扭曲折叠成扁球形，酷似鸡冠，为头状鸡冠。花序聚集成三角形的圆锥穗状花序，直立或略倾斜，形似火炬，呈羽毛状，着生于枝顶，称为羽状鸡冠，又名凤尾鸡冠花。

生长习性　属短日照植物，喜高温和全日照的环境，温室栽培最适温度为日温21～24℃，夜温15～18℃。不耐霜冻、不耐贫瘠、忌积水，较耐旱。霜期来临则全株枯死。盆栽适用疏松肥沃、排水良好的弱酸性基质。花期较长，可由夏秋直至霜降。正常光照条件下，从播种至开花约需70～100天左右。短日照下花芽分化快，长日照下鸡冠花花序形体大。种子采收期为8～10月，种子生命力强，可自播。

图4-3　鸡冠花

4. 万寿菊 *Tagetes erecta*

又名臭芙蓉，菊科万寿菊属一年生草本。原产墨西哥，中国各地均有栽培。

形态特征　全株有一股特殊的臭味，高 50 ～ 150cm。茎直立粗壮，具纵细条棱，分枝向上平展。叶片对生，羽状全裂，裂片披针形，具有明显的油腺点。花序为头状，顶生，具有中空的长总梗，总苞钟状，舌状花瓣上有爪，边缘呈波状，花色有淡黄色、黄色、金黄色、橘红色和稀有的白色。花型有单瓣型、菊花型、钟形、蜂窝型和平瓣型等。瘦果，黑色，顶端有冠毛，每克 330 粒（图 4-4）。

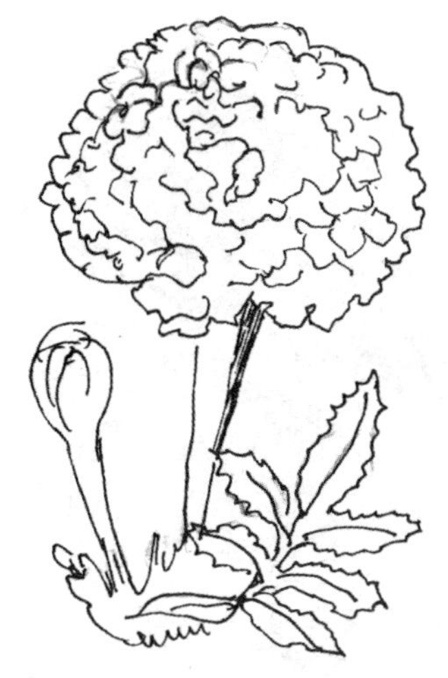

图 4-4　万寿菊

生长习性　属短日照植物，喜温暖和阳光充足的环境，生长适温为 15 ～ 25℃。不耐寒，但经得起早霜侵袭，酷暑期生长不良，30℃以上容易徒长。盆栽宜选用疏松、排水良好、有底肥的基质，pH 值 6.0 ～ 6.7。从播种到开花约需 70 ～ 90 天。夏秋栽培时氮肥不宜过多，否则会造成枝叶徒长，在苗高 15cm 时可摘心促进分枝。冬季栽培时由于短日照的影响，分枝少，为独茎一花，不可摘心。

5. 孔雀草 *Tagetes patula*

菊科万寿菊属一年生草本植物，全草可入药。原产墨西哥。分布于四川、贵州、云南等地，我国各地已广泛栽种。

形态特征　株高 20 ～ 80cm。茎多分枝，通常较为细长，一般带紫色条纹或者整体成紫色。植株通常生长茂密，株型呈圆丘状。叶对生或互生，有油腺点，羽状全裂，裂片线形至批针形。头状花序顶生，花径 2 ～ 6cm，花由舌状花和筒状花组成，舌状花为单性花，只有雌蕊，筒状花为两性花，通常先端 5 裂。花型分为单瓣型、银莲花型和冠状花型。瘦果，种子细长，每克 350 ～ 400 粒（图 4-5）。

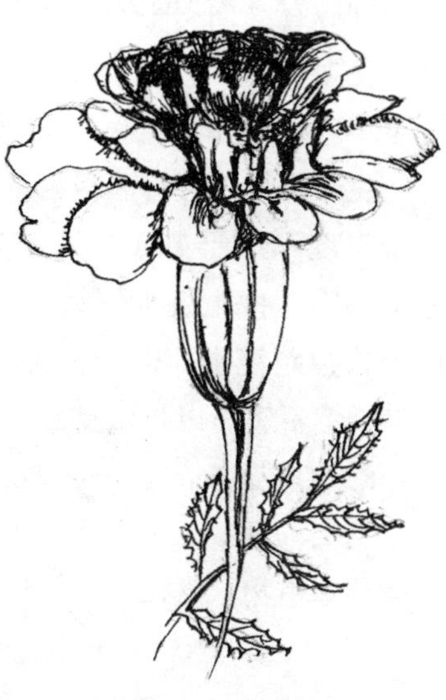

图 4-5　孔雀草

生长习性　属日中性植物，喜温暖和阳光充足的环境，但在半阴处栽植也能开花。抗性强，对土壤要求不严，耐移植，生长迅速，栽培容易，病虫害较少。生长适温为 15 ～ 20℃。盆栽使用排水良好、无病害、pH 值 6.2 ～ 6.5。

6. 三色堇 *Viola tricolor*

又名猫脸花、人面花、蝴蝶花、鬼脸花，堇菜科堇菜属二年或多年生草本植物。

形态特征　株高 15~25cm，全株光滑，茎长而多分枝。叶互生，基生叶圆心脏形，茎生叶较狭。托叶宿存，基部有羽状深裂。花腋生，有总梗及 2 小苞片，萼 5 宿存，花瓣 5，不整齐，一瓣有短而钝之距，下面的花瓣有腺状附属物并向后伸入距内。花期 4~6 月，花色瑰

图 4-6　三色堇

丽，有白、黄、紫、红、玫红、猩红、橙、天蓝等色，纯色、复色或花朵中央带花斑。蒴果椭圆形，呈三瓣裂，种子倒卵形，每克 700 粒，种子寿命 2 年（图 4-6）。

生长习性　性较耐寒，喜凉爽和阳光充足环境，略耐半阴，怕高温和多湿，为我国传统的早春盆花。要求肥沃湿润的沙壤土，在贫瘠地，品种显著退化。

7. 长春花 *Catharanthus roseus*

又名金盏草、四时春、日日新等，夹竹桃科长春花属多年生草本，常作一、二年生栽培。中国虽栽培历史不长，但新品种的引进数量不小。

形态特征　全株具毒性。株高 30 ～ 60cm，茎近方形，有条纹，灰绿色，节间长。叶膜质，倒卵状长圆形，叶脉在叶面扁平，在叶背略隆起。聚伞花序腋生或顶生，有花 2 ～ 3 朵。花萼 5 深裂，花冠红色，高脚碟状，花冠筒圆筒状。花期、果期几乎全年。每克种子 450 ～ 800 粒（图 4-7）。

图 4-7　长春花

生长习性　性喜温暖耐半阴，不耐严寒，最适生长温度为 20 ～ 33℃，冬季温度不低于 10℃。喜阳光，若长期生长在荫蔽处，叶片发黄落叶。忌湿怕涝，盆土浇水不宜过多，过湿影响生长发育。尤其室内过冬植株应严格控制浇水，以干燥为好，否则极易受冻。一般土壤均可栽培，但盐碱土壤不宜，以排水良好、通风透气的砂质或富含腐殖质的土壤为好。

8. 天竺葵 *Pelargonium hortorum*

又名洋绣球、石蜡红、玻璃翠、日烂红等，牻牛儿苗科天竺葵属多年生草本植物，常作一、二年生栽培。原产南非。

形态特征　株高 30 ～ 60cm，茎直立、多汁，基部稍木质化。叶柄长 3 ～ 10cm，被细柔毛和腺毛。叶片圆形或肾形。伞形花序顶生，有总长梗，花蕾下垂，萼片狭披针形，长 8 ～ 10cm，外面密腺毛和长柔毛。花瓣红色、橙红、粉红或白色，宽倒卵形，花有单瓣、半重瓣、重瓣类型。蒴果长约 3cm，被柔毛。花期 5 ～ 7 月，果期 6 ～ 9 月。每克种子 200 ～ 250 粒（图 4-8）。

图 4-8　天竺葵

生长习性　属日中性花卉，对光照时间长度不敏感。喜冷凉气候，生长适温 5 ～ 25℃，冬季寒冷地区稍做保护即可越冬，6 ～ 7 月间呈半休眠状态。宜肥沃、疏松和排水良好的砂质壤土，喜阳光充足环境，忌高温高湿，湿度过高则极易徒长，稍耐干旱。花期可以从春天持续到秋天，不间断开花。光照较强时，常作遮阳处理。

图 4-9　金鱼草

9. 金鱼草 *Antirrhinum majus*

又名龙头花、狮子花、龙口花。玄参科金鱼草属多年生草本，常作一、二年生栽培。原产地中海，现我国各地均有栽培。

形态特征　植株挺拔，株高 20 ~ 70cm，叶片长圆状披针形。下部叶对生，上部叶常互生。总状花序顶生，每朵花长 3.5 ~ 4.5cm，二唇形左右对称，花冠筒状唇形基部膨大成囊状，颜色多种，从红色、紫色至白色。有白、淡红、深红、肉色、深黄、浅黄、黄橙等色。果实为蒴果卵圆形，每克种子约 5000 ~ 6500 粒（图 4-9）。

生长习性　金鱼草性喜凉爽气候，忌高温及高湿，耐寒性较好。喜全光，稍耐半阴。花期长，3 ~ 6 月。喜疏松、肥沃、排水良好的土壤，对碱性土壤稍有耐性。有自播繁衍能力。

10. 百日草 *zinnia elegans*

又名百日菊、步步高、步登高等，菊科百日草属一年生草本，原产墨西哥，我国各地广泛栽培。

图 4-10　百日草

形态特征　茎直立，株高 30 ~ 100cm。叶对生、无柄、卵圆形或长圆状椭圆形。头状花序，单生枝端，花径 5 ~ 15cm。管状花顶端 5 裂，黄色或橙黄色，舌状花多轮，倒卵形，近扁盘状，除蓝色外，各色均有。花期 6 ~ 10 月，果期 7 ~ 10 月。舌状花所结瘦果广卵形至瓶形，顶端尖，中部微凹，管状花所结瘦果椭圆形，较扁平，形较小。每克种子 150 ~ 200 粒（图 4-10）。

生长习性　喜阳光充足温暖的环境，不耐寒忌酷暑，植株长势强健，不易倒伏，耐干旱耐瘠薄，忌连作。喜欢肥沃富含有机质的土壤环境。生长期适温 15 ~ 30℃，适合北方栽培。

11. 四季海棠 *Begonia semperflorens*

又名四季秋海棠、蚬肉秋海棠、玻璃翠、瓜子海棠，为秋海棠科秋海棠属多年生草本植物。原产巴西、丹麦、瑞典、挪威等国。近年，中国的应用量逐年增大。

图 4-11　四季海棠

形态特征　肉质草本，株高 15 ~ 30cm；根纤维状。茎直立，肉质，基部多分枝。叶卵形或宽卵形，叶缘有不规则缺刻，因品种而异，有绿、红、褐绿等色，并具蜡质光泽。花顶生或腋出，雌雄异花，雌花有倒三角形子房。花色有橙红、桃红、粉红、白色等。雄花较大，花被片 4，雌花稍小，花被片 5。花期长，北方温室内几乎全年能开花，但以秋末、冬、春较盛。蒴果绿色，种子较小，每克 7000～8000 粒（图 4-11）。

生长习性　喜温暖、湿润和阳光充足环境。生长适温 18～25℃。冬季温度不低于 5℃，否则生长缓慢或停止生长，近乎休眠状态。夏季温度超过 32℃，茎叶生长较差，须采取遮荫措施。但某些耐热品种在高温下仍能正常生长。喜温暖湿润的气候，喜半阴和富含腐殖质、疏松、透气性好的砂质壤土环境条件。

12. 非洲凤仙 *Impatiens wallerana*

又名苏丹凤仙花、何氏凤仙花、苏氏凤仙花等，凤仙花科凤仙花属多年生肉质草本。常作一、二年生栽培。原产东非，现在世界各地广泛引种栽培。

形态特征　株高 30～70cm。茎直立，绿色或淡红色。叶片互生，呈宽椭圆形、卵形或长圆椭圆，顶端尖，基部楔形，叶边具齿。花梗生于上部叶腋，花 1～2 朵。花大小和色彩多样，紫红、淡紫、蓝紫、深红、鲜红或有时白色。蒴果纺锤形，每克种子 1250～2700 粒（图 4-12）。

生长习性　喜温暖、湿润气候，阳光充足但不暴晒为宜，夏季生产需稍遮荫，不耐干旱和水涝，适宜在肥沃、疏松和排水良好的沙质壤土中生长。生长温度为 15～25℃，冬季不应低于 12℃，相对湿度为 70%～90% 为宜。在适宜的环境下可实现周年开花。

图 4-12　非洲凤仙

13. 瓜叶菊 *Senecio cruentus*

菊科瓜叶菊属多年生草本，常作一、二年生栽培。是我国北方地区主要温室盆花之一。

形态特征　茎直立，株高 30～70cm。叶具柄被密绒毛，叶片大，肾形至心形。顶端急尖或渐尖，基部深心形，边缘不规则三角状浅裂或具钝锯齿。头状花序直径 3～5cm，多在茎端排列成宽伞房状。花序梗长 3～6cm，较粗。总苞钟状，长 0.5～0.1cm，宽 0.7～1.5cm。总苞片 1 层，披针形，顶端渐尖。瘦果长圆形，长约 1.5mm，具棱。种子细小，每克约

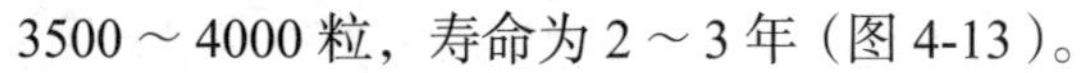

3500～4000 粒，寿命为 2～3 年（图 4-13）。

生长习性　凉爽的气温、充足的阳光和良好的通风是其适宜的生长环境，忌干燥的空气和烈日曝晒。喜疏松、排水良好、富含腐殖质而排水良好的砂质壤土，忌干旱，怕积水，适宜中性和微酸性土壤。花期为 12 月至翌年 4 月，盛花期 3～4 月。在苏南地区，瓜叶菊一般当年 12 月即可上市，可陆续供应至翌年的 5 月。

图 4-13　瓜叶菊

14. 黑心菊 *Rudbeckia hybirda*

全名是黑心金光菊，菊科金光菊属一、二年生草本。原产美国东部地区，我国各地均有栽培。

图 4-14　黑心菊

形态特征　茎直立，多棱。株高 30 ～ 100cm，全株被白色粗硬毛，枝叶粗糙。上部叶互生，长椭圆形至阔披针形，下部叶近匙形。头状花序，单生枝顶，舌状花单轮开展，金黄色，筒状花棕黑色，呈半球形。花期 5 ～ 10 月。瘦果四棱形，黑褐色。每克种子 950 ～ 2800 粒（图 4-14）。

生长习性　生长强健，适应性强，耐干旱，耐寒，耐半阴。喜温暖，喜光，喜向阳通风环境。不择土壤，但在排水良好的沙壤土上生长更佳。

15. 杂交石竹 *Dianthus hybridus*

石竹科石竹属多年生草本，常作二年生栽培，原产中国。

形态特征　株高 20 ～ 60cm，直立丛生状。叶对生，线状披针形，先端渐尖，基部抱茎。单生或数朵簇生成聚伞花序，花瓣 5，先端有锯齿，稍有香气。花色丰富，有红色、粉红色、紫红色、白色或各种颜色的镶嵌色。蒴果长椭圆形，顶端 4 ～ 5 齿裂。种子黑色，每克种子为 800 ～ 2500 粒（图 4-15）。

生长习性　喜排水良好、肥沃砂质壤土，但瘠薄处也可生长开花。其性耐寒耐干旱，而不耐酷暑，夏季多生长不良或枯萎，栽培时应注意遮荫降温。喜阳光充足、干燥、通风的环境。繁殖用播种与扦插，北方秋播，翌春开花。南方春播，夏秋开花。生长适温在 10 ～ 25℃。

图 4-15　杂交石竹

16. 彩叶草 *Coleus blumei*

又名五彩苏、老来少、五色草，唇形科鞘蕊花属多年生草本植物。常作一、二年生栽培。原产于亚太热带地区，现在世界各国广泛栽培。

图 4-16　彩叶草

形态特征　株高 50 ～ 80cm，栽培苗多控制在 30cm 以下。全株有毛，基部木质化，叶片形状因品种不同有所变化，卵形或圆形，表面绿色，有淡黄、桃红、朱红、紫等色彩鲜艳的斑纹。花期夏秋季，顶生总状花序，花小，蓝色、淡蓝或带白色。小坚果平滑有光泽，种子细小，每克约 3500 粒（图 4-16）。

生长习性　性喜温暖，不耐寒。生长适温 20～25℃，冬季不能低于 10℃。5℃以下植株死亡。喜欢疏松肥沃、排水良好的土壤。在我国大部分地区不能越冬，因此需要保护地栽培。种子喜光，种植过程要水分充足，同时避免阳光直晒。

第五章　识图与设计

第一节　园林绿地设计

园林绿地设计一般包括有公共绿地设计、道路绿地设计、居住区绿地设计、单位附属绿地设计以及宾馆庭院、公共建筑、各类公园、风景区的园林规划设计等。

我们主要学习公共绿地设计、道路绿地设计、居住区绿地设计、单位附属绿地设计 4 个类型。

一、公共绿地设计

（一）公共绿地绿化

公共绿地绿化是城市园林绿地系统的重要组成部分，是经过艺术布局而建成的具有一定园林设施，对市民公众开放，供市民游览、观赏、休憩及开展文体活动，以美好城市、改善生态环境为主要功能的园林绿化。

（二）公共绿地设计的原则

1. 必须以创造优美的绿色自然环境为主，强调植物造景。

2. 要体现实用性、艺术性、科学性、经济性。

3. 要体现地方园林特色和风格，不同绿地有不同景观。

4. 依据城市园林绿地规划，总体设计要注重利用现状自然条件，与周围环境相融合，要避免景观的简单堆砌和重复。

（三）公园绿地设计

1. 公园绿地概念

公园式城市园林绿地，是包括多种功能分区的综合性园林绿地。

2. 公园绿地类型

根据公园性质、功能、面积、方位等的诸多不同，可分为不同服务对象和内容的各类公园。

例如，儿童公园、体育公园、纪念公园、大型游乐园、文化公园、雕塑公园、植物园、动物园等。

3. 公园分区

公园的活动内容很多，每一种活动都有各自的特点，因此，对于用地设施、环境和位置都有不同的要求。面积较大的综合性公园，合理分区是必需的，按照公园的活动内容和设施，一般可以分为以下几大类：

（1）游览休憩区，游览休憩区在公园中占的面积较大，主要提供游人休憩、散步、学习、交流和欣赏自然风景等。因此，要和公园中喧闹的区域隔离开来，远离公园的主入口。休憩游览区内不设过多的文娱活动设施，以安静休息为主。应多种植树木花草，最好具有各种起伏变化的地形，有高地、平原、缓坡。

（2）科普教育区，公园一般都结合风景游览，进行一些科普宣传和艺术展览。例如，利用露天的环境，安排科普讲座、普法教育、花卉展览、艺术表演等，也可以布置茶室、科普馆、青少年宫、画廊等设施，进行丰富多彩的科普教育。因此，科普教育区的设计特点是建筑物较为集中，有完善的生活服务设施，地势开阔，地形较为平坦，便于管理和疏散人流，也便于交通运输。

（3）体育健身区，应根据公园的自然地形条件和规模来进行安排，体育设施的配置也因环境条件而有侧重。一般的体育健身区只设置简单的运动健身器材即可，有条件的公园，则可以建立运动场地，例如足球场、篮球场、乒乓球台等。

体育健身区要远离科普教育区设置，最好有规定的出入口，便于管理。

（4）儿童活动区，据统计，儿童约占公园游人总数的 30%。儿童活动区应利用植物进行区域围合，形成相对独立的区域，与其他公园内的活动分区隔离开来，为保证安全，应该设计相对独立的出入口。

儿童活动区应有儿童游戏设施和提供家长休息、看护儿童的花架、座椅等。植物配置避免选用落果、带刺、有毒的植物。

（5）园务管理区，公园管理包括园艺、园务、土建、文化活动组织、后勤服务、养护管理等内容。园务管理区包括办公场所、温室、库房、停车场、苗圃、食堂等。

小型的管理区一般安排在公园出入口附近，便于内外联系，大型的管理区应有专门的出入口（专用入口），避免干扰公园内游人的正常活动。

4. 公园绿地道路系统

公园绿地道路系统一般分为 3 级：主干道（5m）、次干道（1.5~3m）、游步道（1m 左右）。

5. 公园地形地貌处理

在进行公园总体规划时，往往会遇到原地形不符合使用要求的问题，这时，就需要从公园的现状地形出发，结合公园的功能、植物配置、工程投资、景观特色来加以综合考虑。

在地形地貌处理上，要因地制宜，利用为主，改造为辅，尽量达到公园内土方就地平衡。

6. 公园的植物配置

公园的植物配置要有全园观念，要使整个公园有相对统一的基调，在分区中有所变化。

植物配置除了考虑园林特点、丰富多彩外，还要尽量选择生长健壮、管理粗放、病虫害少、能适应公园各种特定环境的乡土树种。

公园的植物规划，应对各种植物类型和树种比例做出适当的安排。一般情况下，密林和疏林分别占公园植物种植总量的 40% 和 30%；草坪和地被植物占公园绿地面积的 25%~30%；花卉占公园绿地面积的 5% 以下。

二、城市道路绿地设计

（一）城市道路绿化的意义和作用

城市道路绿化的意义和作用归纳起来，主要有 6 个方面。

1. 美化市容作用

城市道路绿化是一个城市绿化水平高低的重要标志之一。良好的道路绿化，给人一种城市活力和精神的象征，是美化城市的重要手段。

2. 卫生防护作用

城市道路绿化可以净化空气，减少城市尘埃和有害气体的污染。同时，道路绿化还可以避免道路遭到强烈的阳光照射，可以延长道路的使用寿命。

3. 缓解热岛效应

城市道路绿化可以降温增湿，降低城市热辐射，为行人创造良好的小气候环境。同时，可以缓解城市中的局部热岛效应。

4. 减噪作用

城市道路绿化可以通过植物吸纳道路噪声，缓解城市噪声污染。

5. 组织交通作用

城市道路绿化布置在道路的中央和两侧，以及交叉口等，都具有良好的分隔路面、分隔各种车辆交通工具类型、组织交通的实际作用。

6. 防灾避险作用

道路绿化在城市某些区域，还具有避灾和作为临时避难所的作用。

（二）城市道路绿地的几种类型

1. 行道树绿化

行道树种植设计有 2 种方式：

（1）将以高大乔木为主的行道树，种植在宽度 1.5m 以上的条形绿化带中。

（2）将行道树种植在间距相等树池中。树池与树池之间以铺装形式过渡。一般树池的尺寸为 1.25m × 1.25m 的正方形树池。树池中央栽植的行道树树干与一侧道牙的间距必须在 0.5m 以上。

通常在北京地区适宜作行道树的树种有：银杏、毛白杨（雄株）、千头椿、栾树、槐树、垂柳、馒头柳、泡桐、小叶白蜡、杜仲、桧柏、油松等。

2. 道路林荫带

一般当道路宽度比较大（宽度 50~100m）时，道路绿化设计采用林荫带绿化手法效果最好。林荫带一般宽度在 5~20m 。

由于林荫带较宽，除了提供行人步行、休息、锻炼等简单的功能外，林荫带主要起到隔离道路尘土和噪声；改善局部小气候；联系城市其他类型绿地；构成城市绿色廊道；丰富城市道路绿化景观和类型的作用。

因此，在绿化设计上要求空间疏朗、简洁大方的风格，艺术布局和色彩轮廓要和周围环境相协调。可以采用乔木、灌木、地被、花卉、草坪等相结合的种植形式，并结合简易的游步道、休息座椅、园林小品等，创造优雅舒适的道路绿化环境。

同时设计中要特别注意避免遮挡道路车行视线，避免影响交通出行。

3. 交叉口中心岛绿地

道路中心岛是交叉口组织交通的重要手段。一般绿化设计要采用植物造景为主的绿化美化形式，注意绿化的装饰性和通透感。在保证车行视线的前提下，组成主题明确的大面积、图案化的群植色块效果。

4. 立交桥绿化

立交桥绿化的形式多采取平面绿化和垂直绿化相结合的手法，尽可能全方位地“包装”桥体，保证美化效果和生态效果。

5. 高速干道绿化包括道路护坡绿化和道路

作为城市快速干道，车速一般在 80~100km/h。因此，绿化不宜繁杂，要按照车行速度，绿化设计保持布局单元，长度合理，形式简洁大方，色彩明快。同时要注意护坡绿化处理，种植固土护坡植物，避免水土流失，美化坡体。

6. 滨河路绿地

滨河路绿地要注意护坡绿化处理，避免水土流失，美化坡岸。同时结合水系特点，可以有节奏地布置一些供游人亲近水面的临水栈道和观景平台，形成城市中的另外一种公共休憩绿地。

（三）城市道路绿化的植物选择

由于道路绿化栽植条件特殊，空气污染相对严重，因此道路绿化植物选择要符合以下相关条件。

（1）要选择适应当地生长环境，耐移植，成活率高的乡土植物。

（2）要选择管理粗放，耐修剪植物。作为行道树种，要选择树干挺直，冠大荫浓，观赏性强，体型优美的深根性乔木。

（3）应选择花果无毒、无害，落果少，不飞毛的植物。

（4）应选择在城市中发芽早，落叶晚，绿色期长的植物。

（5）应适当选择寿命长，材质好的经济植物。

（四）城市道路绿地设计要点

（1）要注意道路绿化与道路宽度间的关系，在一般可能的条件下，绿化带在道路中所占的面积比例，最好在 20% 以上。绿化带越宽，城市道路绿地对改善道路环境的作用就会越大（表 5-1）。

绿化植物所需要的最小种植宽度（单位：m）　　表 5-1

植物种类	单行乔木	双行乔木	大灌木	小灌木	草坪
最小种植宽度	1.25	2.5	1.2	0.8	1.0

（2）要注意道路绿化与地下管线的关系。这决定着绿化植物种植的可能性。下面是市

政地下管线和地上架空电线，以及各种公园设施和道路绿化种植之间的关系数据（表 5-2、表 5-3）。

绿化中树木与市政地下管线的最小水平距离（单位：m）　　表 5-2

地下管线名称	乔木	灌木
电力电缆	1.2~1.5	1.5~1.0
通信电缆	1.2~1.5	1.5~1.0
给水管	1.0	—
给水干管	1.0~1.5	—
排水管	1.0~1.0	—
排水沟	1.0	0.5
消防龙头	1.2	1.0
煤气管道（低中压）	1.2~2.0	1.0~2.0
热力管线	2.0	2.0

绿化行道树与市政地上架空电线的最小间距（单位：m）　　表 5-3

线路电压（kV）	<1	1~10	35~110	220	500
最小垂直距离（m）	1.0	1.5	3.0	3.5	7.0

三、居住区绿地设计

居住区绿地是城市园林绿地系统中分布广泛的一类绿地。是以山水、地形、植物、园林、小品、设施为元素，为居民创造安静、卫生、舒适的生活环境，促进居民身心健康的园林绿地。

（一）居住区绿地

居住区绿地主要由集中绿地、宅间绿地、道路和停车场绿地、居住区配套设施绿地 4 部分组成。

1. 集中绿地（组团绿地）

它是指小区居民共同享有的绿地，又称为小游园或花园。一般占地面积大可到 2~3hm^2，小的几千平方米。

2. 宅旁绿地（楼间绿地）

它是指居住楼四周的面积较为完整的绿地。

3. 居住区道路和停车场绿地

它是指居住区道路绿地，以及在居住区内规划的停车场绿地。

4. 公共建筑以及配套设施绿地

它是指居住区内各类公共建筑、公共设施四周的绿地。如幼儿园、中小学校、商店、医疗场所、体育设施、物业管理单位附属建筑等的绿地。

（二）居住区绿地设计原则

1. 科学原则

（1）要符合居住区总体规划同步，以保证居住区绿地面积的科学合理。

（2）要充分利用居住区原自然条件，因地制宜。

（3）要以绿化为主，注重改善环境。要以乡土树种和养护简便的植物为主要植物材料，合理设计植物群落。

（4）要与居住区建筑风格和布局相协调一致。

2. 生态效益原则

改善小区整体生态环境。

3. 美观原则

设计中要体现美观、和谐的原则，为居民提供美的感受。

4. 实用原则

力求绿地设计方便使用，提高绿地和各类环境设施的使用率。

5. 经济原则

考虑建设工程投资和后期养护的经济性。

（三）集中绿地

集中绿地主要是利用居住区建筑密度相对较小的空间地带，开辟集中绿地。为居民，尤其是老人和儿童提供经常性的休息、娱乐、交往、锻炼的场所。

集中绿地面积大小不等，大的可到 2~3hm^2，小的 0.3~0.5hm^2。布局形式多以自然式和规则式相结合，绿地中设置一定的活动广场，并且设置一些简易轻巧的花架、报栏、坐凳、休息亭、亭廊等。

植物配置多选择乔灌木搭配的方式，根据不同居住区的特点，选择管理粗放、适宜的植物种类，尽量减少观赏草坪的面积。

（四）宅间绿地

宅间绿地是指分布在居住建筑周围的，面积较大、较为完整的绿化地块。与四周居民的关系最为密切。

宅间绿地的面积及布置形式，多与居住区建筑形式、组合、密度、建筑层高、朝向等因素有关。一般宅间绿地的宽度应是建筑高度的 1.5 倍以上。

根据不同居住区的特点，宅间绿地一般以植物造景为主。树种选择以落叶乔木为主，因为常绿树种植过多会给居民造成心理压抑，并且不利于冬季采光。灌木配置不宜繁杂。乔灌木种植要考虑居住建筑的采光和通风，以及防火和私密性的要求，一般乔木的种植点必须选在建筑 5m 以外，灌木种植点距建筑 2m 以外。

在居住建筑的东、西山墙两侧应配置高大乔木，或进行垂直绿化，以遮挡西晒和防风。

（五）道路和停车场绿化

居住区道路和停车场绿化与城市道路绿化和停车场绿化有很多相似之处。居住区道路绿化多采用行道树栽植形式，规则式等距栽植。但要注意，最好每个楼区都应选择不同的树种进行绿化。这不仅为居民创造了一年四季丰富的植物季相变化，同时具有一定的识别导向作用。

居住区停车场应相对远离居民楼，以减少汽车噪声和尾气污染对居民生活的干扰。绿化应采取“占天不占地”的方式，建设林荫停车场，即采用树池（树池宽度应大于 1.25m）和种植带（宽度也应大于 1.25m）内种植高大庭荫树的方法。

（六）居住区绿地设计要点

1. 集中绿地设计

要简洁大方，布局形式多以自然式和规则式相结合，绿地中设置一定的活动场地，并且设置如花架、报栏、休息亭等园林设施，满足居民休息、娱乐、交往、锻炼的需要。

2. 宅间绿地设计

要以植物造景为主，绿化宽度 20~25m 为宜。东、西两侧山墙应种植高大乔木，用来防风、防晒。

3. 居住区道路和停车场绿地设计

道路绿地应采用规则式设计，等距栽植为宜。不同楼间应选择不同的树种，有识别性和季节性；停车场绿地建议采用林荫停车场设计为宜。

四、单位附属绿地

（一）工厂区绿化

1. 工厂区绿地的特点

在工厂绿化设计中必须依据工厂的特点和性质，比如有无噪声和污染源，是否需要超净条件等，根据不同性质和不同地段，进行不同的植物配置，来满足工厂生产的需要。

2. 一般工厂区绿地的设计分类

厂区绿化设计一般强调区域特点，分为如下区域分别对待：

（1）厂前区景观绿化。有较大的绿化面积，植物配置要以美化装饰为主。

（2）办公区绿化。

（3）生产区及车间四周环境绿化。应特别注意与其他厂区工作区域的隔离，以及屏障视线。应在确保安全防火措施的前提下，适宜种植各种滞尘和抗污染植物。

（4）厂区内道路绿化。

（5）厂区内游憩绿地。

（6）厂区周边防护林带。

（7）厂区内生活区绿化。

（二）医疗单位绿化设计

1. 医疗单位绿化的特点

医疗单位绿化主要是指各种类型的医院绿化。医院绿化主要是为病人和医务人员创造、卫生、宜人的休养、治疗环境。所以在医院绿化设计中，必须依据植物的抗污、杀菌、保健、减噪、增湿、降温等综合能力为衡量标准，来进行科学的植物选择，以减弱或消除一切对于病人和医院医务人员身体健康不利的外界因素的影响。

2. 一般医院绿地的设计分类

（1）门诊区绿化、美化要有较大面积的缓冲广场，四周布置绿地，植物配置要以美化装饰为主。

（2）住院部区域和休闲绿地绿化应该依据不同医院的特点和性质，以及面积大小，配以适当的园林小品和观赏价值较高的园林植物，形成环境优雅的外部园林空间，利于病人户外活动和身体康复。

（3）辅助医疗区域绿化应特别注意与其他医院区域的隔离，以及屏障视线，同时，适宜种植杀菌抗病植物。

（4）行政管理和后期总务区绿化。

（5）医院周边防护林带可参照防护绿地设计进行，林带宽度适宜在10~15m以上。

3. 适用于医院绿地，杀菌能力强的园林植物

以园林植物的杀菌特性为主要评价指标，结合植物的吸收二氧化碳、降温增湿、滞尘，以及耐阴性等测定指标，适用于医院绿地的园林植物种类有：

（1）常用乔木类　油松、洒金柏、白皮松、桧柏、雪松、华山松等；

（2）落叶乔木类　核桃、槐树、栾树、臭椿、杜仲、毛泡桐、银杏、馒头柳、桑树、绦柳、元宝枫等；

（3）常绿灌木类　大叶黄杨、粗榧、矮紫杉、小叶黄杨、早园竹等；

（4）落叶灌木类　碧桃、金银木、黄栌、紫丁香、紫穗槐、珍珠梅、海州常山、丰花月季、平枝栒子、黄刺玫、金叶女贞等；

（5）草坪地被类　鸢尾、早熟禾、崂峪苔草、麦冬、萱草等。

第二节　园林地形地貌及其竖向设计

一、园林地形地貌的作用

（一）园林地形地貌的概念

1. 地貌

在测量学中，对地表面呈现出的各种起伏状态称之为地貌。例如，山地、丘陵、高原、平原、盆地等。

2. 地物

在地面上分布的所有固定物体称为地物。例如，江河、湖海、森林、湿地、道路、工厂等。

3. 地形

地貌和地物统称为地形。在园林绿地设计中，地形地貌的概念被扩展成山地、丘陵和平原，以及河流、湖泊，同时也包括山石、水系等。

（二）园林地形地貌的作用

在进行园林绿地建设的区域内，原有的地形往往多种多样。有的平坦，有的起伏，有的是山冈或丘陵，有的是湿地和沼泽，不尽相同。所以，园林绿地设计，无论是建筑、铺地、挖湖、堆山，还是排水、开河，以及栽植各种园林树木和花卉，都需要利用或改造原地形。

因此，地形地貌的处理就是园林绿化设计的基本内容之一，也是园林绿化建设中如何因地制宜、节约资金的重要方面。园林地形地貌的作用归纳如下。

1. 满足园林功能的要求

园林中的各种活动内容很多，景色也丰富多彩。地形应当满足相应需要。例如，游人集中的地方和开展体育活动的场所，地形要求平坦，登高远眺要求有一定的山冈高地；划船、游泳、栽植水生植物和养鱼的地方，就需要一定面积的水面湖泊。

在园林绿地中，地形有起伏，景色就更加有层次，轮廓线也就有了高低起伏变化，这在园林设计中是十分重要的。

此外，起伏变化的地形，还可以屏障视线，阻挡风沙。

2. 改善种植条件和创造园林景观

利用地形起伏，可以创造丰富的小气候条件，对于植物的生长有利。例如，地面标高过低，地下水位偏高，暴雨过后很容易造成积水，直接危及某些旱地植物的生长；又比如土质条件较差的环境，如果不进行土壤改造，会影响植物的生长。

此外，园林设计经常有园林建筑、园路、桥体、驳岸等，这些设施无论从工程要求，还是园林艺术上，经常需要有一定的地形安排。所以，要利用和改造好地形，创造出有利于园林造景和植物生长，满足工程要求的地形地貌。

3. 满足园林绿地排水要求

园林绿地中，可以利用地形来进行排水。使园林中的铺装、广场、游览区等，能在任何情况下保持排水通畅和正常使用。

利用地面排水，可以大大减少地下排水设施的建设，节约资金，方便省力。地面排水的坡度大小，要根据地表情况和当地不同的土壤结构性能等现状条件，来进行排水设计。

二、园林地形设计的原则

园林地形利用和改造，应当全面贯彻“适用、经济、美观”的建设原则。同时，还要根据园林地形的特殊性，贯彻以下原则。

（一）统筹考虑，满足要求

地形设计应在总体设计的指导下，充分满足场地内各种场所、构筑物、排水、种植的功能要求。

（二）因地制宜，顺其自然

充分利用原地形，就地取材，合理进行场地内土方平衡。要就低挖湖、就高堆山、顺其自然。达到“虽由人作，宛自天开”的园林艺术境界。

（三）节约资金，合理美观

合理确定高程，在满足要求的前提下，以最少地投入达到设计要求。此外，要尽量保护利用原地的种植表土，为今后植物种植创造好的条件。

三、园林地形设计的内容

（一）平地

平地是指公园内坡度较缓的用地。为了游人组织，便于接纳和疏散游人，公园都应设置一定面积的平地，以满足游人不同的活动需要。园林中的平地大致有草地、集散广场、建筑用地等。

平地为了排水便利，要设计出一定坡度。一般要求排水坡度为 0.5%~5%。为了防止水土流失，应该尽量避免做成同一坡度的坡面延续过长，要做成有起有伏。

（二）堆山

堆山应该以原地形为依据，因势利导，就低开湖，就高堆山。但要讲求科学性和艺术性，要按照园林功能要求和艺术布局来适当应用。

（三）理水

园林中的理水就是指人工建造水景。多是就天然水面略加人工雕琢，或者依据地势，就地凿池而成。

园林水景分为静、动 2 种状态分类如下：动水：河流、溪涧、瀑布、喷泉、壁泉等；静水：水池、湖沼等。

园林水景按照形式分为自然式和规则式，自然式水景：河流、湖泊、池沼、溪涧、涌泉、叠石瀑布等；规则式水景：几何形水池、喷泉、壁泉等。

（四）叠石

园林中，经常利用各种天然岩石来构成园林景物，这种方式称为叠石。归纳起来可以分为 3 种类型：

1. 点石成景

将各种天然岩石，根据造型不同，特意安置摆放在园林当中，作为局部小景或局部的构图中心来处理。

上海豫园的景石“玉玲珑”、苏州留园的“冠云峰”，都是典型的园林中应用叠石点石成景的范例。

2. 整体构景

园林中，往往看见在建筑旁、园路边、湖池畔、墙垣下、山坡上、山顶处、绿地中，一组组利用多块岩石堆叠而成的巨大叠石群，整体构景，目的就是利用叠石作为园林中局部构图中心。

整体构景的叠石群，要求在技法上恰到好处，不露人工雕琢的痕迹。例如，苏州环秀山庄的大叠石群，就是典型的范例。

3. 配合工程设施，达到一定的艺术效果

例如，利用叠石来做亭、台、楼、阁、廊、院墙的基础或台阶，也可以作为山间小桥、石池曲桥的桥基等，使之与周围环境相协调。

四、园林地形的设计方法

园林地形设计的方法有多种，如等高线法、断面法、模型法等。等高线法较为常用。

（一）高程与等高线

风景园林地形设计的主要目的是将现状地形改造成符合园林景观设计要求的设计地形，用高程和等高线表示地形的形态（图 5-1 ～图 5-3）。

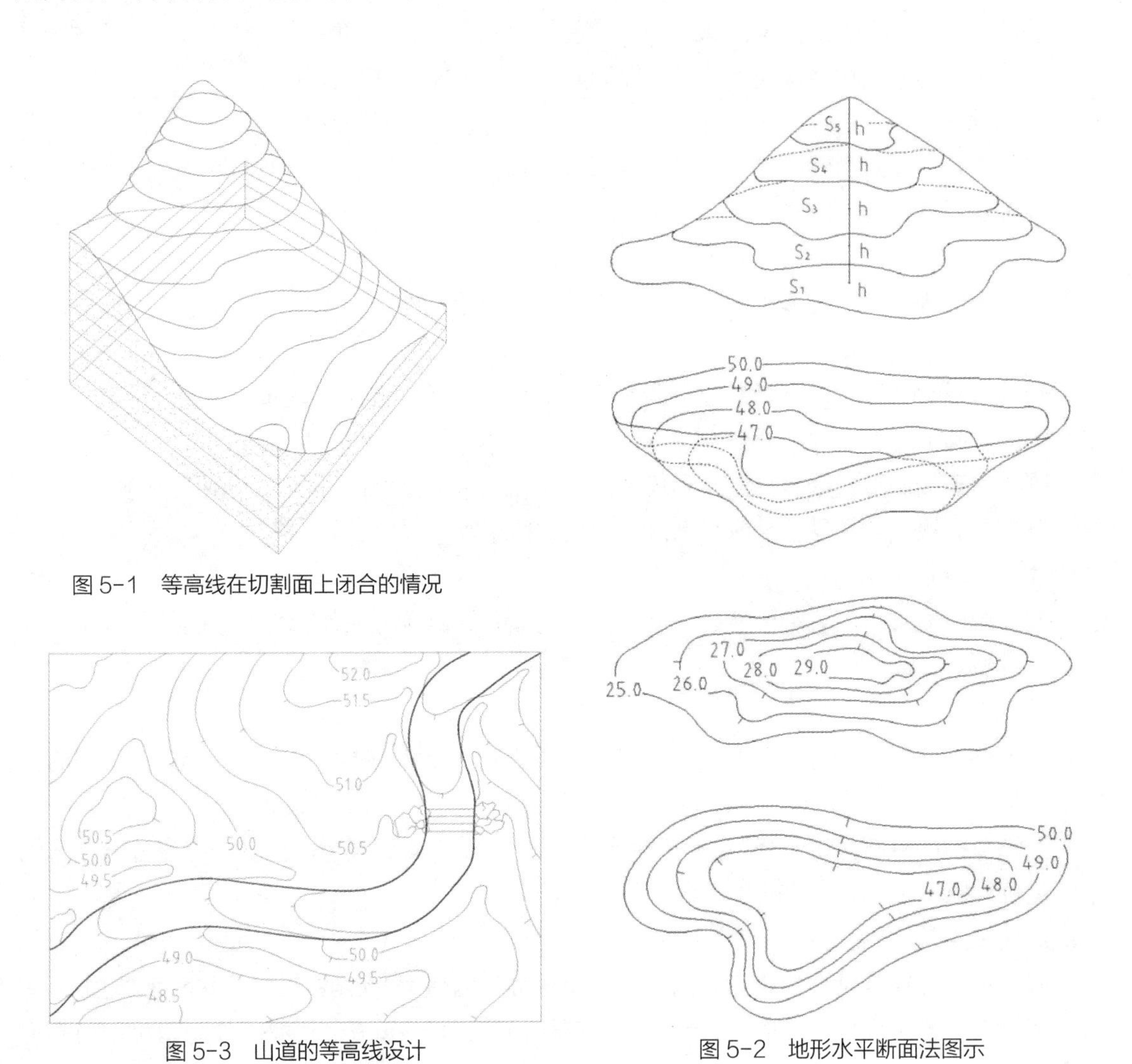

图 5-1　等高线在切割面上闭合的情况

图 5-3　山道的等高线设计

图 5-2　地形水平断面法图示

1. 高程

地面上一点到大地水准面垂直距离，称为该点的高程或标高，每个国家都有一个固定点作为国家的高程零点。一般规划部门提供的地形图中的表述均为绝对高程。

在局部地区，可以选附近任意一个具有一定特征的水平面作为基准面，以此得出设计场地各点相对于基准面的高差，称为相对高程。

2. 等高线

等高线是平行于水平面的假想面与自然地貌相交切，所得到的交线在平面上的投影。给这组投影线标注上高程，便可用它在图纸上表示地形的高低陡缓、峰峦位置、坡谷走向及溪池的深度等内容。

3. 等高线的性质

（1）同一条等高线上所有的点，其高程都相同。

（2）每一条等高线都是闭合的。由于园界或图框的限制，在图纸上不一定每根等高线都能闭合，但实际上他们是闭合的。

（3）等高线的水平间距的大小，表示地形的缓或陡。如疏则缓，如密则陡。等高线的间距相等，表示该坡面的坡度相同。

（4）在垂直于地平面的峭壁、陡坎或挡土墙、驳岸处等高线在图纸上会重合。

（二）园林地形施工工序和技术要点

1. 施工工序

（1）熟悉地形竖向设计图，确定施工范围，在图纸上绘制方格网，宜密不宜疏，确定好方格网的原点和轴线（图 5-4）。

（2）将图纸上的方格网测设到场地中，并调整误差（图 5-5）。

（3）测设方格网高程并钉桩（图 5-6）。

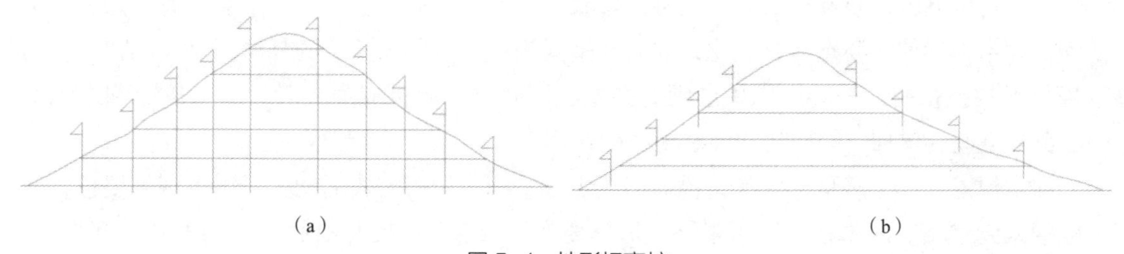

图 5-4　地形标高桩

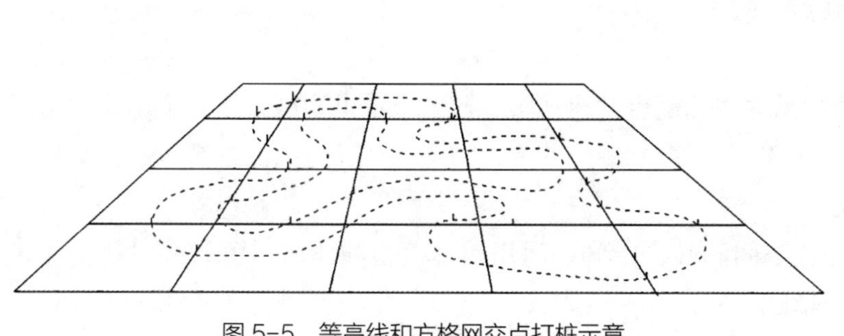

图 5-5　等高线和方格网交点打桩示意

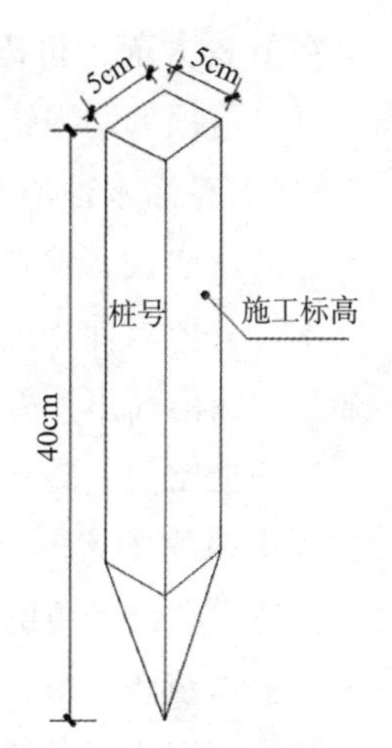

图 5-6　桩木规格及标记

（4）放出微地形范围线和等高线，并在每个等高线与方格网交点处立木桩。

（5）填筑土方。填方应分层压实，一般每 20~50cm 压实一次。

（6）填筑完毕，进行高程复测和地形整理，保证地形平顺自然。

2. 技术要点

（1）绘制方格网和放线时，注意原点的选择，以准确、便捷为宜，一般选建筑角点或道路交叉点。

（2）高程测量放线时，等高线及地形最高点都需准确测设，并钉桩。

（3）地形填筑时，注意次序，要由高向低，由外向内。

第三节　园林植物种植设计

园林植物种植设计，也称为园林植物配置，就是按照园林植物的形态、习性和园林布局要求，进行合理的选择和搭配，发挥植物造景和生态作用。

一、乔灌木的种植设计

（一）乔灌木的使用特点

乔灌木是园林植物种植中最基本、最重要的组成部分，是园林绿化的骨架。

乔木树体高大，有庇荫效果，且寿命较长，其树干占据的空间小，不会妨碍游人在树下活动。乔木的形体、姿态富有变化，因此在造景当中，从郁郁葱葱的林海，优美的树丛，到千姿百态的孤植树，都会形成风景画。乔木在园林中，既可成为主景，又可以起到组织空间、分隔空间，增加空间层次和屏蔽视线的作用。

灌木树冠矮小，多呈丛生状，树冠周围占据空间，妨碍游人活动，只能近观其姿色，而不能深入到冠下。灌木枝叶浓密丰满，形体姿态富于变化，常见有鲜艳美丽的花朵和果实，是很好的防尘、固坡、防水土流失的树种。

在造景方面，可以做乔木的陪衬，增加植物群落的层次，突出花、果、叶色方面的优势，可以阻挡低矮视线，分隔空间。

（二）乔灌木种植设计要点

1. 简洁明快，重点突出

不过分追求使用园林植物品种多，配置的树丛多，而要求重点明确，主题突出。丰富而不杂乱，错落而不繁复。

2. 构造空间，疏密有致

利用植物配置围合出开放空间和私密空间，运用园林植物的体形、色彩来衬托主体建筑，创造出欣赏景色的最佳视线。

3. 塑造植物、形色兼备

利用可以塑形、修剪的植物勾勒轮廓，丰富层次、创造背景，组成装饰图案或色块。表现植物的组合美。

4. 注重植物的生态习性

充分考虑植物的习性，如共生性、株行距、立地条件等。

5. 精选地被植物，形成多样的园林“底色”

在不同类型的绿地中利用各种地被植物的高低、色彩来衬托景色。使用多种草种形成混播草坪，利用宿根花卉点缀气氛。

6. 注意乔灌木栽植与地下管线之间的关系

注意施工及使用安全，要避免互相干扰，造成隐患。

（三）乔灌木的种植设计类型

1. 孤植

孤植是指孤立种植观赏植物的种植方式。此种树又称为孤植树或孤立树。孤植树作为主景，反映的是植株个体的自然美。因此，在构图上，常常是作为局部空间的主景，如：空旷草坪、广场、山坡、道路尽头、转弯处、水边、孤岛等。

孤植树外观上要挺拔、雄伟壮观。孤植树木应具备以下条件。

（1）株形完整，树叶茂密，树冠开阔，分蘖少，观赏价值高。例如，树形、树皮富于变化的油松、白皮松；开花繁茂、洁白如玉的玉兰；叶色丰富，叶形特殊的鸡爪槭、银杏树等。

（2）生长健壮，寿命长，以乡土树种中久经考验的高大树种为宜。例如，老年油松、银杏、槐树、龙爪槐、楸树、栾树等。

（3）不含有害毒素、气味的树种。没有带污染性并易脱落的花果。孤植树种植地点，要求开阔，有足够的观赏视距和树木生长需要的空间，便于游人在此停留活动。最好有天空、水面、草地等作背景衬托，以突出孤植树的形体、姿态、色彩等方面的特色。

孤植树还可以作为自然式园林的焦点树、诱导树栽植在自然式园路或河道的转折处，假山蹬道口及园林局部的入口部分，起导向作用。例如，在较深暗的树林背景之前，种植色彩鲜艳的树种，都具有特别的吸引力，引人入胜。

华北地区适宜作为孤植树的种类主要有：雪松、油松、白皮松、华山松、马褂木、垂柳、银杏、悬铃木、枫杨、榆、槐、刺槐、桑、合欢、栾树、樱花、紫叶李、海棠类、薄壳山核桃等。

2. 对植

对植是指用两株树按照一定的轴线关系相互对称或均衡栽植的种植方式。对植作为园林空间构图手法，主要用于强调入口、道路起始点等，用于引导游人的视线。同时也用于荫蔽、休息，在空间构图上是作为配景用的。

对植分为规则式和自然式。

在规则式对植中，利用同一树种、同一规格的树木依主体景物的中轴线作对称布置，两树的连线与轴线垂直并被轴线等分，这在园林的入口、建筑入口经常应用。规则式种植当中，一般树种采用树冠整齐的，乔木距建筑物墙面要 5m 以外，小乔木和灌木不宜少于 2m，以保证树木有足够的生长空间。

在自然式对植中，对植是不对称的，但左右体量要均衡。在自然式园林的入口两旁、桥头、蹬道的石阶两旁、建筑物的门口，经常有自然式的入口栽植和诱导栽植。

最简单的自然式对植形式，是以主体景物中轴线为支点取得均衡关系，分布在构图中轴线的两侧，采用同一树种，大小姿态不同，动势要向中轴集中，与中轴线的垂直距离，小树要近，两树栽植点连成直线，不得与中轴线成直角相交。

自然式对植，也可采用株数不相同，树种相同的配植，如左侧是一株大树，右侧为同一树种的两株小树。也可以两边是相似而不同的树种。种植两种树丛，树丛的树种也必须近似。双方既要避免呆板的对称形式，又必须相呼应。两株或两个树丛还可以对植在道路两旁构成夹景，利用树木分枝形态，构成相依或交冠的自然景象。

3. 行列栽植

行列式栽植是指乔灌木按一定的株行距成行成排的种植方式。

行列式栽植形式的景观比较整齐、单纯、有气势。一般用在规则式园林绿地中，如道路、广场、建筑及上下管线较多的地区的基础栽植。例如，行道树栽植就属于此类。

行列栽植最大的优点是施工、管理方便。树种要求冠形株形整齐。株行距一般乔木采用3~8m。甚至更大。灌木采用1~5m。

行列式栽植设计的基本形式有2种：

（1）等行等距，从平面上看呈正方形或品字形的种植，多用于规则式园林绿地中。

（2）等行不等距，行距相等，行内的株距有疏密变化，从平面上看是成不等边三角形或四角形。可用于规则式或自然式园林布局，如路边、广场、水边、建筑边等。

4. 丛植

丛植是指3株到10多株乔木或乔灌木组合种植而成的种植形式，又叫作树丛。

丛植反映植物群体的形象。组成树丛的每一株树木，都要统一在构图之中。

树丛是组成园林空间构的骨架，具有荫蔽、做主景、配景和导向的作用。例如，苏州园林中，经常在走廊或房屋的角隅、粉墙前段、有树丛和山石组成一定主题的树石小景。

作导向的树丛，多布置在入口、岔路和弯曲道路的变向处，诱导游人按设计安排的路线，欣赏丰富多彩的园林景色。另外导向树丛也可以作小路分叉处的标志或遮蔽小路的前景，达到峰回路转又一景的效果。

树丛种植设计必须以当地的自然条件和总的设计意图为依据，选择的树种要少而精，充分掌握植株个体的生物学特性及个体之间的相互影响。使植株在生长空间、光照、通风、温湿度和根系生长发育方面，得到合适的条件，保持树丛的稳定和持久，达到预期的效果。

5. 群植

群植树木形成的配植形式叫作树群。组成树群的树木量一般在20株以上。

树群表现的主要为群体美。树群也像孤植树和树丛一样，是园林构图上的主景之一。因此树群应该布置在有足够距离的开敞空间，例如靠近林缘的大草坪上，宽广的林中空地，水中的小岛屿上，宽广水面的水滨，小山坡及土丘上等。树群的主要观赏面一侧，应留出至少相当于树群高度的4倍，树群宽度的1.5倍距离的视线空地，供游人欣赏。

树群规模不宜太大，在构图上要四面空旷，树群的组合方式最好采用郁闭式。树群作为远景观赏。

树群可以分为单纯树群和混交树群。混交树群分为 5 个部分，即乔木层、亚乔木层、大灌木层、小灌木层及地被植物。

乔木层选用的树种，树冠的姿态要特别丰富，使整个树群的天际线富于变化；亚乔木层选用的树种，宜观花，或者可欣赏叶色；灌木层应以花木为主，地被植物，应以多年生野生花卉为主，树群下的土地不能裸露。

树群配置的基本原则是高度采光的乔木层应该居中，亚乔木在其四周，大灌木、小灌木在外缘，这样不致遮掩，但其各个方向的断面，不能像金字塔那样机械呆板，树群的某些外缘可以配置几丛树丛或几株孤立树。

树群内植物的栽植距离要疏密有致，构成不等边三角形，切忌成行、成排、成带栽植，常绿、落叶、观叶、观花的树木混交的组合，应该采用复层混交、小块混交与点状混交相结合的方式。

6. 林带

自然式林带就是带状的树群。一般短轴与长轴比为 1∶4 以上。林带可以屏障视线，防风、防尘、防噪，也可以分隔园林空间，庇荫或作为背景。

林带构图中要有主调、基调和配调，即要有主调树种、基调树种和配调树种。其中主调和基调树种数量较大，是体现林带外貌的主要构成要素，主调随季节的交替，而有节奏的变化。基调一般保证林带一年四季有稳定的色彩和外观，在数量上较前者为少。

防护林带是我们常见的林带类型，种植形式采用成行成列的形式。

7. 林植

是指成片、成块大量种植乔灌木，构成林地或森林景观的种植形式，也叫作树林。树林分为密林（郁闭度 70%~100%）和疏林（郁闭度 40%~70%）。

无论是密林还是疏林，都有纯林和混交林。密林的栽植密度如采用 1~2 年生小苗，阔叶树每公顷约一万株，针叶树每公顷 1.5 万株，4~5 年后可间伐一次，保持 2~3m 的株行距。

疏林多与草地结合，形成“疏林草地”的效果。夏日庇荫，冬天见光，草坪空地供游人休憩活动，林内景色变化多姿，因而受到人们的喜爱。

疏林配置的树种一般都有较高的观赏价值。生长健壮，树冠疏朗开展，以落叶树居多，四季有景可赏。例如，合欢、银杏、枫杨、松树、竹子和一些花灌木等都能形成景色。疏林配置多仿自然式布置，林间断续结合，自由错落，追求自然情趣。

8. 树篱

树篱是指利用灌木或小乔木以规则式种植形式密植后，形成单行或多行的紧密结构。

（1）树篱根据高度分 4 类

矮绿篱：（H=50cm 以下）；中绿篱：（H=50~120cm）；高绿篱：（H=120~160cm）；绿墙：（H=160cm 以上）。

（2）根据功能和观赏性分 6 类

常绿绿篱：由常绿树组成，如桧柏、小叶黄杨、杜松、侧柏等；花篱：由观花树种组成，如木槿、锦带花等；观果篱：由观果树种组成，如紫珠、火棘、枸骨等；刺篱：由带刺的植物组成，如枸橘、贴梗海棠等；蔓篱：在竹篱、木栅上攀援藤本植物而成，如藤本月季、山荞麦、地锦等；编篱：把绿篱植物的枝条编结起来作成网状形式，如木槿、紫穗槐等。

（1）绿篱的作用和功能

防范围护作用：绿篱可以组织游人的游览路线，也可以作为防范的边界，禁止游人通过。如避免游人入内，草坪边缘常用绿篱范围起来。

分隔空间和屏障视线：园林绿地中常用高于视线的绿篱，把儿童游戏场或露天剧场、运动场等热闹区与安静休息区分隔开来，减少互相干扰。在自然式布局中，有局部规则式的空间，也可用绿篱隔离，使强烈对比、风格迥异的布局形式得以过渡和缓和。

作为花境、喷泉、雕像的背景：花境、喷泉和雕像一般是作为园林绿地的点景要素，是观赏视线的焦点。因此从色彩上和形式上都比较活泼，艺术性都比较高。用绿篱作为深色的背景，可以衬托主题，烘托气氛。

美化挡土墙：园林中的山地和坡地，常常用挡土墙来防止水土流失。常在它的前方栽植绿篱等美化墙面。

（2）绿篱的种植密度

绿篱的种植密度根据使用目的、树种不同，以及苗木规格不同、种植地带的宽度不同来确定的。

一般单行绿篱按 3~5 株 /m 密度栽植，宽度在 0.3~0.5m ；双行绿篱按 5~7 株 /m 栽植，宽度 0.5~1.0m。双行式绿篱植株按品字形交叉排列。绿墙的株距一般可采用 1.0~1.5m，行距为 1.5~2.0m。

二、攀援植物的种植设计

（一）攀援植物在园林绿化中的作用

1. 可丰富园林的立面景观，攀援植物是用作垂直绿化的重要植物材料。攀援植物具有长的枝条和蔓茎、美丽的绿叶和花朵，它们或借吸盘、卷须攀登高处，或借蔓茎向上缠绕与垂挂覆地，同时在它的表面，形成稠密的绿叶和花朵覆盖层，成为独立的观赏装饰点。

2. 可以利用狭小土地和空间，在较短的时间内达到绿化效果。攀援植物在绿化上的最大优点，在于它们解决了城市中某些局部因建筑物拥挤，空地狭窄，无法用乔灌木来绿化的问题。

3. 覆盖地面的攀援植物可以与其他园林覆盖植物一起，起到水土保持的作用，增加园林地面景观。可以利用攀援植物来绿化美化山石，使枯寂的山石生趣盎然，大大提高其观赏价值。

基于以上情况，无论在城市绿化和园林建设中，都可以广泛应用攀援植物来绿化装饰，如围墙、台阶、坡地、入口处、灯柱、挡土墙、建筑的阳台、窗台和园林中的亭子、花架、石柱游廊、古树等。

（二）攀援植物的种植设计

1. 住宅和公共建筑的攀援植物种植

用攀援植物垂直绿化墙壁，依攀援植物的习性不同，攀援形式有如下几种情况。

（1）直接贴附墙面，植物有吸盘或气生根，用不着其他装置便可攀附墙面，如地锦、常春藤、凌霄等植物。

（2）要引绳牵引的缠绕型植物，一、二年生草本攀援植物，体量轻，地上部分冬天枯萎，只要在生长季节用绳索引导就可以攀援，如牵牛、茑萝等。

2. 土坡、假山攀援植物种植

土坡的斜面容易出现冲刷现象。在这种情况下，用根系庞大、牢固的攀援植物来覆盖，既可稳定土壤，又使土坡有美观的外貌。

我国园林中利用假山石做点缀的很多，山石全部裸露，有时显得缺乏生气。为了改进这种情况，除了布置乔灌木和草本植物外，适当布置运用一些攀援植物可以取得良好效果。

有些不好看的山石部分可以用攀援植物覆盖，以润饰石面。运用攀援植物的山石搭配时，在选用植物种类和确定覆盖度等方面，都要结合山石的观赏价值和特点，不要影响山石的主要观赏面，喧宾夺主。

适合北京地区的攀援植物种类有：地锦、美国地锦、紫藤、凌霄、南蛇藤、扶芳藤、金银花、藤本月季、山荞麦、葡萄、山葡萄、茑萝、牵牛花、丝瓜等。地锦可按 2 株 /m，美国地锦可按 1 株 /m 种植。

3. 独立布置攀援植物，常利用棚架，花架做依附物，形成独立的园林景观

三、花卉的种植设计

花卉是园林绿地中经常用作装饰和色彩构图的植物材料，常用作强调出入口、广场中心构图、重大节日装点、美化绿地环境等。

（一）花坛设计

1. 花坛定义

花坛是指在具有一定几何形式轮廓的种植床内栽植各种色彩的观赏植物，构成华美艳丽纹样和图案的种植形式。

花坛中也常采用雕塑小品、观赏石及其他艺术造型点缀。广义的花坛还可包括盆栽观赏植物摆设或各种形式的盆花组合。

2. 花坛分类

（1）花丛花坛，又称为集栽花坛。是不同种类、高度、色彩的花卉栽植成花丛状，构成体现群体美的立体图案的种植形式。通过色彩的搭配起到烘托强调气氛，装点美化环境的作用。

常见的花坛花卉如日本小菊、荷兰菊、百日草、雏菊、金盏菊、矮牵牛、美女樱、一串红、三色堇、鸡冠花等都可以组成色彩、图案各异的艳丽花坛。

（2）模纹花坛，又称为毛毡花坛。多是以色彩不同的各种低矮观叶植物或花叶兼美的

矮生植物在平面或立面种植床上组成华美图案和立体造型的种植形式。如文字花坛、图案花坛、立体花篮等。

模纹花坛多以绿色植物为主，常用材料有五色苋、白草等。

3. 花坛设计要点

（1）花坛布置的形式要求和环境相统一。花坛是园林中布置的重要景物之一，花坛布置必须从属于整个环境空间的安排。例如在自然式园林中，应布置自然式花坛，才显得协调。忌讳用多个形式、外观不同的花坛，杂乱无章，不具美感。

布置在中心广场的花坛，其面积应该与广场的面积成一定比例，平面轮廓与广场的外形要相协调，如圆形的广场中央，也应该布置圆形或近圆形的花坛，如果用方形或矩形、三角形的花坛布置于此便显得很生硬，不容易与广场的外形协调。

花坛植物的色彩配置要有主、宾之分，主色在体量及种植面积上要大些，各色可不均一。同一花坛内色彩不宜过于复杂。

（2）花坛种植床的要求。排水：一般的花坛种植床多是高出地面 7~10cm，以便于排水。还可以将花坛中心堆高形成四面坡，坡度以 45% 为宜。

种植土厚度：种植土的厚度要看植物种类而定。种植一年生草花多为 20~30cm ，多年生花卉和小灌木为 40~50cm。

（3）花坛植物的选择因花坛类型和观赏时期而异花丛花坛以色彩构图为主，应用一、二年生花草，或宿根花卉。要求开花繁茂、艳丽、花期花色整齐，花序高矮规格一致，开花持久。

模纹花坛以表现图案纹样为主，多选用生长缓慢的多年生观叶草本植物，萌蘖强，分枝密，叶子小，生长高度可控制在 10cm 左右，过高则图案不清。

不同纹样要选用色彩上有明显差别的植物，以求图案清晰。

（二）花境设计

1. 花境

花境是指通过种植设计，将多年生花卉以不同花期结合，以自然式条带状栽植，供游人观赏的花卉种植形式。

花境布置多利用在林缘、墙基、草坪边缘、水边和路边坡地、挡土墙垣等位置，将花卉设计成自然块状混交，展现花卉的自然韵味，呈现自然的景观画面。

花境的构图是一种延长轴方向渐进的连续构图，竖向和水平的综合景观。花境所表现的主题，是观赏植物本身所特有的自然美，以及观赏植物自然组合的群落美。所以构图不是几何图案，而是植物的自然群落景观。

2. 花境设计的形式

（1）单侧观赏，以树丛、绿篱、墙垣、建筑为背景的花境。一般接近游人一侧布置低矮的植物逐远逐高。

（2）双侧观赏，在道路两侧或草地、树丛之间的布置，可以供游人两侧观赏的花境。一般栽种植物要中间高，两边低，不会阻挡视线。

（三）花台、花池设计

花台和花池是我国传统的花卉布置形式。常见于古典园林或传统的私家宅院当中。

1. 花台

种植床高出地面 50~100cm 以上。成层叠置，边缘以山石或砖砌筑而成。具有排水良好。种植植物常选用如牡丹、芍药、美人蕉等，有时也结合观赏树木和盆景植物，以及山石组合成盆景式花台。

2. 花池

种植床高出地面 7~10cm。外形随意，可以是规则的，也可以是自然形状的。边缘要有砖石做围护。常常灵活地种植各种观赏价值较高的花木，或是宅院主人所喜爱的花木，有时也可以和山石相配，自成一景。

（四）花丛设计

用几株或几十株花卉组合成丛的自然式种植形式叫作花丛。

花丛设计是选择不同种类的多年生花卉，在道路边缘、林下、草坪、岩缝、水畔，根据布置花卉的株丛大小、高低、疏密交错变化，形成花卉的群体美。

花丛以显示华丽色彩为主，体现自然之趣，管理粗放，特别适合于自然式园林中应用。

通常选用同种或不同种，以宿根花卉为主进行栽植，并依其大小、疏密、高低、断续相间的变化，呈现花卉的群体美。

四、草坪和地被植物的种植设计

（一）草坪及地被植物在园林绿化中的意义和作用

草坪和地被植物是城市园林绿地的重要组成部分，广泛运用于城市公园、街道、广场、厂区、学校、运动场等。

园林绿地中的草坪不仅能够增加园林绿地中的植物层次，丰富园林景色，使人心胸开阔，心情舒畅。而且还为我们提供了散步、坐卧、休憩、锻炼的场所。

在城市中，草坪和地被植物还能改善小气候，降温增湿，防沙固土，护堤固坡，净化空气，保护环境，美化市容。

（二）草坪的类型

1. 按照在园林绿化中的用途分类

草坪按照其在园林绿地中的用途，可以分为 4 种类型：

（1）观赏草坪又叫装饰草坪，主要布置在如大门出入口、城市绿地雕塑、喷泉四周和城市建筑纪念物前，主要作为重要入口和园林主要景物的绿色装饰和背景陪衬。一般具有很好的观赏性，不允许游人入内。

（2）游憩草坪是供游人散步、休息、游憩和进行户外活动的草坪。一般面积较大，允许游人进入活动，管理粗放，草种选择耐践踏、抗性强的种类。

（3）运动草坪是指提供进行体育运动的草坪。例如足球场草坪、网球场草坪、高尔夫球场草坪等。草种选择要有弹性，耐频繁践踏、自身萌蘖力强，生长势容易恢复的草种。

（4）护坡护岸草坪铺设在坡地、水岸边、用于防水土流失的草坪。要选择耐瘠薄而且管理粗放的草种。

2. 按照草坪生长适宜温度分类

通常在园林草坪应用中，按照草坪生长适应温度，又将草种分为冷季型和暖季型草 2 种类型：

（1）冷季型草在寒冷的环境气候条件下能正常生长。适合于在北方地区栽植；具有春秋两季生长势强，夏季高温期处于休眠状态的特点。在北方地区一般绿色期常在 260~280 天。常见的冷季型草种有早熟禾类、多年生黑麦草、剪股颖、高羊茅、羊胡子草等。

（2）暖季型草夏季喜高温高湿，生长迅速，春秋生长势弱，不耐寒。常见的暖季型草种有结缕草、狗牙根、野牛草等。

3. 按照草坪设计的形式分类

根据草坪设计的形式，可将草坪分为：

（1）规则式草坪　轮廓整齐，与规则式园林格调相一致，多为观赏草坪。

（2）自然式草坪　面积较大，依地形地势有缓坡起伏变化，再现自然草坪景观。

（三）草种选择

草坪设计中，草种的选择主要取决于草种的综合抗性的强弱。综合抗性是指草种对环境的适应能力。其中包括草种抗旱、抗寒、抗热、耐湿、耐阴、耐瘠薄、耐酸碱、抗病能力等多种抗性。

应根据草坪设计的使用功能不同、草坪的建植环境要求、草坪的建植费用及后期对草坪养护条件 4 方面来加以综合考虑。

（1）可按照设计草坪的主要功能来选择草种装饰性观赏草坪可选用精细草种如剪股颖类等；运动草坪和游憩草坪可选用耐践踏，而且恢复能力强的结缕草类。

（2）可按照工程造价和后期管护条件来选择草种以简单覆盖、护土护坡为目的的草坪可选用野牛草、羊胡子草等粗放管理的草种。在经费充足，人力物力和管护技术允许的条件下，可选用养护要求高、美化效果好的精细草种；反之则应该选择管理粗放的草种。

（四）草坪设计的坡度与排水设计

为避免水土流失、坡岸塌方、崩落现象的发生，任何类型草坪的地面坡度设计，都不能超出所处地土壤的自然安息角。如果地形坡度一旦超过了这个角度，就必须采取工程措施进行护坡处理。

草坪设计的最小允许坡度，还应该从地面的排水要求来考虑。例如，规则式的游憩草坪，除必须确保最小排水坡度以外，其设计的地形坡度不能超过 5%。体育运动草坪如足球场应采用沙沟盲管等排水设施。

自然式游憩草坪设计的地形坡度最大不要超过 15%。当坡度大于 15% 以上时，就会影响游憩活动，并且也不利于进行养护作业。

（五）草坪设计的要点

草坪设计除了遵循上面所说的技术要求外，还应考虑艺术性的需要。

观赏性草坪中央可以设置造型优雅的太湖石、孤植树、艺术雕塑等主景，成为视线的焦点，有突出主题，烘托气氛的艺术效果，使人赏心悦目。

在开阔的大面积游憩草坪周围，应增加树丛和花卉点缀，可以形成疏林草地的景观，竖向地形设计要舒缓而富有高低起伏变化，草坪的边缘可布置点景卧石，增加山林野趣效果。

（六）地被植物的设计

1. 地被植物

地被植物是指用于覆盖地面，防止地面裸露的低矮草本、小灌木、藤本植物等。

2. 地被植物在园林绿化中的作用

地被植物在园林绿化中应用广泛，除了和草坪一样可以覆盖地面、保持水土、美化装饰外，地被植物还有枝叶、花、果等方面的观赏价值，而且养护便利，无需经常修剪。

3. 地被植物种植设计要点

地被植物种植设计，如同草坪一样，依然要按照不同种类的生态特性和生长速度，加以考虑。

（1）要根据地被植物对环境的适应能力来进行种植设计。例如，抗旱性、抗热性、抗寒性、耐阴性、耐湿性、耐盐碱性等。

（2）要选择适合当地条件的地被种类。

（3）要根据不同地被植物的生物学特性，估算植物的生长速度，计算种植密度，把握地面完全郁闭所需时间。

第六章　园林绿化施工

第一节　树木移植

绿化工程的对象是有生命的植物材料，在苗木移栽过程中，每个园林工作者除了必须掌握有关植物材料的不同栽植季节、植物的生态习性、植物与土壤的相互性，以及植物成活的相关原理和技术，还要了解项目前期的准备工作，并根据现场情况进行合理组织施工，以及针对不同季节、不同移植方式采取相应的技术措施，才能按照绿化设计进行具体的植物移植和造景，并发挥景观效果。

一、移植前的准备工作

承担绿化施工的单位，在接受该项工程的开工之前，必须做好施工的一切准备工作。

（一）了解工程概况

1. 工程范围和工程量

包括全部工程及单项工程的范围（如植树、草坪、花坛等）、数量、规格和质量要求，以及相应的园林设施及附属工程任务（如土方、给排水、园路、园灯、园椅、山石及其他园林小品的位置、数量及质量要求）。

2. 工程的施工期限

包括全部工程总的进度期限，以及各个单项工程的开工日期、竣工日期和各种苗木栽植完成的日期。应特别注意植树工程进度的安排，应以不同树种的最适栽植日期为前提，其他工程项目应围绕植树工程来进行，并尽量给植树工程施工现场创造条件。

3. 工程投资及设计概算（预算）

包括主管部门批准的投资金额和设计概算，以便于编制施工预算。

4. 设计意图

施工单位拿到设计单位全部设计资料（包括图纸、文字材料及相应的图表）后应仔细阅读，看懂图纸上的所有内容，并听取设计技术交底和主管部门对此项工程的绿化效果的要求。

5. 了解施工地段地上与地下情况

向有关部门了解地上物处理要求；地下管线分布现状；设计单位与管线管理部门的配合情况。

6. 定点放线的依据

要了解施工现场及附近的水准点，以及测量平面位置的导线点，以便作为定点放线的依据。如不具备上述条件，则需和设计单位协商，确定一些永久性的构筑物，作为定点放线的依据。

7. 工程材料的来源

了解各项工程材料来源渠道，其中主要是苗木的出圃地点、时间及质量。

8. 机械和车辆

要了解施工所需要的机械和车辆的来源。

（二）现场踏勘

在了解工程概况之后，还要组织有关人员到现场，进行细致的勘查，以了解施工现场的位置、现状、施工条件，以及影响施工进展的各种因素。同时还要核对设计施工图纸。现场踏勘，对于正确地编制施工计划，恰当地组织指挥施工，以及保证满意的施工效果都有十分重要的作用。因此，一定要认真做好。

现场踏勘的内容，一般有如下几项：

（1）土质情况：确定是否需要客土，估算客土量，了解好土来源和渣土的处理方向。

（2）交通状况：了解现场内外能否通行机械车辆，如果交通不便，则需确定开通道路的具体方案。

（3）水源情况：了解水源，确定灌水方法。

（4）电源情况：必要时应用。

（5）各种地上物的情况：如房屋、树木、农田、市政设施等地上物如何处理，以及怎样办理征购、搬迁手续等问题。

（6）安排施工期间的生产、生活设施：如办公、宿舍、食堂、厕所、料场等的位置。应将施工期间利用现有房屋或搭盖临时工棚等作为生产、生活设施的位置标明在平面图上。

（三）编制施工组织设计

施工组织设计就是某项绿化工程任务下达后，开工之前，施工单位编制的组织这项工程的施工方案，即对此项工程的全面计划安排。具体内容如下：

（1）施工组织：确定指挥部以及下属的职能部门，如生产指挥、技术、劳动工资、后勤供应、宣传、安全、质量检验等部门。

（2）施工程序及具体进度计划：项目比较复杂的绿化工程，最理想的施工程序应当是：征收土地→拆迁→整理地形→安装给排水管线→修建园林建筑→铺设道路、广场等→种植树木→铺栽草坪→布置花坛。如有需用吊车的大树移栽任务，应安排在铺设道路广场以前，将大树栽好，以免移植过程中损伤路面（交叉施工例外）。在许多情况下，不可能完全按上述程序施工，但必须注意，前后工程项目不要互相影响。

（3）安排劳动力计划：根据工程任务量和工日定额，计算出每道工序所需用的人工工日和总工日数量；以及需用时间。确定劳动力来源及劳动组织形式。

（4）安排材料、工具供应计划：根据工程进度的需要，提出苗木、工具、材料的供应计划，包括规格、型号、用量、使用进度等。

（5）机械计划：根据工程的需要，提出所需用的机械、车辆的型号、使用的台班数及具体日期。

（6）制定技术措施和质量安全要求：按照工程任务的具体要求和现场情况，制定具体的措施和质量、安全要求等。

（7）绘制平面图：比较复杂的工程，必要时还应在编制施工组织设计的同时，附绘施工现场布置图，图上需标明测量基点、临时设施、苗木假植地点、水源及交通路线等。

（8）制定施工预算：以施工预算为依据，结合实际工程情况、质量要求和当时市场价格，编制合理的施工预算。

（9）技术培训：开工前应对全部参加施工的劳动人员，在对他们的技术能力进行了解、分析的基础上，确定技术培训内容和贯彻操作规程的方法，搞好技术培训。

总之，绿化工程开工之前，合理、细致地制定施工组织设计，使整个工程中每个施工项目相互衔接合理、互不影响，才能以最短的时间、最少的人工、最节省的材料、机械、车辆、投资和最好的质量完成工程任务。

（四）施工现场的准备

清理障碍物是开工之前必要的准备工作。其中拆迁是清理施工现场的第一步，主要是对施工现场内有碍施工的市政设施及房屋等进行拆除和迁移，对这些拆迁项目，事先都应调查清楚，并做出恰当的处理，才可按设计图纸进行地形整理。在机械整理地形之前，还必须搞清是否有地下管线，以免发生事故。地形整理主要是与四周的道路、广场合理的衔接，使绿地内排水畅通。

二、栽植树的定点放线

定点放线即是在现场测出苗木栽植位置和株行距。由于树木栽植方式各不相同，定点放线也有很多种，常用的有以下两种。

（一）行列式放线法（行道树定点放线）

道路两旁成行列式栽植的树木称行道树。要求栽植位置准确，株行距相等。一般是按设计断面定点，在有路牙的道路上以路牙为依据，没有路牙的则应找出准确的道路中心线，并以之为定点的依据，然后用钢尺定出行位，大约每10株钉一木桩（注意不要钉在刨坑的位置之内），作为行位控制标记，然后用白灰点标出单株位置。

由于道路绿化与市政、交通、沿途单位、居民等关系密切，植树位置除依据规划设计部门的配合协议外，定点后还应请设计人员验点。在定点时遇下列情况也要留出适当距离（数据仅供参考）：

（1）遇道路急转弯时，在弯的内侧应留出50m的空档不栽树，以免妨碍视线。

（2）交叉路口各边30m内不栽树。

（3）公路与铁路交叉口50m内不栽树。

（4）道路与高压电线交叉15m内不栽树。

（5）桥梁两侧 8m 内不栽树。

（6）另外，如交通标志牌、出入口、涵洞、控井、电线杆、车站、消火栓、下水口等都应留出适当距离，并尽量注意左、右对称。应留出的距离视需要而定，如交通标志牌以不影响视线为宜，出入口则根据人、车流量而定。

（二）自然式配置放线法（成片绿地定点放线）

自然式成片绿地的树木种植方式，主要有两种：一种为单株，即在设计图上标出单株的位置；另一种是图上标明范围而无固定单株位置的树丛片林。其中，公园绿地的定点放线常见有以下 3 种：

（1）平板仪定点：范围较大、测量基点准确的公园绿地可用平板仪定点。即依据基点将单株位置及片林的范围线按设计图依次定出，并钉木桩标明，木桩上应写明树种、株数。

（2）网格法：适用范围大、地势平坦的公园绿地，按比例在设计图上和现场分别画出距离相等的方格（20m×20m 最好），定点时先在设计图上量好树木对齐方格的纵横坐标距离，再按比例定出现场相应方格的位置、钉木桩或撒灰线标明。

（3）交会法：适用于范围较小、现场内建筑物或其他标记与设计图相符的绿地，以建筑物的两个固定位置为依据，根据设计图上与该两点的距离相交会，定出植树位置。位置确定后必须作明显标志，孤立树可钉木桩、写明树种、刨坑规格（坑号）。树丛界限要用白灰线画清范围，线圈内钉一个木桩写明树种、数量、坑号，然后用目测的方法定单株小点，并用灰点标明。

目测定小点必须注意以下几点：树种、数量符合设计图；树种位置注意层次，中心高、边缘低或由高渐低的倾斜树冠线；树林内注意配置自然，切忌呆板，尤应避免平均分布、距离相等、邻近的几棵不要成机械的几何图形或一条直线。

三、非正常季节移植方法

一般绿化植物的栽植时间都在春季和秋季，属于正常的植树季节，对苗木的成活是最有利的时期。但有一些工程，由于客观原因，不能在正常季节植树，而又必须在指定的时间内完成的绿化工程任务，则必须设法突破季节限制，保证质量，按期完成植树工程任务。下面将探讨非正常植树季节移植树木的技术操作方法和要求。

（一）常绿树的移植方法

（1）春季将苗木带土球挖好，运到施工现场的假植地区，装入略大于土球的荆条筐内，规格过大，土球直径超过 1m 应装木桶或木箱，四周培土固定，有条件时立即入坑定植。

（2）如事前没有掘苗装筐条件者，可按正常季节移植常绿树的方法，进行掘苗运栽，但苗木新梢发生、发展旺盛期不宜掘苗。

移植时应做好一切必要的准备工作，缩短施工期限，随掘、随运、随栽、随灌水，环环扣紧，栽后及时连续灌水，并经常对叶面进行喷水，有条件的还应遮荫防晒，直到发出新芽为止，入冬还应采取一些防寒措施，则可提高成活率。

（二）落叶树的移植方法

1. 掘苗

可于早春树木休眠期间，预先将苗木带土球掘好，规格可参照同等干径粗度的常绿树，或稍大一些。草绳、蒲包等包扎物应加密、加厚。

2. 做假土球

按苗圃生产习惯，部分落叶树会在秋季裸根掘起，对已掘好的裸根苗，则应人工造土球，称作“假土球”或“假坨”。将事先准备好的蒲包平铺于坑内，将树根放置蒲包内，保持树根舒展，填入细土，分层夯实。注意夯实时，不可砸伤树根。填土至地面，夯实修整成椭圆形，用草绳在树干基部封口，然后将假坨挖出，捆草绳打包。

3. 装筐

筐可用紫穗槐条、荆条或竹条编成。经股要密，纬股紧靠，筐的大小较土球直径、高度都要大 20~30cm。装筐前先在筐底垫土，然后将土坨放于筐的正中，填土夯实，筐沿留出 10cm 高，沿边培土（大规格苗木最好装木箱、木桶）。

4. 假植

假植地点应选择在地势干燥、排水良好、水源充足、交通便利、距施工现场较近又不影响施工的地方。

选好地址后，按树木品种、规格分区假植，其株距可按当年生的新枝不碰头为最低限度，行距以每双行能通行卡车为最低限度。先挖好假植坑，坑深为筐高的 1/3，直径以能放入筐为准，放入筐后填土至筐的 1/2 左右处拍实，最后在筐沿培好灌水堰。

5. 假植期间的养护管理工作

（1）灌水。培土后灌 3 次透水，以后根据情况经常灌水。

（2）修剪。假植期间还应经常修剪，以疏枝为主，严格控制徒长枝，及时去蘖。

（3）排水防涝。雨季期间事先挖好排水沟，随时注意排除积水。

（4）病虫防治。假植区株行距小，通风、透光条件差，易发生病虫害，因此，及时防虫是一项重要工作。

（5）施肥。

6. 装运栽植

一旦施工现场具备了施工条件，则应及时定植，其方法与正常植树相同。

栽前一段时间内，应将培土扒开，停止灌水，风干土球表面，使之坚硬以便利吊装操作。如筐底糟朽腐烂，可以在捆大绳的地方加垫木板，以防大绳勒入过深，造成散坨。栽植时连筐入坑后，凡能取出的包装物，尽量取出，及时填土夯实，并及时连续灌水。有条件的适当遮荫，以便其迅速恢复生长及早发挥绿化效果。

四、木箱移植中的吊、运、卸、栽及安全规定

（一）吊装、运输

吊装、运输是大树移植中的一个重要环节，它直接影响到工程的进度和质量，不但对于

保证树木、木箱完好，对移植成败等技术问题至关重要，而且又牵涉到市政、交通等多方面的配合问题，所以各道工序都要予以重视。

方木箱移植大树，其单株重量最少也要在几吨以上，故装卸车必须用起重机，而且要考虑出一定的安全系数。

1. 装车

（1）先用一根长度适当的钢丝绳在木箱下部1/3处左右将木箱拦腰围住。钢丝绳的两头扣放在木箱的一侧，绳的长度以能够相接即可。围好后用吊车的吊钩钩住钢丝绳两头的绳套，向上缓缓起吊，树木逐渐倾斜。在木箱尚未离开地面以前，将树干用蒲包片或草袋包裹起来，捆一根大绳。大绳的另一端扣在吊钩上，注意树干的角度，使树头稍向上斜即可缓缓吊起，准备装车。在吊装时要由专人指挥吊车，在吊杆下面不准站人。

（2）树身躺倒前，用草绳将树冠围拢起来，以保护树冠少受损伤。事先选好躺倒的方向，以尽量不损伤树冠，又便于装车为原则。树身躺倒后，应在分枝处挂一根小绳，以便在装车时牵引方向。

（3）装车时树梢向后，木箱上口与卡车后轮轴垂直成一线，车箱板与木箱之间垫两块10cm × 10cm的方木，长度较木箱稍长但不超过车厢，分放于钢丝绳前后。木箱落实后用紧线器和钢丝绳将木箱与车厢刹紧，树干捆在车厢后的尾钩上。为使树冠不拖地，在车厢尾部用两根木棍交成支架，将树干支稳。支架与树干间垫蒲包，保护树皮防止擦伤。装车完毕经检查没有问题后，可将起吊的钢丝绳取下。如起吊的钢丝绳有余，也可随车运走作卸车用。

2. 运苗

运输大苗必须有专人负责押运，押运人员必须熟悉行车路线、沿途情况、卸车地点情况，并与驾驶人员密切配合，保证苗木质量、行车安全。

（1）押运人员必须熟悉所运苗木品种、规格和卸车地点，对号入座的苗木还要知道具体卸车部位。

（2）装车后、开车前，押运人员必须仔细检查苗木的装车情况，要保证刹车绳索牢固、树梢不得拖地，树皮与刹车绳索、支架木棍与汽车槽箱接触的地方，必须垫上蒲包等防擦物。对于超长、超宽、超高的情况，事前要有处理措施，必要的时候事先要办理好行车手续，有的时候还要有关部门派技术人员随车协作（如电业部门等）。

（3）押运人员必须随车带有挑电线用的绝缘竹竿，以备途中使用。

（4）押运人员在车辆运行过程中，应随时注意检查绳索和支撑物有无松动、脱落，木箱是否摇晃、树梢是否拖地等状况，出现问题随时通知驾驶员停车处理。

（5）行车速度要慢，以便发现情况及时停车，一般路面车速应保持25~30km/h，路面不好或情况比较复杂、障碍比较多的路段速度还要降低。

（二）卸车

苗木运至现场后，应在指定位置卸车。

（1）卸车前，先将围拢树冠的小绳解开，对于损伤的枝条进行修剪，取掉刹车用的紧线器，解开卡车尾钩上的刹车绳。

（2）卸车与装车时的操作方法大体相同，只是比吊装时的钢丝绳捆的部位向上口移动一些，捆树干的大绳比吊装时收紧一些，钢丝绳的两端和大绳的一端都扣在吊钩上，经检查没有问题后，即可缓缓起吊。当木箱离开车厢后，卡车立即开走，注意起重臂下不准站人。

（3）木箱落地前，在地面上横放一根长度大于边板上口 40cm × 40cm 的大方木，其位置应使木箱落地后，边板上口正好枕在方木上。注意落地时操作要轻，不可猛然触地，震伤土台。

（4）用方木顶住木箱落地的一边，以防止立直时木箱滑动。在箱底落地处按 80~100cm 的间距平行地垫好两根 10cm × 10cm × 200cm 的方木，以使木箱立于方木上，将来栽苗时便于穿绳操作。此时即可缓缓松动吊绳，按立起的方向轻轻摆动吊臂。使树身徐徐立直，稳稳地立在平行垫好的两根方木上，到此卸车就顺利完成了。注意当摆动吊臂，木箱不再滑动时，应立即去掉防滑方木。

（三）假植

1. 原坑假植

在掘苗1个月之内不能运走，则应将原土填回，并随时灌水养护，如 1 个月之内能运走，则可不填回坑土，但必须经常在土台上和树冠上喷水养护。

2. 工地假植

苗木运到工地后半个月内如不能栽植者则需假植。

（1）假植地点应选择在交通方便、水源充足、排水良好、便于栽植之处。

（2）假植苗木数量较多时，应集中假植，苗木株行距以树冠互不干扰、便于随时取苗栽植为原则，为了方便随时吊装栽植，每 2~4 行苗木之间应留出 6~8m 的汽车通行道路。

（3）工地假植的具体操作方法：先在木箱下铺垫一层细土将苗木码好后，在木箱四周培至木箱 1/2 处左右，去掉上板和盖面蒲包，并在木箱四周起土堰以备灌水用，树干用杉篙支稳即可。

（4）假植期间加强养护管理，最重要的是灌水、防治病虫害、雨季排水和看护管理，防止人为破坏。

（四）栽植

（1）栽植位置必须用设计图细致核实，保证无误，地形标高要用仪器测定，因大树入坑以后再想改动很困难了。

（2）刨坑。栽方木箱树定植坑最好刨成正方形，每边比木箱宽出 50~ 60cm，土质不好的地方还要加大，需要换土的应事先准备好客土（砂质壤土为宜），需要施肥的，则应事先准备好腐熟的优质有机肥料，并与回填土充分拌合均匀，栽植时填入坑内。坑的深度应比木箱深 15~20cm，坑中央用细土堆一个高 15~20cm、宽 70~80cm 的长方形土台，纵向与底板方向一致，便于拆卸底板。

（3）在吊树入坑时，树干上面要包好麻包、草袋，以防擦伤树皮，入坑时用两根钢丝绳兜住箱底，将钢丝绳的两头扣在吊钩上。起吊过程中注意吊钩不要碰伤树木枝干，木箱内土台如果坚硬，土台完好无损，可以在入坑前，先拆除中间底板，如果土质松散就不要拆底板了。

（4）大树入坑前要注意观察，注意把生长姿形最好的一面放在主要观赏方面，以发挥更好的绿化效果。

（5）树木入坑前，坑边和吊臂下不准站人，入坑后为了校正位置，每边可由4个人坐在坑沿的四边用脚蹬木箱的上口，保证树木定位于树坑中心，坑边还要有专人负责瞄准照直，掌握好植树位置和高程，落实并经检查后方可拆除两侧底板。

（6）树木落稳后，要仔细检查一次，认为没有问题，即可摘掉钢丝绳，慢慢从底部抽出，并用3根杉篙或长竹竿捆在树干分枝点以上，将树木撑牢固。

（7）树木撑稳定后，即可拆除木箱的上板及所覆盖的蒲包，然后开始填土，当填至坑的1/3处时，方可拆除四周边板，否则会引起塌坨，每填20~30cm厚的一层土，作一次夯实，保证栽植牢固，填满为止。

（8）填土以后应及时灌水，一般应开双层灌水堰（外层开在树坑外缘，内层开在苗的土台四周），高15~20cm，用锹拍实。内外堰同时灌水，灌水时专人检查，发现漏水随时用细土填补继隙，直到灌满树堰为止，水渗透后将堰内地面整平，有缝隙的地方用土填严，紧接着灌第2遍水。两三天后灌第3遍水，一周后灌第4遍水，以后根据需要保证水分充足，每次灌水都应将堰内地面中耕松土，以便保墒。

（9）栽后必须加强养护管理，根据需要及时灌水、除虫、修剪、防涝、防风、施肥等，以保证树木成活，及早发挥绿化效果。

（五）大树移栽的安全规定

（1）作业前必须对现场环境（如地下管线的种类、深度、架空线的种类及净空高度）、运输线路（道路宽度、路面质量、立体交叉的净空高度）、其他空间障碍物、桥涵、宽度、承载车能力及有效的转弯半径等进行调查了解后，制定出安全措施，方可施工。

（2）挖掘树木前，应先将树木支撑稳固。

（3）装箱树木在掏底前，箱板四周应先用支撑物固定牢靠。

（4）掏底时应从相对的两侧进行，每次掏空宽度不得超过单块底板宽度。

（5）箱体四角下部垫放的木墩，截面必须保持水平，垫放时接触地面的一头，应先放一大于木墩截面1~2倍厚实的木板，以增大承载能力。

（6）掏底操作人员在操作时，头部和身体不得进入土台下。

（7）风力达到4级以上时（含4级），应停止掏底作业。

（8）在进行掏底作业时，地面人员不得在土台上走动、站立或放置笨重物件。

（9）挖掘、吊装树木使用的工具、绳索、紧固机件、丝扣接头等，应于使用前由专人负责检查，不能保证安全的，不得使用。

（10）操作坑周围地面，不可随意堆放工具、材料，必须使用的工具材料，应放置稳妥，防止落入坑内伤人。

（11）操作人员必须佩戴安全帽、革制手套。

（12）吊、卸、入坑栽植前要再检查钢丝绳的质量、规格、接头、卡环是否牢靠、符合安全规定。

（13）起重机械必须有专人负责指挥，并应规定统一指挥信号，非指定人员不得指挥起重机械或发布信号。

（14）装车后，木箱或土球必须用紧线器或绳索与车厢紧固结实后方可运行。

（15）押运人员必须熟悉所运苗木品种、规格和卸车地点，对号入座的苗木还要知道具体卸苗部位。

（16）押运人员事先要办理好必要的行车手续，并在车辆运行过程中，应随时注意检查绳索和支撑物有无松动、脱落，并及时采取措施认真加固。

（17）装、卸车时，吊杆下或木箱下，严禁站人。

（18）卸车放置垫木时，头部和手部不得伸入木箱与垫木之间，所用垫木长度应超过木箱。

（19）大树栽植前卸下底板，要及时搬离现场，放置时钉尖必须向下。

（20）树木吊放入坑时，树坑中不得站人，如需重新修整树坑，必须将木箱吊离树坑，操作人员方能下坑操作。

（21）栽植大树时，如需人力定位，操作人员坐在坑边进行，只允许用脚蹬木箱上口，不得把腿伸在木箱与土坑中间。

（22）栽植后拆下的木箱板，钉尖向下堆放，不准外露，以免伤人。

第二节　地下设施覆土绿化及屋顶绿化

一、地下设施覆土绿化

随着城市建设的发展，地下设施，尤其是地下车库日益增多。为了增加城市绿地面积，对地下设施进行覆土绿化，同样可以发挥绿地的功能和效益，但需要对地下设施采取必要的措施，才可以既保证绿化效果，又不影响地下设施的使用。

（一）地下设施覆土绿化的原则

（1）地下设施覆土绿化建设应从属于绿地建设的总体要求，地上和地下统一规划设计，保证绿地性质及功能不变，绿化应以植物造景为主。

（2）地下设施的建设和使用管理，应保障绿地内人员活动的安全和绿地功能的完整。

（3）地下设施覆土必须有一部分与自然土壤相接，并且不能被建筑物、构筑物全部围合。覆土应与地面持平，并与周边地形相接。

（4）地下设施覆土绿地应满足植物生长对土壤、光照和通风的需要。

（二）覆土绿化对荷载及结构等的要求

（1）地下设施结构必须满足相应土壤结构的荷载要求和绿化的集中荷载要求。

（2）地下设施覆土绿化构造层包括防水层、隔根层、排水层、过滤层、栽植土壤层、植被层。

（3）在地下设施顶板自身防水层以上，应有水泥砂浆找平层，排水坡度应在 1%~2%，必要时应进行二次防水处理。

（4）如挖槽原土基本为自然土质（密度约为 1600~ 1800kg/m^3），可回填实施绿化。回填厚度 300cm，最低不小于 150cm，不要回填渣土、建筑垃圾土和有污染的土壤。

（5）为了蓄存和排出种植层中渗出的多余水分，改善土壤基质的通气状况，在地下设施防水层以上设置排（蓄）水设施。排水应集中进入绿地和建筑的排水或集水系统。

（6）排（蓄）水设施可采取铺设专用排（蓄）水材料、排水管、砾石层等方式。若土壤黏重，为保证植物生长，应在根系主要分布层以下增设网状排水管。

（7）应使绿地整体，特别是覆土绿化的周边区域排水顺畅，避免在绿化覆土部分产生地表积水。

（8）如地下设施覆土厚度仅为 150cm，为防止部分植物根系穿透防水层，需在防水层上面铺设隔水层。可用高密度聚乙烯土工膜等多种材料。如地下设施边缘有侧墙，则应向侧墙上翻 25~35cm，排（蓄）水设施必须铺设在隔根层的上面。

（9）为了防止栽植土壤经冲刷后细小颗粒随水流走，造成土壤中的成分和养料流失，并堵塞排水系统。应在排（蓄）水层上面铺设过滤层，并应具有较强的渗透性和根系穿透性。可用级配砂石、细沙、土工织物等多种材料。如用双层土工织物材料，搭接宽度必须达到 15~20cm。覆土时使用器械应注意不损坏土工织物。

（三）地下设施覆土绿化的实施

由于受到地下设施的阻断，覆土绿化的植物无法通过土壤毛细管上升作用吸收到生长所需的地下水，因此，栽植土壤层应符合常绿和落叶乔木、灌木、草坪等不同植物生长对栽植厚度的要求。

地下设施覆土绿化植物根系生长适宜的覆土厚度如表 6-1 所示。

地下设施覆土绿化植物根系生长适宜的覆土厚度（单位：cm）　　表 6-1

覆土绿化植物	覆土厚度（cm）
大乔木	150~300
中、小乔木	100~150
大灌木	60~80
小灌木	40~50
宿根花卉	30~50
一、二年生花卉	20~30

为了改善植物生长条件，在植物根系主要分布层，可使用人工配比基质（密度约为 850~1200kg/m^3），其主要技术指标包括肥力要求、蓄水能力、孔隙容积、营养物质、渗透性能、空间稳定性（充分的根系生长空间）、排水顺畅、通气保肥等。

植物选择应根据北京各植物规划的要求，按照地面绿化的标准进行。以选择生长特性和观赏价值相对稳定的乡土植物为主，适当使用引种驯化成功的新优植物。

地下设施覆土绿化的灌溉一般应选择喷灌或滴灌系统。

地下设施覆土绿化应对较大乔木，采用人工固定树木根系的方法固定处理。

地下设施覆土绿化中园路、铺装应采用素土夯实方式做基础，断面呈梯形结构，以保证园路、铺装的稳定性。其垫层应采用级配砂石、无机料，一般不宜用三七灰土垫层。

地下设施覆土绿化养护管理除按照地面绿化的标准执行外，还应定期观察、测定土壤含水量，并根据墒情及时补充水分；根据不同季节和植物生长周期，及时测定土壤肥力，有针对性地进行土壤追肥；定期检查排水系统，确保覆土绿化土壤状况良好。

二、屋顶绿化

（一）屋顶花园的概念

世界各国的园林工作者都在努力开拓绿化空间。在平屋顶或建筑平台上进行绿化就是弥补绿地缺少、开拓绿化空间的一条重要途径。

屋顶花园又称空中花园，也就是在平屋顶或平台上建造人工花园。随着国家建设的发展、人民生活水平的不断提高，我国将会出现越来越多的屋顶花园。

（二）屋顶绿化的特点和作用

1. 屋顶绿化的特点

（1）首先要考虑到建筑结构的承载力，要考虑到由于花园的建立而引起的静载和动载的增加；其次是园林小品，植物、水、栽培基质的使用都要仔细推敲。

（2）屋顶面积有限，形状又多为工整的几何形，四周一般没有或极少遮挡，空旷开阔。其花园设计难得有借景、对景或障景，要自成体系。

（3）屋顶绿化一般空间高，风大和蒸发快都是要考虑的因素。

（4）运输受到限制，在造园素材的长度和重量方面受到限制，不能像地面上随需要而设计。

2. 屋顶绿化的作用

（1）屋顶绿化能丰富城市的俯视景观。

（2）屋顶绿化能补偿建筑物占有的绿地面积，大大提高城市的绿化覆盖率。

（3）屋顶绿化能改善高楼中人们的心理和视觉条件，使得住在较高楼层的人们获得接近自然的满足感，能在舒适的视角内，看到赏心悦目的绿色。

（4）屋顶绿化能改善建筑物屋顶的使用效能。

（三）屋顶绿化设置要点

（1）要选定屋顶绿化的形式，并做出初步平面布置。

（2）进行荷载分析和结构计算。

（3）建好灌溉系统。

（4）科学合理选择植物。

（5）屋顶绿化要注意维修和保养。

（四）屋顶绿化施工

屋顶绿化是一种不须占用土地，不须增加建筑面积，而能有效提高绿化覆盖率的绿化形式，这对绿地紧张的情况来说，更有其重要意义。近几年来，有些单位利用结构好的平屋顶种植花草树木，以及布置水池、喷泉、葡萄架等，成为人们欣赏的一个景点，有的还可供人们休息娱乐。临近城市干道的屋顶绿化，可成为街景的一个组成部分，增加了城市的景观效果。

1. 屋顶绿化的基本条件

利用新建楼房的屋顶或改造旧楼屋顶进行的绿化，最关键的问题是结构承重的安全以及防水要求。对于新建楼房的屋顶绿化，需要根据各层构造的做法和设施，计算出每平方米面积上折合的荷载量，从而进行梁板、柱、基础等结构计算。而旧楼屋顶绿化，则应对原有建筑的屋顶构造、结构承重体系、抗震级别、地基基础、墙柱及梁板的构件承载力，进行逐个的结构验算，准确计算屋顶可能增加的承重量和动荷载，之后才能确定该屋顶能否进行屋顶绿化并决定屋顶绿化形式，是否可建水池、花架等，是否可供人们上去休息、娱乐。并非所有平屋顶都可以进行绿化，不经技术鉴定，任意增加屋顶荷载，会给建筑的安全使用带来隐患。

2. 屋顶绿化对植物和土壤的要求

屋顶绿化一般构造剖面分层是：各类植物、种植土层、过滤层、排水层、防水层、结构承重层。

由于屋顶绿化受条件限制，在选择绿化植物和种植土时，必须遵照下列原则：

（1）屋顶绿化植物必须是浅根、喜光、抗旱、耐贫瘠、抗风、不易倒伏、植株不大的种类。因此，要选用须根系的乔灌木、矮化乔灌木，以及容易生长、景观效果好的地被植物和花卉，并且品种优良、适合本地生长的植物。

（2）种植土关系到植物能否旺盛生长和房屋能否承重的问题，因此，种植土要选用含有植物生长所必需的各类元素的人工配制轻质合成土，也可用腐熟过的锯末或蛭石土等，并根据种植的不同植物生长发育的需要，把种植土的厚度控制到最低限度。

3. 屋顶绿化施工工艺

屋顶绿化虽然能有效地增加绿化面积并美化屋顶，但不同地区、不同类型建筑以及不同的屋顶绿化形式都有不同的施工方式和方法。现根据施工需遵循一定的施工程序，总结一般屋顶绿化的施工工艺流程如下：

（1）二次防水处理：施工前，先对排水集中及结构复杂的局部节点进行密封处理和附加层粘贴，附加层使用的卷材要与主防水层的卷材材料相同。防水卷材铺贴应采用满铺法，胶粘剂涂刷后应随即铺贴卷材，铺贴不得起皱褶，防水层施工完毕后，经验收合格后方可进行下一道工序。

（2）铺设排（蓄）水层兼隔根层：蓄排水板代替了传统的用陶粒和砾石做排水层的做法。排水板为聚乙烯材料。这种材料是很好的植物阻隔材料，起到了二次防水阻根的作用。屋顶绿化一般采用单层凸台的排水板，其有两种铺设方法，一种是在土层要求较厚的种植区域采用凸台朝上的铺设法，起到迅速排水的作用；另一种是在土层较薄的种植区域采用凹槽朝上的铺设法，起到蓄水的作用。同时，排水板还有防水和抗植物根穿刺的功能。

（3）铺设过滤层：一般采用既能透水又能过滤的聚酯纤维无纺布等材料，用于阻止基质中细小颗粒和骨料进入排水层。铺设在基质层下面。

（4）铺设基质层：一般采用事先堆积发酵处理的锯木屑、蛭石、砻糠等做基质，掺入一定量的棉籽渣做基肥。也可以用砂壤土1份、腐殖土1份、草炭土1份，混合使用。种植土厚度根据植物种类而定，一般草坪、地被植物15~20cm，灌木30~50cm，浅根乔木60~90cm。

（5）种植植物：按设计要求种植适合屋顶的小型乔木、低矮灌木和草坪以及地被植物。

第三节　园林古建筑施工

一、大木制作与安装

大木制作是园林古建筑木作技术的主要内容。木构建筑骨架，需要有柱、梁、枋、檩、板、椽、望板以及斗栱等多种构件。

经过前人的长期实践，形成了一套古建大木制作的技术和方法，我们要认真地学习和继承这些成功的经验和技术，以服务于今天的古建筑营造和维缮事业。施工前操作人员必须熟悉设计要求及古建传统做法，根据设计尺寸排出总、分丈杆，角梁、檩碗等部位应做出足尺样板，经校核无误后方可下料操作。施工前应对材料、工具进行检查，包括检验有无腐朽、虫蛀、节疤、劈裂等缺陷。在构件的节点、榫卯处，以上各种疵病——裂缝、腐朽、节疤等都应避免，以保证节点榫卯的质量。检验木材疵病应视疵病在构件中的部位，具体问题具体分析。既要保证构件质量，保证建筑安全，又要节约木材，合理使用木材。

（一）柱类构件制作

柱类构件指各种檐柱、金柱、中柱、山柱、通柱、童柱、擎檐柱等各种圆形、方形、八角、六角形截面的木柱。

1. 柱类构件制作之前，应按投计图纸给定的尺寸和总丈杆（或原构件尺寸）排出柱高分丈杆，并在分丈杆上标明各面榫卯位置、尺寸，作为柱子制作的依据，按丈杆进行画线。按照设计要求，确定上、下头。根据排出的丈杆适当留荒进行打、截料。

2. 在柱料两端直径面上分出中点，吊垂直线，再用方尺画出十字中线。

3. 圆柱依据十字中线放出八卦线，柱头按柱高的0.7% ~ 1%收分。然后根据两端八封线，顺柱身弹出直线，依照此线砍刨柱料成八方。再弹十六瓣线，砍刨成十六方，直至把柱料砍圆刮光。

4. 方柱依据十字中线放出柱身线，柱头收分宜比圆柱酌减。按柱身线四面去荒刮平后，四角起梅花线角，线角深度按柱子看面尺寸的1/10 ~ 1/15确定，圆楞后将柱身净光。

5. 弹画柱身中线，按优面朝外原则，选定各柱位置，并在内侧距柱脚30cm处标记位置号。外檐柱按柱高0.7%~1%弹出升线。

6. 按照丈柱及柱位、方向画定榫卯位置与柱脖、柱脚及盘头线，按所画尺寸剔凿卯眼，锯出口子、榫头。穿插枋卯口为大进小出结构，进榫部分卯口高按穿插枋高，半榫深按1/3柱径，出榫部分高按进榫的一半，榫头露出柱皮1/2柱径。卯口宽按柱径的1/4。

额枋口子通常为燕尾口，卯口高按额枋高，宽、深各按柱径1/4 ~ 3/10。

燕尾口深度方向外侧每边各按口深的1/10收分做“乍”，高度方向下端每边按口宽的1/10收“溜”。采用袖肩作法时，袖肩长按柱径的1/8，宽与乍的宽边相等。

馒头榫、管脚榫各按柱径的3/10定长、宽（径），榫的端部适当收溜，并将外端倒楞。管脚榫截面通常做成圆形，大式柱子应在柱脚四周开出十字毳眼。

各类柱子制作中应注意随时用样板校核。

7. 仿古建筑柱子的榫卯尺寸、规格及做法必须符合法式要求或按原做法不变。

8. 柱子制作完成后，其上之中线、升线、大木位置号的标写必须清晰齐全，不得缺线，缺号，以备安装。

（二）梁类构件制作

梁类构件系指二、三、四、五、六、七、八、九架梁、单步梁、双步梁、三步梁、天花梁、斜梁、递角梁、抱头梁、挑尖梁、接尾梁、抹角梁、踩步金梁、承重梁、踩步梁等各种受弯承重构件。

1. 梁类构件制作之前，应按设计图纸给定的各种梁的尺寸和总丈杆，排出各种梁的分丈杆，在分丈杆上标出梁头、梁身、侧面各部位榫卯位置、尺寸，作为梁类构件制作的依据，并按丈杆进行画线制作。

按照设计要求，根据排出的丈杆适当留荒进行打、截料。

2. 在梁两端画出迎头立线（中线），依据立线方出水线（檩底皮线）、抬头线、熊背线及梁底线、两肋线（梁的宽窄线）。

3. 将两端各线分别弹在梁身各面。按线将梁身去荒刮平，再用分丈杆点出梁头外端线及各步架中线，用方尺勾画到梁的各面。

4. 画出各部位榫、卯及海眼、瓜柱眼、檩碗、鼻子和垫板口子线。

5. 凿海眼、瓜柱眼，剔檩碗，刻垫板口子，刨光梁身，截梁头。海眼的四周要铲出八字楞，瓜柱眼视需要做单眼或双眼，眼长按瓜柱侧面宽，深按眼长的1/3。梁头鼻子宽按梁头宽的1/2，两侧檩碗要与檩的弧度相符。加工完成后复弹中线、平水线、抬头线。按各面宽度1/10圆楞，梁头上面及两边刮出八字楞。在梁背上标写构件部位及名称。

（三）枋类构件制作

按照设计要求，选好木料，根据排出的丈杆适当留荒进行打、截料。

1. 在枋料两端弹出迎头中线，依设计要求的截面尺寸找方，弹线刨光。

2. 在枋身上下面弹出顺身中线，按丈杆分别标出面宽、净面宽及加上榫长的满外尺寸线。

3. 依照顺身中线，用抽板从柱头卯口讨退确定枋肩及榫头形状尺寸。

4. 截去长荒，开榫，断肩，刮刨圆楞，复弹中线，在枋身上面标写位置号。

5. 箍头枋一端做燕尾榫，一端做箍头榫和霸王拳或三岔头。箍头的高、厚均为枋子正身尺寸的8/10，长度做霸王拳时由柱中向外加长1柱径，做三岔头时加长1.25柱径，榫厚同燕尾榫，搭角处按山面压檐面刻半搭交。小额枋做大进小出榫。

（四）桁檩类构件制作

依桁檩的使用位置及设计要求，选好木料，根据排出的丈杆适当留荒进行打、截料。

1. 在檩料两端弹出迎头十字线、八卦线。

2. 顺身弹线砍成八方、十六方，直至砍圆刮光。

3. 按檩径 3/10 弹金盘线，做出檩底和金盘。

4. 依照分丈杆画出银锭榫及口子线，排出椽花。然后盘头，开榫，锯口子，复弹中线，标记位置号。一般桁檩银锭榫长按檩径 1/4，宽按檩径 3/10，根部每边按榫宽 1/10 收分，檩头按梁头鼻子宽刻半。搭角檩头亦按山面压檐面做刻半搭角榫。

（五）板类构件制作

1. 垫板按两端装入梁头两侧垫板口子内定长，四面刮平刨光。

2. 博风板厚一椽径，宽两檩径，长度、曲线、头尾依实样样板制作。板的内侧凿出檩窝，深半椽径。

3. 挂落板（滴珠板）用立板，挂檐板用横板，四面刨平刮光。与檐边木连接处做暗梢，转角处做割角榫。

4. 山花板、围脊板用错口缝（高低缝）拼严，表面刨平刮光。

（六）椽、望、连檐制作

1. 正身檐椽、花架椽、脑椽按设计截面及实样长度，刮、刨成圆椽或方椽。后尾按举架剪掌。

2. 正身飞椽一般为一头三尾，按两根一对弹线制作。在飞椽脖两侧刻闸挡板口子，椽头搓三面楞。

3. 翼角椽为单数，长度与正身檐椽相同。方翼角椽用规格板料制作时，先将板刮平刨光，再用活尺及搬增样板按次序在板两端画出各椽的迎头斜线，并在板面上弹出顺线，按线锯开后，刨光两侧面，分组编号，按序号上卡具分左、右弹线绞尾。

4. 翘飞椽与翼角椽根数相同。各角同编号翘飞椽宜在同一板料上弹线制作。先在顺板边等于椽头撇度尺寸处弹一条基准线，再用方尺及长度杆在板的大面垂直于基准线，画出两端的椽头线及两条腰线。用举度杆在腰线及椽头线上点画出翘起高度和椽子自身高度尺寸，连接各点弹线并用扭度搬增板过画到小面，交到另一大面的边楞上，照上法在另一大面弹线。固定翘飞板，由两人用二锯锯解翘飞椽，刨光底、侧面，标记好编号。

5. 望板按设计厚度一面刨光。顺望板顶端做斜搭掌，横望板两侧刮柳叶缝。

6. 小连檐宽同椽径，高为望板 1.5 倍，长随通面宽加翼角尺寸。大连檐高同椽径，宽为 1.1 ~ 1.2 倍椽径。大、小连檐宜两根相对弹线制作，用手锯对角拉成直角梯形。大连檐在翼角部位用手锯水平拉出三或四道口子，劈成四 ~ 五份，最下一道长约 2.5 倍步架，以上每道按 20 ~ 40cm 递减，用绳子捆拢，放在水里浸泡待用。

二、瓦屋面工程

（一）分中号垄

1. 前后坡的分中号垄：首先找出正脊长度方向的中点，然后从两端扶木尽端往里返两个瓦口宽度，并找出第二个瓦口的中点，即是边垄的底瓦中，再将这三个中点平移到前后檐的檐口钉好五个瓦口，最后在这些瓦口之间赶排瓦当，钉好瓦口木，并将各垄盖瓦中点，号在正脊扎肩灰背上。

2. 撒头的分中号垄：首先量出前后坡的边垄中点至翼角转角处的距离，以此距离在撒头中的两边，定出撒头的边垄底瓦中点，按这三个中点钉好三个瓦口，并以这三个瓦口赶排瓦当，最后将各垄盖瓦平移到上端小红山附近。

（二）高度定位—瓮边垄、栓定位线

在每坡两端边垄位置拴线、铺灰，各瓮两趟底瓦、一趟盖瓦。披水排山做法的，要下好披水檐，做好梢垄。两端的边垄应平行，囊（瓦垄的曲线）要一致，边垄囊要随屋顶囊。瓮完边垄后应调垂脊，调完垂脊后再瓮瓦。

以两端边垄盖瓦垄“熊背”为标准，在正脊、中腰和檐头位置拴三道横线，作为整个屋顶瓦垄的高度标准。

（三）铺瓦

1. 铺勾滴瓦；

2. 铺底瓦：先在檩条上顺水流方钉木椽条，然后在椽条上垂直于水流方向钉挂瓦条，最后盖瓦。

（四）屋脊

1. 当沟宽度应按正脊宽度，正脊两侧都要捏当沟，当沟与垂脊里侧底层脊砖交圈。

2. 砌正通脊，两端正吻之间，拴线铺灰砌正通脊，脊砖应事先经过计算再砌置，找出屋顶中点，以此为中砌脊砖，即龙口，然后向两边赶排，要单数。

3. 扣脊瓦，正脊最后一层砌扣脊瓦。

三、油漆彩绘

油漆彩绘，也叫做彩画，古建筑油漆彩绘由于历史的原因产生很多分类，主要有和玺彩画，旋子彩画，苏式彩画。古建彩绘是古建筑的精华部分，它不仅使建筑物更加美观漂亮，而且还会保护建筑物不被雨水损害的作用。

1. 油漆彩绘最精华也是最高级的就是和玺彩画，也就是我们经常所说的金龙和玺又称宫殿建筑彩画，这种建筑彩画在清代是一种最高等级的彩画，大多画在宫殿建筑上或与皇家有关的建筑之上。所以在现代仿古建中的油漆彩绘也多半采用这种绘画。在我国古代建筑中，除建筑物的结构让人驻足惊叹之外，其内外檐部绘就的色彩斑斓、五光十色，构图庄重典雅的彩画也是吸引人们注意的重要组成部分。因为有了彩绘彩画的原因，那些历数风雨的古建筑仍然显得金碧辉煌豪华大气。

2. 苏式彩画，仿古建筑中的油漆彩绘也多半是采用这种绘画。在我国古代建筑中，这种彩绘的风格就是采用了山水、人物、翎毛、花卉、走兽、鱼虫等，成为古建彩绘装饰的突出部分。由于南方气候潮湿雨水居多，彩画通常只用于内檐，外檐一般采用砖雕或木雕装饰，而北方则内外兼施。这种彩绘的特点是人物，鸟兽很多，每个动物都蕴含特殊的含义。现在一般也用在园林中的小型建筑，凉亭、戏台、游廊、亭榭以及四合院住宅、垂花门的额枋上。

3. 旋子彩画，这种彩绘的特点是采用很对称的很有规律的圈圈，每个圈圈完全的对称，用金量较小，图案较简略，通俗的话讲就是学子、蜈蚣圈，为普通庙寺祠堂修建彩画，这部分其实相对于前面的两种彩绘要次一些，其产生的目的有一部分因为用金量小而采用。旋子彩绘是用或圆润丰满，或流利柔韧的各色线条扭转盘结而成，色彩斑斓，眼花缭乱，带给我们的倒是满眼的绮丽奇巧，眩目迷幻。

古建彩绘最主要的就是以上的三种分类。从高低来分和玺彩画，苏式彩画，旋子彩画。彩绘在施工的过程中要特别注意胶水浓度，颜色搭配，固定位置。都有特别的讲究，不可以随意改动。

第四节　园林山水施工

一、假山工程

（一）假山施工技术

1. 施工前应由设计单位提供完整的假山叠石工程施工图及必要的文字说明，并进行设计交底。

2. 施工单位应勘察现场、理解设计意图以后，根据设计要求准备石料、灰料和相关机具。施工前需先对现场石料反复观察，区别不同质色、形纹和体量，按掇石部位和造型要求分类放置。按有关规定检查起重机具的安全性。

3. 假山分层施工工艺流程：放线挖槽 - 基础施工 - 拉底 - 起脚 - 中层 - 施工扫缝 - 收顶 - 做脚 - 检查。

4. 放线挖槽，根据设计图纸的位置与形状在地面上放出假山的外形形状。基础施工比假山的外形要宽，放线时应根据设计适当放宽。挖槽的深度与范围按照设计图纸的要求来进行。

5. 基础施工，基础是保证假山稳定和艺术造型的前提，必须依据地质报告进行设计和施工，基础开挖后要与设计资料进行对比，以保证工程的施工质量（图 6-1）。

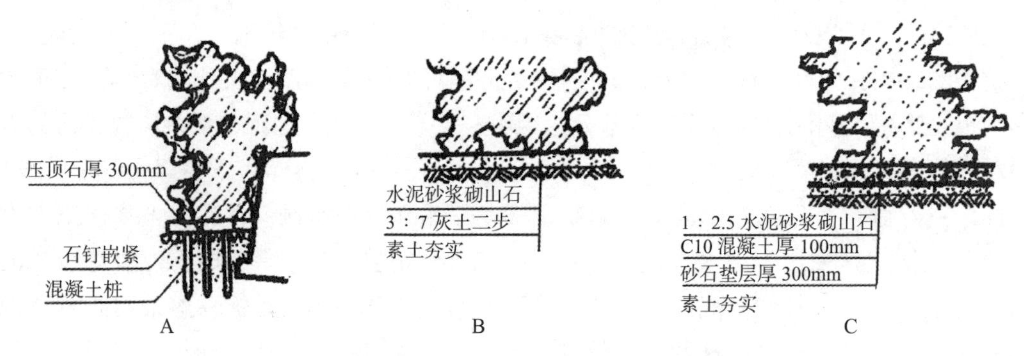

图 6-1　假山基础（引自 杨至德《园林工程（第三版）》）

A—桩基；B—灰土基础；C—混凝土土基础

（1）桩基：一种传统的基础做法，在水中的假山和山石驳岸中应用广泛。该法以木桩或混凝土桩打入土中作基础，桩顶面的直径约为 l0~15cm，桩边至桩边的距离约为 20 cm，宽度根据假山底脚的宽度而定。桩打好后，去掉打毛的桩头，夯实铺筑桩之间的空隙垫层，然后浇筑混凝土桩顶盖板，或浆砌块石盖板。

（2）灰土基础：此基础有比较好的凝固条件，一旦凝固便相对不透水，可以减少土壤冻胀带来的破坏，北方园林中陆地上的假山多采用。灰土基础的宽度应比假山底面的宽度宽约 10~50cm 左右，多为 20cm。灰槽深度一般为 50~60cm。2m 以下的假山一般采用一步素土、一步灰土（一步灰土 20~30cm，踩实后再夯实到 10~15cm 左右厚度。灰土比例采用 3：7。）；2~4m 假山用一步素土、两步灰土。

（3）混凝土基础：现在假山多采用此法，其优点是抗压强度大，施工进度快等。做法是基槽夯实后直接浇灌混凝土，混凝土厚度陆地一般为 20cm，水中约为 30cm。陆地上选用不低于 C10 的混凝土。水泥：砂：卵石的重量比约为 1：2：4 至 1：2：6。水中假山基础采用 M15 水泥砂浆砌块石或 C20 的素混凝土做基础。对于大型假山，可以采用钢筋混凝土以确保基础牢固。

6. 拉底，首先在基础上铺置最底层的自然山石，称为“拉底”。这层山石大部分在地面以下，只有小部分暴露在地面以上，并不需要形态特别好的山石，但要求坚实、耐压，不允许用风化过度的山石。拉底大多数要求基石以大而平坦的面向上，以便后续向上垒接施工。每安装一块山石，应在石底部用“刹片”垫平垫稳，山脚垫刹的外围，应用砂浆或混凝土包严。石与石间要紧联互咬；山石之间要不规则的断续相连，相断有连；边缘部分要错落变化。北方多采用拉满底石的作法，南方常采用先拉周边底石再填心的办法。拉底形成的山脚线有露脚方式和埋脚方式。

7. 起脚。在垫底的石层上开始砌筑假山，就叫“起脚”。起脚有点脚法、连脚法和块面脚法三种做法（图 6-2）。起脚技术要求如下：

（1）起脚石应选择厚实、坚硬的山石。

（2）假山的起脚宜小不宜大、宜收不宜放。

（3）砌筑时先砌筑山脚线突出部位的山石，再砌筑凹进部位的山石，最后砌筑连接部位

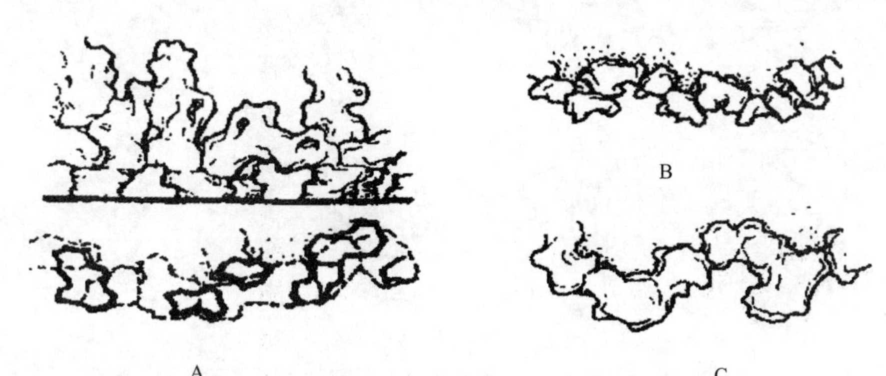

图 6-2　假山起脚边线的做法（引自 杨至德《园林工程（第三版）》）

A—点脚法；B—连脚法；C—块面脚法

的山石。

（4）起脚石全部摆砌完成后，应将其空隙用碎砖石填实灌浆，或填筑泥土打实，或浇筑混凝土筑平。

（5）起脚石应选择大小相间、高低不等的料石，使其犬牙交错，相互首尾连接。

8. 中层施工，中层即底石与顶层之间的部分，这部分体量最大，也是观赏集中的地方：可用石材广泛，单元组合和结构变化多端，可以说是整个假山的主要部分，而假山堆叠的艺术手法也正是在中层当中得以发挥的。

山体的堆叠手法。假山有峰、峦、洞、壑等各种组合单元的变化，但山石相互之间的结合常见的有10多种形式（图6-3、图6-4）。

（1）安。将一块山石平放在一块至几块山石之上的叠石方法。“安”既要玲珑巧安，又

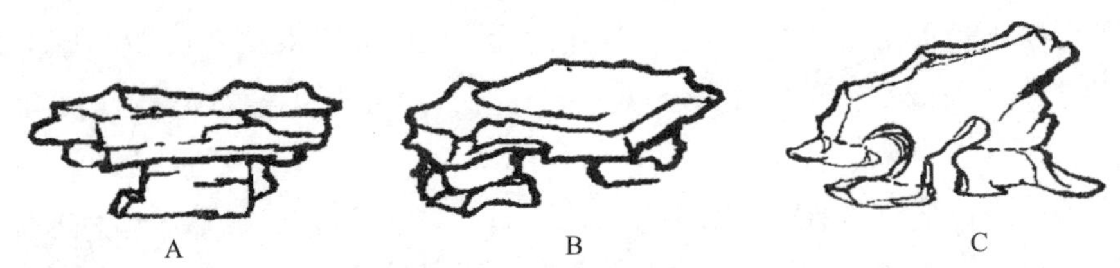

图6-3　假山堆叠技法－安（引自 杨至德《园林工程（第三版）》）

A—单安；B—双安；C—三安

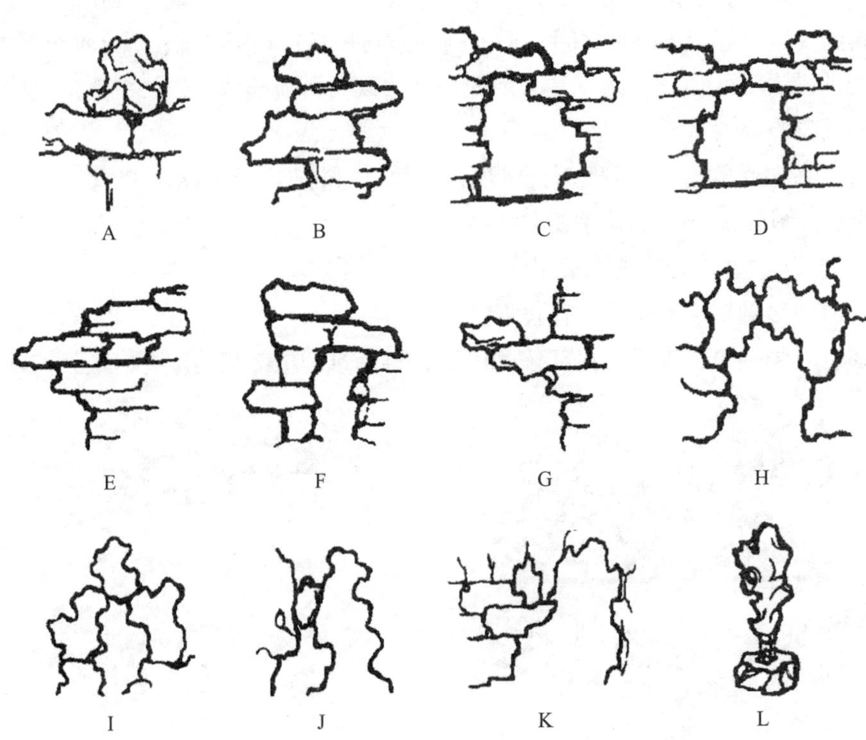

图6-4　假山堆叠技法（引自 杨至德《园林工程（第三版）》）

A—压；B—错；C—搭；D—连；E—夹；F—挑；

G—飘；H—顶；I—斗；J—卡；K—托；L—榫

要安稳求实，特别强调这块山石放下去要稳。根据安石下面支承石的数量，又分单安、双安和三安。

（2）连。山石之间水平向衔接称为“连”。相连的山石在其连接处在茬口形状和石面皱纹要尽可能相互吻合，能做到严丝合缝最理想。茬口中的水泥砂浆一定要填塞饱满，接缝表面应随着石形变化而变化，而抹成平缝，以便于使山石完全连成整体。

（3）压。为了稳定假山悬崖或使出挑的山石保持平衡，用重石镇压悬崖后部或出挑山石的后端，这种叠石方法就是“压”。压的时候，要注意重石的重心位置，使其既压实挑石，又不会由于压得太靠后而导致挑石翘起翻倒。

（4）错。错落叠石，山石和下石采取错位相叠，而不是平齐叠放。

（5）搭。用长条形石或板状石跨过其下方两边分离的山石，并盖在分离山石之上的叠石技法称为“搭”。所用的山石形状一定要避免规则，要用自然形状的长形石。

（6）夹。在上下两层山石之间，塞进比较小块的山石并用水泥砂浆固定下来，就可在两层山石间做出洞穴和孔眼。这种技法称为“夹”的叠石方法。

（7）挑。利用长形山石做挑石，横向伸出于其下层山石之外，并以下层山石支承重量，再用另外的重石压住挑石的后端，使挑石平衡地挑出。这是各类假山都运用很广泛的一种山石堆叠方法，又叫“出挑”、“外挑”或“悬挑”。在出挑中，挑石的伸出长度一般可为其本身长度的三分之一到三分之二。挑出一层不够远，则还可继续挑出一层至数层，注意挑石的后端一定要用重石压紧。

（8）飘。挑出山石的形状比较平直，挑头置一小石如飘飞状，这种叠石手法称为“飘”。

（9）顶。两块山石以其倾斜的顶部靠在一起，似顶牛状，这种叠石手法称为“顶”。

（10）斗。分离的两块山石用顶部共同顶起另一块山石，如争斗状，这种叠石手法称为“斗”。

（11）卡。在两个分离的山石上部，用一块较小山石插入二石间的楔口而卡住。

（12）托。从下端伸出山石托住悬垂山石的手法。

（13）榫。上下相接的两石分别凿出榫头和榫眼相互扣合的手法。

9. 扫缝，现代掇山，广泛使用1:1水泥砂浆，勾缝用柳叶抹，有勾明缝和暗缝两种做法。一般水平方向勾明缝，在需要时将竖缝勾成暗缝。勾明缝务必不要宽，不宜超过20mm，勾缝的灰浆尽量调成山石接近的颜色。

10. 收顶，收顶即处理假山最顶层的山石。在石材的选择上要求体量大，轮廓体态都要富有特征。

收顶一般分为峰、峦、平顶三种类型。收顶往往是在逐渐合凑的中层山石顶面加以重力的镇压，使重力均匀地分层传递下去，如果收顶面积大而石材不完整时，就要采取“拼凑”的方法，并用小石镶缝使成一体。

11. 做脚，用山石砌筑成山脚，它是在假山的上面部分山形山势大体施工完成以后，于紧贴起脚石外缘部分拼叠山脚以弥补起脚造型不足的一种操作技法。具体形式有凹进脚、凸出脚、断连脚、承上脚、悬底脚、平板脚（图6-5）。

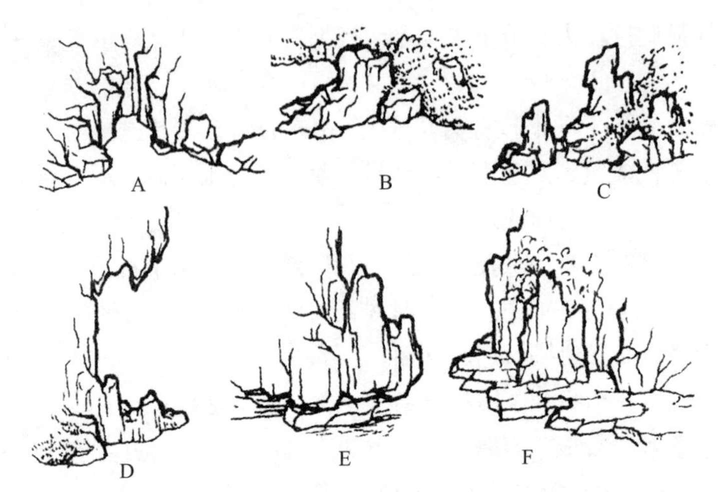

图6-5 假山山脚的造型（引自 杨至德《园林工程（第三版）》）

A—凹进脚；B—凸出脚；C—断连脚；D—承上脚；E—悬底脚；F—平板脚

（二）**假山洞、假山蹬道**

1. 假山洞结构形式一般分为“梁柱式”、“挑梁式”、“券拱式”，应根据需要采用。

2. 蹬道是水平空间与垂直空间联系中不可缺少的重要构成部分，多用石块叠置而成。蹬道高度一般在 12 ~ 15cm，最大不要超过 18cm。

（三）**人工塑山**

人工塑山是指采用混凝土、玻璃钢、有机树脂等现代材料和石灰、砖、水泥等非石材料，经过人工塑造而成的假山。按照应用材料来分，人工塑山可以分为钢筋混凝土塑山、砖石混凝土塑山、新型材料塑山。目前新型材料塑山应用广泛。塑山的新型材料主要有璃纤维强化水泥（GRC）和碳纤维增强混凝土（CFRC），新型材料塑山基本原理相似。

1. 钢筋混凝土塑山

（1）基础。一般做法是依据山体底面的轮廓线，每隔 4 m 做一根钢筋混凝土柱基，若山体形状复杂，局部柱子加密，并在柱间做墙。

（2）建造骨架结构。该部分是塑山的主体工程，要求骨架结构隐蔽，注意功能性单元构筑。按照设计的假山形体，用钢筋编扎成山石的模胚形状，作为其结构骨架。钢筋的交叉点最好用电焊焊牢，然后再用铁丝网蒙在钢筋骨架外面，并用细铁丝紧紧地扎牢。对于山形变化较大玲珑山的部位，或有洞的大山、动物山，要用钢架悬挑。山体的飞瀑、流泉和预留的绿化洞穴位置，要对骨架结构作好防水处理。

（3）面层批塑。就是在钢筋网上用粗砂配制的水泥砂浆抹面。一般要抹面 2 ~ 3 遍，使塑石的石面壳体总厚度达到 4 ~ 6cm。

（4）表面修饰。

a. 皴纹和质感。山脚应表现粗犷，有破坏、风化的痕迹。山腰部分，采用印、拉、勒等手法制造逼真的皴纹，强化力感和棱角。山顶轮廓线渐收，色彩变浅。

b. 着色。可选用不同颜色的矿物颜料加白水泥和适量胶配置上色，颜色更自然。

c. 光泽。石的表面涂过氧树脂或有机硅，重点部位打蜡，可增加光泽度。

2. 砖石混凝土塑山

按照设计的山石形体，开沟做基础，用砖石材料砌筑起来，砌体的形状大致与设计石形相同。为了节省材料，可在砌体内砌出内空的石室，然后用钢筋混凝土板盖顶，留出门洞和通气口。当砌体胚形完全砌筑好后，就用水泥砂浆仿照自然山石石面进行抹面和修饰，最后着色。

3. 新型材料塑山施工

GRC 是玻璃纤维强化水泥英文的缩写，它是将抗碱玻璃纤维加入到低碱水泥砂浆中硬化后产生的高强度的复合物。用 GRC 制作假山，材料自身质量轻、强度高，抗老化且耐水湿，可塑性大，施工方法简便、快捷、造价低；山石的造型、皴纹逼真。

GRC 塑山施工包括两大步骤：GRC 假山元件的制作、GRC 塑山施工。

（1）GRC 假山元件的制作

制作 GRC 假山元件模型。制作模具的材料有聚氨酯膜、硅模、钢模、铝模、GRC 模、FRP 模和石膏模等。制模时，选择天然岩石皴纹好的部位为模本制作模具。

制作 GRC 假山石块。其制作方法是将低碱水泥与一定规格的抗碱玻璃纤维以二维乱向的方式同时均匀分散地喷射于模具中，凝固后成型。在喷射时注意随喷射随压实，并在适当的位置预埋铁件。

（2）GRC 塑山施工

a. 组装。将预制的 GRC“石块”元件按照设计图进行组装。注意元件逐一焊接牢固，需要加固的部位，在其背后敷挂钢丝（板）网，然后浇筑混凝土，以增强其强度。

b. 修饰。塑山组装好后，用补、塑、刷等方法进行拼缝修饰，以使接缝与石面连接成浑然一体。

c. 养护。养护是使 GRC 制品在早期保持其中所含水分不蒸发。制品内所含水分用于水泥水化并因而增加其强度，降低渗透与收缩。由于水化受到温度的影响，为此在制品养护过程中应使周围空气保持适宜的温度。

二、园林水景工程

水景工程是园林工程中涉及面最广、项目组成最多的专项工程之一。由于水景工程中的水本身可归纳为平静的、流动的、跌落的和喷涌的四种基本形式，所以在实际工程中自然演化出丰富多彩的应用形式，包括湖泊、水池、水塘、溪流、水坡、水道、瀑布、水帘、叠水、水墙和喷泉等多种水景。本节重点讲述水池和溪流施工技术。

（一）水池施工

水池形态种类众多，按修建材料和防水结构，一般分为刚性结构水池和柔性结构水池。目前园林结构中大部分以刚性结构水池为主，现以刚性结构水池为例介绍水池的施工工艺和技术要点。

刚性结构水池也称钢筋混凝土水池，池底和池壁均为钢筋混凝土，因寿命长、抗渗性好，适用于大部分水池。钢筋混凝土水池施工过程可分为：定位放线—基坑开挖—池底施工—池壁施工—防水层施工—闭水实验—面层安装。

1. 定位放线

根据设计图纸进行放线，放线时水池的外边线应包括池壁的厚度。为了施工方便，池外沿各边加宽 20cm 用石灰粉标记，并每 5~10m 设置一个控制桩。圆形水池应设置水池的圆心点，在以圆心为中心放水池的外边线。

2. 基坑开挖

（1）土方开挖采用人工 + 机械相结合的方法，可以根据现场施工条件确定开挖方法，开挖时一定要考虑到池底与池壁的厚度。如下沉浅水池应做好池壁的保护，挖至设计标高后，基底应整平并夯实，然后按照设计图纸进行施工。

（2）池底如有积水现象，要采取排水措施，可以采用沿池底的基础边缘挖一条临时排水沟并设置集水井，再通过人工或机械抽水排走，从而确保施工的顺利进行。

3. 池底施工

混凝土池底在 50m 内可不做伸缩缝，如果形状变化较大，则在长度约 20m 处，在其断面狭窄处设置伸缩缝一道（图 6-6）。总的来说，池底施工应注意以下事项：

（1）根据情况不同采取灵活的处理方案。如果基土松软，就必须采取基础加固的方案，基础加固方案一般常见以下方法：①三七灰土分层夯实；②碎石分层夯实；③桩基础等。根据实际情况选择合理的加固方案。

施工缝种类	简　图	优　点	缺　点	做　法
台阶形	B B/2 ≥200	可增加接触面积，使渗水路线延长和受阴，施工简单，接缝有面易清理	接触面简单，双面配筋时，不易支模，阻水效果一般	支模时，可在外侧安设木方，混凝土终凝后取出
凹槽形	B B/3 B/3 B/3 ≥200	加大了混凝土的接触面，使渗水路线受更大阻力，提高了防水质量	在凹槽内易于积水和存留杂物，清理不净时影响接缝严密性	支模时将木方置于池壁中部，混凝土终凝后取出
加金属止水片	金属止水片 ≥100 ≥100 ≥200	适用于池壁较薄的施工缝，防水效果比较可靠	安装困难，且需耗费一定数量的钢材	将金属止水片固定在池壁中部，两侧等距
遇水膨胀橡胶止水带	遇水膨胀橡胶止水带	施工方便，操作简单，橡胶止水带遇水后体积迅速膨胀，将缝隙塞满、挤密		将腻子型橡胶止水带置于已浇筑好的施工缝中部即可

图 6-6　水池池壁施工缝

（2）混凝土垫层浇筑完相隔 1-2 天（视施工温度而定），在垫层上确定水池底板中线，然后根据设计尺寸进行放线，定出池壁的边线，弹出钢筋的墨线，并按设计图纸进行定位。

（3）绑扎钢筋时，应详细检查钢筋的直径、间距、位置、搭接长度、上下层钢筋间距、保护层及预埋件的位置和数量是否符合设计要求。上下层钢筋均应用铁马凳加以固定，使之在浇筑混凝土过程中不发生钢筋移动。另外，发生锈蚀的钢筋要采取防锈措施。

（4）底板应一次性连续浇筑、不留施工缝，施工间歇时间不超过混凝土初凝时间。如混凝土在运输过程中产生离析现象，应在现场进行二次搅拌。

（5）池壁为现浇混凝土时，底板与池壁接汇处的施工缝可留在基础上 20cm 处，施工缝留成一个台阶凹槽、台阶形或设置金属止水带及遇水膨胀止水带。

4. 池壁施工

（1）应先做好模板以固定之，池壁厚度一般为 15~25cm。钢筋的内外侧可以采用木模一次性固定完成，也可以采用池壁外侧用砖胎模砌筑，内为木模。

（2）固定模板采用铁丝和螺栓，不宜直接穿过池壁。当螺栓或套管必须穿过池壁时，应采用止水措施。①螺栓上加止水环（止水环上应满焊）；②套管上加焊接金属止水环，在混凝土中预埋套管时，管外侧应加焊止水环，管中穿螺栓，拆模后将螺栓取出，套管内用膨胀剂水泥砂浆封堵；③螺栓上加堵头，支模时在螺栓两侧加堵头。拆模后，将螺栓沿平凹底面割去，最后用膨胀水泥砂浆封堵密实，以上三种方法可以针对实际情况选择其一。

（3）混凝土拌制　水池混凝土应采用 C25 以上的 P6 ~ P8 的抗渗商品混凝土。

（4）混凝土浇筑　抗渗混凝土浇筑前，把基层及池壁模板内所有垃圾清理干净，最好在基层上涂刷一层柏油水。水池底板混凝土浇捣时，采用插入式振捣，确保混凝土振捣密实（以混凝土开始泛浆，不冒气泡为准）。混凝土终凝前，用铁板压光。混凝土浇筑确保一次性浇筑完成。

5. 防水层施工

在防水层施工前必须对基层进行清理干净，不得有杂质，尤其对池壁阴阳角、管线等特殊部位的重点清理。防水一般常用涂料和卷材防水。①涂料防水，将防水涂料倒入干净的搅拌桶内，然后按照 1 ： 1 的比例进行搅拌均匀，再用橡胶刮板均匀地涂抹在表面上，接缝搭接一定要大于 10cm 宽。完成一次涂刷后，待 3 小时后用清水湿润后再进行第二遍的施工即可；②卷材防水，由防水卷材和相应的卷材粘结剂分层粘结而成，卷材铺设前，基层必须干净、干燥，并涂刷与卷材配套使用的基层处理剂。卷材搭接时，搭接宽度依据卷材种类和铺贴方法确定，卷材搭接缝用与卷材配套的专用胶粘剂粘接，接缝处用密封材料严封。

6. 闭水实验

闭水工作应在水池防水工作完成后进行（在面层施工前），检验结构的安全性、抗渗性。闭水试验室时，应封闭管道孔，一般分几次进行注水。根据其具体情况，控制好每次注水的高度。进行外观检查，发现渗漏点，同时做好水位的标记，连续观察 24 小时，如果外表面无渗漏、无污水现象，可视为合格工程，再进行下一道工序施工。

（二）溪流施工

在溪流施工中，为尽量展示溪流、小河流的自然风格，常设置各种主景石，如隔水石（铺设在水下，以提高水位线）、劈水石或破浪石（设置在溪流中，使水产生分流的石头）、河床石（设在水面下，用于观赏的石头）、垫脚石（支撑大石头的石头）、横卧石（压缩溪流宽度而形成隘口、海峡的石头）等，见水系效果图 6-7。

图 6-7　北京某小区溪流效果

一般溪流的坡势应根据用地的地势及排水条件等决定。溪流施工工艺流程：施工准备—溪体放线—溪槽开挖—管线安装—溪底施工—溪壁施工—试水试验—溪道装饰。

1. 施工准备

主要环节是进行现场踏勘，熟悉设计图纸，准备施工材料、机具、人员，对施工现场进行清理平整，接通水电，搭建必要的临时设施等。

2. 溪体放线

依据已确定的小溪设计图纸。用石灰或绳子等在地面上勾画出小溪的轮廓，同时确定小溪循环用水的出水口和承水池之间的管线走向。由于溪道宽窄变化多，放线时应加密打桩量，特别是在转弯点，各桩要标注清楚相应的设计高程，变坡点（即设计跌水之处）要做特殊标记。

3. 溪槽开挖

要按设计要求开挖，最好挖掘成 U 型槽。因小溪多数较浅，表层土壤较肥沃，要注意将表土堆放好，作为溪涧种植用土。溪道要求要有足够的宽度和深度，以便安装散点石。注意事项，一般的溪流在落入下一段之前都应有至少增加 10-15cm 的水深，故挖溪槽时每一段最前面的深度都要深些，以确保溪流的自然。溪槽挖好后，必须将溪底、溪壁基土夯实。

4. 管线安装

根据给水、排水管网图，将给水、排水管道及电气管道挖槽预埋、安装。

5. 溪底施工

根据水系结构特点不同，结构分为两种：

a. 刚性结构：碎石垫层（或三七灰土垫层）上铺 10cm 厚 C15 混凝土垫层，再上铺防水材料（EPDM 或 SBS 防水卷材等），然后现浇混凝土（混凝土标号、配比参阅水池施工）厚度 15~20cm（北方地区可适当加厚）。结构施工完毕，需要试水试验，防水合格后，铺设约 2~3cm 厚干硬性水泥砂浆，按设计要求码放卵石等（图 6-8）。

b. 柔性结构：如果小溪较小，水又浅，溪基土质良好，可直接在夯实的溪道上铺一层 5~10cm 厚的细沙，再将防水薄膜盖上。防水薄膜纵向的搭接长度不得小于 30cm，留于溪岸的宽度不得小于 20cm，试水完成后，再回填种植土或面层装饰（图 6-9）。

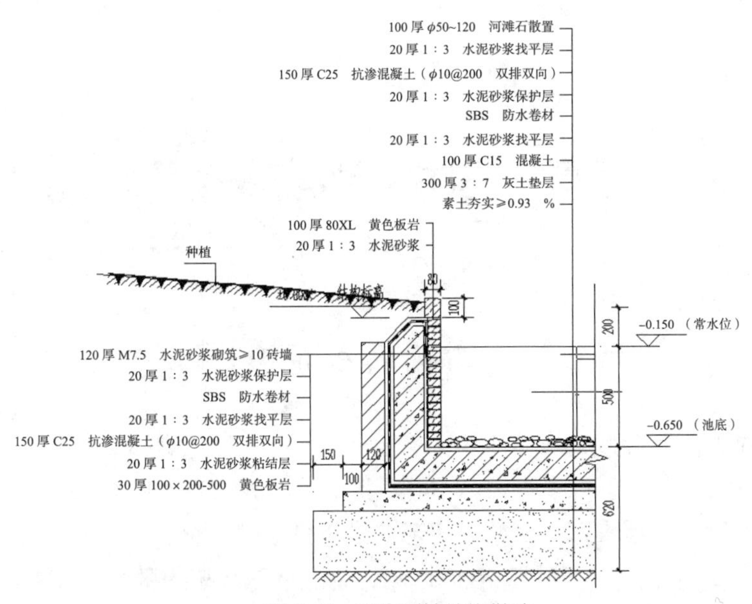

图 6-8　溪底刚性结构做法

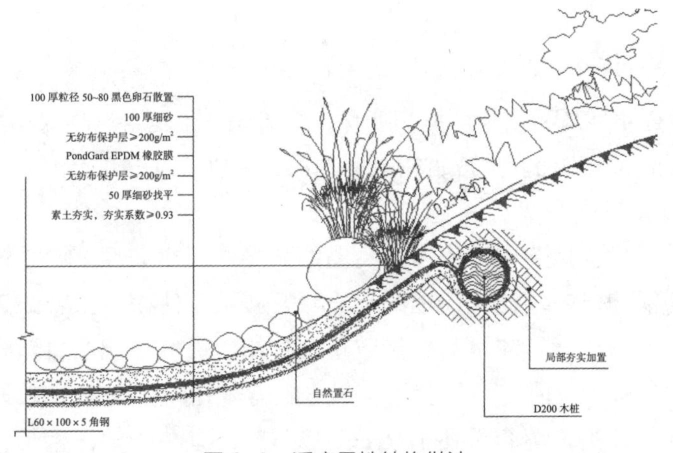

图 6-9　溪底柔性结构做法

6. 溪壁施工

溪岸可用卵石、砾石、瓷砖、石料等铺砌处理。和溪槽底一样，溪槽也必须设置防水层，防止溪流渗漏。如果小溪环境开朗，溪面宽、水浅，可将溪岸做出草坪护坡，且坡度尽量平缓，临水处用卵石封边即可。

7. 试水试验

试水前应将溪道全面清洁并检查管路的安装情况。注入水，注意观察水流及岸壁，如达到设计要求，说明溪道施工合格（参照本节水池闭水试验方法）。

8. 溪道装饰

为使溪流更自然有趣，可将较少的鹅卵石放在溪床上，这会使水面产生轻柔的涟漪。同时按设计要求进行管网安装，再点缀景石，配以水生植物，饰以小桥、汀步等景观小品。

第七章 园林植物养护管理

第一节 古树名木养护管理

古树苍劲古雅，姿态奇特，是见证和传承华夏文明的绿色文物和植物活化石，是自然界与前人留给我们的无价之宝，许多古树名木背后蕴藏着重大的自然历史事件和令人神往的故事传说，如北海公园的白袍将军、潭柘寺的帝王树和配王树、戒台寺的抱塔松、密云的九搂十八杈等。它们少则百年以上，最高达3000年，是北京悠久历史的见证，一旦死亡无法再现。因此做好古树名木的养护管理工作十分重要。

一、古树衰老原因

古树随着树龄逐年增高和生长环境的变化，衰弱死亡也是自然现象，加强古树养护管理可以延缓衰老，延长古树寿命。造成古树衰弱的原因主要有以下几点。

（一）土壤密实度过高

土壤理化性质恶化，是造成古树树势衰弱的直接原因之一。土壤是树木生长的重要基础之一。由于人为活动对一些树木周围的地面频繁践踏，使得本来就缺乏耕作条件的土壤团粒结构遭到破坏，密实度日趋增高，导致土壤板结，透气性能及自然含水量降低，树木根系呼吸困难，须根减少。研究结果表明：当土壤有效孔隙度大于10%时，有利于古树根系的生长和吸收作用；当土壤容重在1.3g/cm^{3}以下时，有利于古树生长；当土壤容重超过1.5g/cm^{3}时，土壤缺氧，机械阻抗加大，根系将变形，树木生长受到抑制。

（二）古树周围铺装面积过大

在公园或风景名胜区，由于游人多，为了方便观赏，管理部门多在树干周围用水泥砖或其他硬质材料进行大面积铺装，仅留下较小的树池，这样使得土壤通气性能下降、营养面积小，在降雨时，也会形成大量的地面径流，使根系无法从土壤中吸收到足够的水分，久而久之，便导致古树衰弱。

（三）伤根或营养不良导致古树衰弱

公园或景区中的道路铺设或古建维修，会伤及古树的根，造成古树不可逆的衰弱，这样的例子屡见不鲜。

树根千百年生长在固定位置，吸收周围土壤的养分，但很少得到养分的补充，树根不可能无限扩大，从而造成营养缺乏，树体逐年呈衰老趋势。

（四）树干腐朽导致树木衰弱

树皮腐朽会导致叶片合成的养分向下运输的途径中断，使根系处于饥饿状态，进而引起根系大量死亡，导致树木衰弱。在实践中发现，树干上一整圈树皮死亡的阔叶大树或古树，一般会在当年或第二年死亡。木质部坏死也会导致树木衰弱，因为死亡部分中断了水分和矿物质向上运输的通道。但是对于形成层活力很强的国槐等树种来说，又是另一种情况。在实践中发现，百年以上树龄国槐的树干基本上是中空的，正是所谓的“十槐九空”，但是国槐照样枝繁叶茂，这是因为旺盛的形成层分生出了新的组织，形成了通畅的水分和矿物质运输通道。

（五）人为损害

在树下堆物、堆料，建厂建房、修路、挖土、埋管线、树上刻画、钉钉子等使树体严重受害。

（六）管理不科学

树洞修补方法不适当，缺乏修剪或修剪方法不对，支撑不合理等也会导致古树衰弱。

（七）自然灾害

雷击、雹打、雪压、雨涝、风折等自然灾害都会使树势削弱。

二、养护管理措施

（一）保护好古树的生长环境

不要随意改变古树的生长环境，因为古树适应了生活千百年的环境，突然或剧烈的环境改变会引起古树的严重不适，造成树势衰弱。

（二）灌水排涝

北京连年干旱、缺水，地下水位下降，加上地表大面积铺装，造成大部分古树根系生长在干旱土层，因此每年春季灌足水非常重要，3~5 月份要求灌水 3~4 次，最好在树冠投影范围内，做大堰，浇足水。在 11 月中旬灌足冻水。暂不用中水灌溉古树。在雨季做到树下不积水，低洼易涝地段，挖沟或设暗管排水。

（三）因树因地科学施肥

在早春和晚秋，沿树冠投影外缘，采取环状或放射沟状，深度 30~40cm，保护根部不受伤，施用发酵、腐熟的有机肥，掺入适量化肥，施后浇水。一般古油松不用化肥。

（四）设保护围栏，经常松土

为防止人流、车流过多造成对古树根部损伤及对土壤的碾压，应在树冠垂直投影范围设置围栏保护。对土壤每年或隔年翻松 1~2 次（春、秋进行），增加土壤透气性。

（五）设支撑，防止倾斜倒伏

古树名木树姿奇特，枝干横生，往往树冠生长不平衡而容易倾斜或倒伏，造成扭裂或死亡。对生长不均衡的树木主枝，延伸过长枝杈，个别树叶繁茂大枝，都应设支撑。特殊单株，不仅设立大支撑，还应由大支撑物上分出数个小支架，支撑稍小的枝杈。

（六）古树修剪和封堵树洞

及时修剪干枝、枯杈、不留枯桩，有利伤口愈合。

对部分过密的树冠，要进行疏剪，既美化树形，也防止各种灾害发生，减少病虫滋生。剪锯口处理要求：平滑不错位，不劈不裂，并涂以防腐剂。

古树干和大枝上常有空洞，应及时封堵。具体操作规程可按照中华人民共和国国家标准《古树名木保护复壮技术规程》（GB/T51168—2016）规定的“堵洞修补法”进行。先将洞内腐烂物刮净，直到洞壁硬层。自然干燥后用杀虫剂和杀菌剂对洞壁进行处理，并应喷防腐剂，风干后，涂抹熟桐油 2 ～ 3 遍。然后按洞内形状大小制作安装龙骨架，其下端应与洞壁接牢，上端高度应接触洞口壁内层与洞口平接。洞内支撑材料与洞壁之间应选用生物胶粘牢固定，其他空间作为通气孔道。之后用铁丝网、无纺布封堵洞口；必要时将水泥、硅胶和颜料按一定比例混合后与树皮颜色相近似，然后涂于洞口表层，并仿造树皮刻画纹理。有时为保持古树的苍老美，也可只做防腐处理，不进行树洞修补。

（七）衰弱树木复壮措施

1. 净化古树生长环境，排除地下有害物及障碍物，使根系得以正常生长。

2. 对树干、根颈部的烂皮及时清理防治，蛀干害虫要及时灭除。

3. 经诊断，主要是缺肥的弱树，及时科学合理补充肥料。

4. 因土壤黏重引发的树势衰弱。主要措施是改良土壤透气性。如在树冠垂直投影下松土，沿边缘挖沟（坑）埋入树枝，填入适量砂石，改良土壤。在地势低洼或排水不良的黏土地，要做永久性排水设施。

（八）使古树、名木生长各项环境指标控制在允许范围内

1. 土壤有效空隙度不得低于 10%。

2. 土壤容重不得超过 1.3g/cm^3。

3. 土壤含水量控制在 5%~20%，以 15%~17% 为宜。

4. 土壤中固相、液相、气相比控制在 5：3：1 左右。

5. 夏季土壤温度控制在 15~29℃。

6. 土壤中各种矿质元素平衡，防止短缺或过量，土壤含盐量不超过 0.1%。

7. 土壤中有机质含量不低于 1.5%。

8. 太阳光照强度不低于 8000Lx。

（九）处理好古树与周围其他植物之间关系

1. 松柏类古树周围可适量保留壳斗科树种，如槲树、槲栎等，有利菌根活动。

2. 古松树树冠垂直投影范围内，严禁种植核桃、接骨木、榆树，避免对其生长产生抑制作用。

3. 对古树周围生长的阔叶树、速生树和杂灌草进行控制。

4. 古树下禁止铺设不透气铺装、倾倒污水、堆积含融雪剂的雪，树上禁止拴绳、挂杂物等。

5. 高大古树应安装避雷装置，防雷击。

6. 在坡地生长的古树，应种植地被植物来加固坡地，以防止水土流失。

第二节　乔木整形修剪

一、松柏类树木修剪

松柏类树种生长缓慢，一般多保持原有树形，仅剪去主干枯枝、病虫枝、过密枝，不进行大的整形修剪。油松、雪松、云杉、冷杉等有主干的树种，以观姿态为主，需要保留主干，如因外力损伤或病虫害等原因失掉顶尖时，需重新培养一个新的主干顶尖。首先从最上一轮主枝中选一个健壮的主枝，将其用绳子拉直，并通过棍子固定在主干上，使其向上生长，同时重剪“回缩”最上轮其余枝条，轻剪其下一轮枝条，集中培养新的主枝。

松柏类片林栽植时，树冠下部或内膛常因枝条过密而积存干枝，影响下部和树冠内景观，需要及时剪除下部干枯枝，及树冠内干枯枝、过密枝和病虫枝，或根据栽植密度修剪一定比例的树冠，以利于植株间的通风透光和正常生长。

二、落叶阔叶树片林修剪

杨树、法桐、银杏等具有中央领导干，这类树种修剪时要尽量保护中央领导枝。如果出现双头枝，选一个强壮枝留下，剪掉另一个；如果主枝旁有竞争枝，需及时疏除或重剪竞争枝；如果领导枝枯死或折断，需另选一个强侧枝扶助它成为中央领导枝。每年适时修剪主干下部的侧枝，逐步提高其分枝点，最后达到合理高度即可。

片林边缘树木光照充足，树枝生长旺盛，分枝点高度可略高于林内。相反林内光照不足，分枝点向上 1~2 轮枝条易枯死，修剪时片林内分枝点高度略低于林缘处。如只从外观角度出发，为使片林呈现丰满的林冠线，林缘分枝点应低于林内为佳，林间及时剪除干枯枝、病虫枝和过密枝，保证通风透光。

三、行道树修剪

行道树的主要功能是道路遮荫，同时兼具绿化美化功能，及时修剪对于保持同一道路树木外形统一整齐、树姿美观、生长健壮起着重要作用。行道树生长空间一方面受地下部的水管、通信线路暖气等管线影响，另一方面与地上部的汽车、行人、电线、建筑互相交错摩擦，因此需要通过修剪解决这些矛盾。如为方便行人和汽车通行，行道树分枝点不低于 2.8m，主枝斜上生长，及时修剪 2.8m 以下的下垂枝条，防止下部枝条剐蹭汽车和影响行人通行。郊区道路行道树分枝点可以略高些，高大乔木分枝点可以提高到 4m。同一条街的分枝点必须整齐一致。

为解决架空线的矛盾，可采用杯状整形修剪，避开架空线。每年除冬季修剪外，夏季随时剪去触碰电线的枝条，另一方面通过轻修剪来调整树势，同时还需随时剪掉干枯枝、病虫枝、细弱枝、交叉枝、重叠枝。过长的枝条一般在壮芽处短截，逐年疏除卡脖枝，防止环状剥皮削弱树势。疏除徒长枝和内膛直立枝，如果周围有疏透空间，可采取轻短截的方法促发二次枝，最终使枝条空间分布均匀。

总之，行道树通过修剪应保持枝繁叶茂形美，遮荫面积大，不影响行人通行和车辆行驶，不妨碍上方架空线。

四、常见乔木整形修剪

（一）国槐

国槐树冠椭圆形或倒卵形，萌芽力强，寿命长。修剪时首先确定分枝点高度，如栽植在高压线下，分枝点应 2~2.5m，错开高压线；如果作为行道树栽植，分枝点应 2.8~3.5m。定干后从分枝点以上选留 3~5 个生长健壮、分布均匀的主枝，短截留 40cm 左右，其余全部疏除。同一道路上相邻路段的行道树，主枝顶要找平，确保高度一致，如果相邻两个路段分枝点高度不一，可将分枝点高的主枝留的短些，分枝点低的主枝留长些，最终使其高度基本一致。

国槐夏季主枝上萌生的新芽要及时剥芽，第一次剥芽每个主枝选留 3~5 个芽，第二次定芽留 3~5 个，留下的芽方向要合理，分布要均匀，主要目的是集中养分促侧枝生长健壮。

第二年进行疏枝短截，每个主枝上的侧枝选方向合适、分布均匀的 2~3 个侧枝短截，其余疏掉，全树共留 6~9 个侧枝，短截长度 60~90cm，修剪成“3 股 6 杈”的杯状形，不要 12 枝。这样短截 3 年，树冠逐年扩大，树干增粗，冠高比保持在 1 ： 2 左右；如果丛植或孤植，冠高比保持在 2 ： 3。待树冠定型后，以后每年仅剪除干枯枝、病虫枝、内膛枝、重叠枝、徒长枝等。如果主枝的延长枝过长，应及时回缩修剪。

国槐大树修剪，孤植树主要剪去干枯枝、病虫枝、过密枝，使树冠上部每年自然生长。行道树中大规格树木栽植年久，而且株距小，造成树冠上部枝叶密生而郁闭，下部和内膛枝很快干枯，使工人无法上树修剪树冠，只能用开天窗方法疏剪去大枝。每株树修剪 2~3 个大枝，达到通风透光。还有一些用开天窗也无法解决问题的老树，采用隔株抹头。待 2~3 年后新枝形成树冠后，将另一株抹头。抹头后保证浇水充足，树冠形成快，否则会出现枯死现象。

（二）毛白杨

栽植于空旷开阔处的毛白杨，首先定干。一般行道树分枝点高 2.8~3.5m，郊区可定在 4m 左右。定干后选留主枝，毛白杨有主轴，主尖明显，所以必须保留主尖，主尖如果受损，必须扶个侧枝作主尖，将受损的主尖截去，并除去其侧芽，防止发生竞争枝，出现多头。

其次选主枝。毛白杨是主轴极强的树种，每年在主轴上形成一层枝条。因此，新植树木修剪时每层留 3 个主枝，全株共留 9 个主枝，其余疏掉。然后短截所留枝，一般下层留 30~35cm，中层 20~25 cm，上层 10 ~15 cm，所留主枝与主干的夹角为 40° ~80° ，修剪后整个树冠呈圆锥形。以后每年继续常规修剪，5 年以后保持冠高比 3 ： 5 左右即可。疏除树冠内的密生枝、交叉枝、细弱枝、干枯枝、病虫枝；对竞争枝、主枝背上的直立徒长枝，当年在弱芽处短截，第二年疏除。如果有卡脖枝要逐年疏除，防止造成环剥影响生长。侧枝或副侧枝的粗度控制在其着生主枝粗度的 1/3 左右，侧枝修剪遵循下长上短的原则。

（三）银杏

银杏具中央领导干，顶端优势明显。一般栽植后先自然生长，随着主干延长，周围产生分枝，形成圆锥状主干形。成年后主干不再长高，树冠向四周扩大，形成自然圆头形。银杏枝条有长短枝之分，枝条每年只生长一次。长枝顶芽及顶下数芽仍发育成长枝，短枝顶芽发育成短枝或分化为混合芽，形成开花或结果枝。根据银杏枝芽的生长习性，要达到银杏树姿雄伟壮丽，无论任何季节、任何时期、树体大小、生长强弱，修剪时都应严格掌握多疏枝、少短截，或不短截，如有经过短截的主枝，今后要逐年疏掉。

1. 幼龄银杏的修剪

银杏幼龄期一般不需要修剪，但对主干顶端较强的直立枝要抑制其生长。为保持树体通风透光，要及时疏除主干上密生枝、衰老枝、交叉枝、串门枝、重叠枝。主枝数目不宜太多，一般留 3~4 个，使各主枝间有足够的空间，且冠形匀称。

2. 成年银杏的修剪

行道树定植后，首先确定分枝点高度，分枝点以下枝条全部疏除，分枝点以上主枝自下而上疏掉一部分，部分侧枝采用回缩修剪成塔形。中央领导枝如有竞争枝，有两个可疏去一个，或短截一个到弱枝处，用以辅助中央领导枝优势。中央领导枝生长势较强时，可疏除竞争枝；若竞争枝比中央领导枝强壮，可短截中央领导枝，剪口下留外侧枝，将竞争枝改为中央领导枝。银杏主枝有轮生特点，疏枝时应逐年完成。

新植树木应有计划的疏除多余轮生主枝，防止形成卡脖现象。对于已形成卡脖现象的植株，采取逐年疏剪 1~2 个主枝，待伤口愈合后，再疏除 1~2 个主枝。这样经过 4~5 年后，树势逐渐变强壮，不会对主干造成环状剥皮的伤害。也可采取留活桩的修剪方法解决轮生枝。如轮生枝 7~8 个形成树干下粗上细卡脖现象，可在冬季修剪时，确定长期保留的主枝 1~2 个，选两个不同方向轮生枝疏除。其余 2~3 个轮生枝在靠近最下部小枝处短截，使其有少量叶片供营养，不枯死也不会增粗。待疏枝的伤口愈合大半后，再彻底疏除活桩。这时已过去 3~4 年，因活桩未增粗，所以伤口小。此法为临时短截法。

公园绿地栽植的银杏，分枝点不可太高，根据树木的不同龄期，保持一定冠高比即可。

成年后的银杏，短枝较多，长枝较少，所以冠内枝条不易密生，因而修剪量小，但为保持银杏的优美树形，还需整形修剪。首先控制主侧枝粗度，使其接近着生处主干粗度的 1/3。对徒长枝、直立枝等进行消弱修剪。对内膛衰老侧枝进行疏除或回缩，及时疏掉膛内干枯、病虫枝条。雄株主枝上长枝较多，主枝直立生长，易造成树冠内密生，应适应疏除一部分。为保持树体长势均衡和优美树形，对主干和基部萌蘖应及时疏除。雄株幼树可通过支撑的方式，扩大开张角度。

（四）馒头柳

馒头柳的树形为馒头形或半圆形，各层主枝间距离较近。一般定干高度 3~3.5m，留 2 层主枝为宜，全树留 5~6 个主枝，然后短截。第一层 50cm 左右，第二层 50cm 左右。馒头柳萌蘖性强，夏季应掰芽去蘖，抹去分枝点以下的蘖芽。主枝上选方向合适、分布均匀、相互交错的芽留 3~4 个；第二次定芽，每个主枝留 2~3 个发育成枝。以后逐渐发育成馒头形树冠，保持冠高比 1 ∶ 2。每年定期掰芽去蘖，同时剪去干枯枝、病虫枝、内膛细弱枝、直立徒长枝等。

（五）悬铃木

悬铃木具有树形端正、主干直、分枝多、树冠大、耐修剪、生长快、成荫面积大、寿命长、萌芽力强、易更新、抗污染等特点。栽前定干高3~4m，有架空线的地方要整形修剪为杯状形。首先选方向合适、有一定距离、长势相近的3个邻近主枝进行短截，掌握强枝轻截、新枝重截的原则，平衡3个主枝的生长势。剪口下的芽必须留侧芽，剥除上方芽，防止徒长枝出现。

行道树修剪时，第一、二主枝尽量朝向慢车道。夏季随时剥除主枝上的蘖芽。翌年冬季，在每个主枝选2个长势相近的侧枝，继续短截，其余一些弱枝暂时不动。春季时摘心控制生长，留作辅养枝。第三年冬季，6个枝上又各生出几个枝，同上年原则，各选2个枝条短截，其余小枝作辅养枝。到第四年即可变成“3股6杈12枝”杯状形树冠。

以后每年冬季，重截去1/3的主枝延长枝，促进腋芽萌发，疏去其余过密枝条。如果各主枝生长不平衡，夏季对强枝摘心，以抑制生长，达到平衡。由于悬铃木易萌发二次枝，短截时剪口下最好留二次枝，一来可抑制强枝，二来可调整主枝方向，三是可迅速扩大树冠。疏除过密的侧枝，同侧侧枝的距离30cm为宜，并且要左右交互着生。凡是长在主枝上、下方的枝条、干枯枝、病虫枝、交叉重叠枝都要疏掉。

对于过长过远的主枝要进行回缩，以降低顶端优势的高度，刺激下部萌发新枝。如果需锯除大枝，应当分次进行，切不可一次锯掉。锯除后及时涂防腐剂，以利于伤口愈合。

（六）龙爪槐

龙爪槐生长较慢，夏季应剥除砧木上的新芽，疏剪过密枝、内膛细弱枝和交叉重叠枝，控制枝间平衡。冬季对各主枝适当重短截，剪口芽留上芽或侧芽，利于树冠向上或向外侧扩张。每个主枝间的侧枝要有间隔，短截长度不超过着生主枝，从属关系明确。各级枝序上的细小枝条，如果不妨碍主侧枝生长，适当多留些，增加光合作用面积，促进生长。以后每年冬季，由于主侧枝弯曲向下生长的内膛枝条上的芽较弱，发出的枝也弱，冬剪要剪掉这部分枝条，保留向上生长的部分。每年修剪时要调节新枝生长方向，逐渐填补伞状冠形的空间，使其结构疏透、生长充实，保证树冠开展成丰满自然的伞形。

（七）西府海棠

西府海棠为早春4月份开花的小乔木，树形紧凑，花芽着生在短枝上。幼树生长势强，萌发的枝条近直立生长，到开花时枝条稍有开展。夏季高温时多数芽分化为混合芽，翌年萌发叶从短枝顶端开花。为保证短花枝连年开花，花后应及时剪去残花，不让其结果，减少养分消耗。夏季将生长势强的枝条进行摘心，抑制其营养生长，促使中下部枝条上多分化混合芽。西府海棠以休眠期修剪为主，将生长枝适当短截，使营养集中，以利形成大量开花短枝；同时疏剪一些直立枝，使内膛通风透光，利于花芽分化，但主干、主枝基部直立枝要选择方向位置合适的留下，适当短截，使基部多抽生中短枝，用作更新枝。

西府海棠因树形开张角度小，枝条呈近直立密集状生长，必须及时疏剪内膛的衰老枝、过多细弱枝和干枯病虫枝，保持树体通风透光。为防止树冠继续扩大造成生长衰退，应及时回缩过长的开花母枝，剪口留在当年生新枝上，疏剪过多的短花枝，保证树体健壮，连年开花。

（八）雪松

雪松主轴明显，顶端优势极强，以观赏自然优美的尖塔形树冠为主，因此修剪时必须保护好顶梢。如果顶梢下垂，可用竹竿或木棍辅助主尖直立向上；如果有双头，选一强壮枝作主尖，另一重剪回缩，剪口下留小侧枝。当顶梢附近有较粗壮的侧枝与主梢形成竞争时，必须将竞争枝短截，削弱生长势，增强主尖生长势。雪松主枝轮生向上生长，应合理安排各主枝，确保不宜过多，以免分散营养，每层主枝间应保留一定间隔。对于同一层轮生枝，如果枝条过密，且细弱枝多，可疏除一部分；如果有粗大枝条，应采取逐年疏除的方法，先短截到活枝处，隔年再疏去。主枝不能短截修剪，如果主枝顶梢遭到破坏，可用附近强壮侧枝代替主枝。树干上部枝条应当采取去弱留强，去下垂留平斜的修剪方法；而树干下部强枝则不要轻易疏除，需先将强壮的重叠枝、过密枝、交叉枝回缩到较好的平斜枝或下垂枝处，当长势缓和后，再行疏除，这样才能使整个树体长势均衡、疏朗匀称、树形优美。

（九）龙柏

圆柱形龙柏主干明显，主枝数目多。若主枝出自主干上同一部位，即便分在各个方向上，也不允许同时存在，必须先剪除一个，每轮最后只留一个主枝。主枝间一般间隔20~30cm，并且错落分布，呈螺旋上升。各主枝要短截，剪口落在向上生长的小侧枝上，各主枝剪成下长上短，以确保圆柱形的树形。及早疏除主枝间瘦弱枝以利于透光，各主枝每生长 10~15cm 时短截一次，全年剪 2~4 次，以抑制枝梢的徒长，使枝叶稠密，形成群龙抱柱状态。修剪时注意控制主干顶端竞争枝，每年对主枝向外伸展的侧枝及时摘心、剪梢或者短截，以改变侧枝生长方向，确保树形不分杈。使之不断形成螺旋式上升的优美姿态。

第三节　花灌木整形修剪

（一）新植灌木的修剪

灌木一般裸根移植，为保证成活一般作强修剪；对于带土球的花灌木可轻剪栽植；当年开花的一定要剪除花芽，有利于成活和生长。新植灌木以确保成活为主，生长过程中如出现萎蔫、叶片变小等现象，应及时进行重剪，减少地上部养分消耗。

1. 有主干灌木

碧桃、金银木、榆叶梅、丁香、紫薇、木槿等有主干的灌木，修剪时应根据需要保留一定高度的主干，选留 3~5 个方向合适、分布均匀、生长健壮的主枝，中度短截 1/2，疏除其余枝条；如果主枝上有侧枝，应疏除 2/3，剩余侧枝中度短截 1/2，保证侧枝长度不超过主枝的高度。

2. 丛生灌木

黄刺玫、月季、玫瑰、珍珠梅、贴梗海棠等无明显主干，一般从基部抽生出数十个粗细相近的枝条，通常选 4~5 个分布均匀、生长正常的丛生枝，中度短截 1/2，其余枝条全部疏除，并修剪成中心高四周低的自然丰满树形。

（二）养护灌木的修剪

丛生灌木大枝生长均衡，单株栽植应保持内高外低的自然丰满半圆球形。丛生灌木保持适量健壮主枝，使根盘小，主枝旺，树冠大，呈半圆形。同一种类（品种）多株丛植修剪时应形成中间高四周低或后面高前面低的平衡、匀称的空间骨架和丰满匀称的灌丛树形。多种类（品种）栽植的灌木丛，修剪时应协调各种类（品种）间的关系，突出主栽种类（品种）。

栽种多年的丛生灌木应逐年更新衰老枝，疏剪内膛密生枝、地（根）蘖，培育新枝。栽植多年的有主干的灌木，每年应采取交替回缩主枝控制树冠的修剪方法，保持树势平衡。碧桃、榆叶梅等有主干的灌木应注意保护第一、二轮枝，以保持树形和中心部开花量。生长于树冠外的徒长枝，应及时疏除或尽早短截，促生二次枝。花后及时剪掉残花残果和根蘖，防止消耗养分。

（三）观花灌木修剪

1. 春季观花灌木的修剪

春季观花灌木花芽分化属夏秋分化类型，花芽多在夏梢或二年生枝上形成，如蜡梅、迎春、连翘、碧桃、棣棠、丁香、黄刺玫、锦带、猬实等，紫荆、贴梗海棠甚至多年生老枝上也有花芽形成。

（1）休眠季修剪

这类花灌木休眠季主要疏剪内膛细弱枝、下垂枝、病虫枝、干枯枝；以剪除无花芽顶梢为主，有花芽枝或枝组应尽可能保留；丁香等顶花芽开花的灌木，花前不宜短截，否则会影响树形和花量；幼树或枝条花芽较少的灌木，采取壮枝中或重短截、弱枝轻或中短截方式进行整形修剪。

（2）生长季修剪

花后1~2周内适度修剪，并再次疏除过多、过密枝条。树冠总体或局部冠幅小的灌木，对保留枝条采取壮枝重短截、弱枝轻或中短截方式修剪，以扩大树冠，丰满树形。树冠冠幅适宜时应采取壮枝中短截、弱枝中或重短截方式修剪，增加来年开花、结果枝量。连翘、迎春、猬实、水栒子等拱形姿态的种类，可适量回缩枝龄较老枝组，利于抽生健壮新枝。在皇家园林或庙宇园林中，多用疏枝，少用短截，使其树形飘逸自然。

2. 夏秋观花灌木

此类灌木一般在当年生枝条上花芽分化，夏秋季节开花，如月季、玫瑰、木槿、紫薇、珍珠梅、糯米条等。夏秋观花灌木适宜萌芽前重剪，以抽生更多的健壮枝条，有利于花芽分化和增加花量。春季及时剪除或回缩因春季梢条、机械损伤等形成的枯死枝、病残枝；短截休眠季漏剪或留条过长的枝条。一般不在秋季修剪，以免萌生过多组织不充实秋梢。耐寒性弱的紫薇、糯米条不宜在冬季修剪，防止伤口过多使植株因多风干冷遭受生理冻害。花后及时短截月季等无观果需要的残花枝，促发新枝，形成花芽，有利于二次或三次开花。萌蘖性强的珍珠梅、太平花等，如树形不美观，可进行平茬修剪，待基部休眠芽萌发后再选留3~5个主枝重新整形修剪。

（四）观果、观枝、观叶灌木的修剪

1. 观果类灌木修剪

金银木、水栒子、平枝栒子、荚蒾和山茱萸除观花外，秋冬季节果实也有很高的观赏价值。这类树种修剪同观花类，应在休眠期轻剪，但花后不宜短截，以免疏除大量短枝上的果实，影响结实量。观果类灌木生长季以疏除过密枝、交叉枝和病残枝为主，提高通风透光，利于果实着色，并减少病虫害发生。

2. 观枝类灌木修剪

红瑞木、黄刺玫、棣棠、迎春秋冬季落叶后枝条或红艳似火，或清脆碧绿。此类灌木一般宜在早春萌芽前重剪，生长季轻剪为主。为达到秋冬最佳观赏效果，应疏除干枯枝、病残枝、老弱枝，及树冠内过多、过密萌蘖枝，以利于枝条着色。

3. 观叶类灌木修剪

观叶灌木包括常色叶和秋叶色，常色叶观红色叶灌木有紫叶矮樱、美人梅、紫叶小檗、紫叶风箱果，常色叶观金黄叶灌木有金叶女贞、金叶风箱果、金叶连翘、金亮锦带等，秋色叶具观赏价值的有平枝栒子、天目琼花、丁香、黄栌等。观叶灌木一般只进行常规修剪，其他结合花果观赏特性进行修剪。

（五）常见花灌木修剪

1. 碧桃

碧桃春季开花，花芽着生在二年生枝条上，花枝有长、中、短之分，另外有花束状枝，此种花枝可连续几年形成花芽开花。碧桃的芽有单芽、复芽和三芽并生，修剪时剪口芽必须保证是叶芽，无叶芽者不短截，尤其花束状枝，如果过密只能疏去。碧桃一般花后修剪为好，将开完花的枝条短截，留 3~5 芽，到翌年春季新梢长到一定长度时进行摘心，一方面控制枝条生长，另一方面促花芽分化；摘心后如果发出二次枝，再行摘心，一些能分化出花芽，不能分化花芽的后年即为花枝。一般长花枝尽量多留少疏，生长较弱的长花枝一般宜留 7 组左右花芽短截；中花枝则比长花枝稍短，留 5 组左右花芽短截；短花枝可留 3 组花芽短截。开花枝部位越低越好，最好靠近骨干枝，如果出现上强下弱的，要及时回缩上部强枝。及时剪掉干枯枝、病虫枝、密生枝、细弱枝和衰老枝，使开花枝分布均匀。

为防止花枝和主枝生长过长，必须更新修剪，分单枝更新和双枝更新两种修剪方式。单枝更新是花后留一定长度短截，下部发出几个新梢，待冬季仅留靠近母枝基部发育充实的一个枝条作为开花枝，其余枝条连同母枝一起剪掉；选留的开花枝适当短截，促使开花，花后仍短截，当年下部萌生几个新梢；明春新梢开花后再如上年一样，留一枝更新；每年利用靠近基部新梢短截更新，年年周而复始地修剪，既为单枝更新。双枝更新方法同上，只是靠近母枝基部留 2 个相邻近的开花枝，一个留作开花枝，另一个枝短截，只留基部 2 个芽，作更新母枝；每年利用上下 2 枝轮流开花和作预备枝操作的修剪方法既为双枝更新。

2. 紫荆

紫荆春季开花，先花后叶，花芽着生在 2 年或多年生枝的中下部，每叶腋可着生 7~8 个花芽，老枝叶腋生的花芽数量比 2 年生枝的花芽多且饱满。冬季枝条先端易抽条，抗寒性

差、萌蘖性强、易更新。

早春气温回暖后剪去枝条先端干枯部分、长势较弱的秋梢，及干枯枝和病残枝，将无花芽的枝条从饱满芽处短截，促生新枝。夏季进行摘心修剪，抑制枝条生长过长，促进花芽分化，一般剪口芽留外芽，保持灌丛通风透光。紫荆需新老枝更替时，对徒长枝或萌蘖枝进行重短截，用抽生的新枝来代替衰老枝，并及时疏除病虫枝、细弱枝。

3. 连翘

早春开花，花芽着生在2年生发育中等的枝条上，除少数芽外，中上部位大部分腋芽均可分化为花芽。连翘应花后修剪，为控制植株高度，将开完花的枝条留4~5个左右的饱满芽，其余强行短截，促发新枝，供翌年开花。夏季摘心当年生新枝1~2次，抑制枝条生长，促花芽分化。疏剪徒长枝，或重短截徒长枝到隐芽处，促生新侧枝，作为第二年开花枝，或用作老枝更新。对衰老的枝条可逐年疏剪。如需植株每年增高，可按增高要求进行短截。

连翘自然生长呈拱形下垂姿态，若多年失修枝条过密，株型遭到破坏，应在花后及时修剪。修剪时除保留少数幼枝外，其余枝条自基部留10~30cm短截，促发新枝；当新枝长到一定长度时摘心，利于萌生侧枝。如果新枝多而细弱，应适当疏除一部分。有了新枝，可将衰老枝自基部全部疏剪掉。

4. 紫薇

紫薇花期夏季，花芽分化为当年分化型。枝条萌芽力强，耐修剪，多丛生栽植，也有独干型，但北方栽植抗寒性稍差，需采取一定的防寒措施，一般冬季不进行修剪。早春短截二年生强壮枝，选取剪口下抽生的3~4个新枝，一个枝条可作主干延长枝，使其直立向上生长；其余2~3个枝夏季摘心控制生长，培养为第一层主枝。第二年春季将主干上新枝短截1/3；第一层主枝短截，剪口下留外芽，减弱生长势，扶助主干旺盛生长；夏季，新干上抽生多数分枝，再选2枝作第二层主枝，但枝条生长方向与第一层主枝错开；未入选主枝的枝条进行摘心控制生长。第三年短截主干先端，只选一个枝作第三层主枝，其余枝作为开花枝，并通过摘心控制生长。以后每年只在主枝上选留各级侧枝和开花枝，并通过修剪控制株高。开花枝早春留2~3个芽进行短截，第二年春季只留后面一个枝，前2个枝剪掉，留下的一个枝再留2~3个芽短截。发枝后只留后面一个枝，前2个枝剪掉，留下的枝条还是短截，留2~3个芽，以后每年如此反复修剪，保证树冠内枝条不显过多，但基本为花枝，花量大。冬季或生长季及时疏除冠内的干枯枝、病虫枝和细弱枝。

5. 月季

月季三季开花，花芽属当年多次分化型，当年枝开花，易繁殖、好管理，一般冬季修剪一次，夏季生长季节多次剪梢、摘蕾、剪残花，这样才能促使月季多开花、开好花。

月季品种繁多，幼龄或当年生枝条容易梢条，一般冬季仅疏除干枯枝、病虫枝、盲枝、交叉枝、细弱枝、过密枝、嫁接砧木枝及残花残果，3月初进行整形修剪。幼龄期月季，植株矮小，处于营养积累和生长期，以轻剪为主，多留腋芽，以便促发更多枝条，形成丰满树冠。修剪时注意枝条强弱，主干上生长势强的枝条可多留芽，在残花下7~8个芽处短截。靠近主干下部的枝条开张角度大，生长势由下到上逐渐减弱，一般留3~5个芽短截，在肥水管理好的情况下，春季可开 9~12 朵花。

月季为达到多次开花的效果，花后必须剪掉残花。首先轻剪，一般在花朵下第 2 片复叶的下面剪，保留花下第 2 片复叶腋芽使之发新枝，最多剪去枝条的 1/3~1/4，有利于养分积累，保持植株健壮生长。剪口下的腋芽具有最佳生长发育性能，并占有优势地位，一般修剪 40~50d 开第二次花。第二年早春将头年连续开花的两年生枝条进行重剪，修剪轻重还要依枝条强弱而定，强枝可重些，弱枝可轻些，一般剪到第一茬花枝上。花期仍需修剪残花，一般在残花下第 3 个完整复叶处修剪，并及时疏除萌蘖枝和嫁接砧蘖。扦插苗有萌生根蘖且树势需要更新植株，可培养根蘖枝填补空间，用以更新衰弱老枝。

6. 丁香

丁香花期 4 月，花色有蓝紫色和白色，具有香味，花芽为夏秋分化类型。幼龄期当中心主干达到一定高度时，留 4~5 个强壮枝做主枝培养，使其上下错落分布，间距 10~15cm，其余枝条全部疏除。短截主枝，剪口芽留下芽或侧芽，扩大开展角度，侧芽要抹去对生芽。当主枝延长到一定长度，主枝之间空间较大时，可留一部分强壮分枝做侧枝培养，使主枝、侧枝分布均匀，冠型丰满。

生长季以花后修剪为主，每年开花后对所有侧枝进行一次强修剪，轻剪全部花枝，避免因结实而消耗养分；花后也可剪去部分三年生枝条，促使抽生更多新枝，增加翌年花量。

随时疏除徒长枝、过密枝、干枯枝、病虫枝。为防止丁香主枝衰老，可提前培养粗壮的根蘖条来代替衰老枝，及时进行新老枝更替。

第四节 绿篱、藤木及宿根花卉修剪

一、绿篱类修剪

绿篱的修剪，既为了整齐美观、美化园景，又可使绿篱生长健壮茂盛、保持长久。绿篱多为人工造型，根据高度不同分为矮篱（20~25cm）、中篱（50~120cm）和高篱（120~160cm）。绿篱的形式不同、高度不同，采用的整形修剪方式也不尽相同。

（一）自然式绿篱的修剪

多用在绿篱、高篱、刺篱和花篱上。为遮掩而栽种的绿墙或高篱，以阻挡人们的视线为主，这类绿篱采用自然式修剪，适当控制高度，并剪去病虫枝、干枯枝，使枝条自然生长，达到枝叶繁茂，以提高遮掩效果。

以防范为主结合观赏栽植的花篱、刺篱，如黄刺玫、花椒等，也以自然式修剪为主，只略加修剪，冬季剪去干枯枝、病虫枝，使绿篱生长茂密健壮，起到理想的防范目的。

（二）整形式绿篱的修剪

中篱和矮篱常用于绿地的镶边和组织人流的走向，这类绿篱低矮。为了美观和丰富园景，多采用几何图案式的整形修剪，如矩形、梯形、倒梯形、篱面波浪形等。绿篱栽植后剪去株高的 1/3，修去平侧枝，使高度和侧面平整，使下部侧芽萌生枝条，形成疏密有致、整齐划一的图案。绿篱每年最好修剪 2~4 次，在每次抽梢之后轻剪一次，使新枝不断发生，更新和替换老枝；在缺少枝条的部分通过牵引或短截促生分枝，完善造型。第一次必须在 5 月上旬修完，最后一次修剪在 8 月中旬。为保证国庆期间颜色鲜艳，色带色块必须在 8 月 10 日 ~ 15 日前完成修剪。同在一条街道或一块绿地的球形树，修剪时要求形状相同，大小一致。

修剪规则式绿篱时，要顶面与侧面兼顾，从绿篱横面看，以矩形和基大上小的梯形较好，上部和侧面枝叶受光充足，通风良好，生长茂盛，不宜产生枝枯和空秃现象。修剪时，顶面和侧面同时进行，否则只修顶面会造成顶部枝条旺长，侧枝斜出生长。

组字、图案式绿篱，用长方形整形方式，要求边缘棱角分明，界限清楚，篱带宽窄一致。每年应多修剪几次，缩短枝条替换周期，多萌新枝，避免出现空秃，以保持文字和图案的清晰。

用黄杨、松柏等耐修剪的材料做成鸟兽、牌楼、亭阁等立体造型点缀园景时，为了不让随意生长的枝条破坏造型，应随时剪去干扰枝，保持其逼真造型。

整形修剪的要求是，高度一致，轮廓清晰，线条流畅，棱角分明，整齐美观。

二、藤木类整形修剪

藤木根据生长特点分为缠绕类、吸附类、钩攀类和卷须类 4 种，造型由支撑攀附物体形状决定，常见的几种方式及整形修剪的特点介绍如下。

（一）棚架式

藤木以缠绕上升，布满架上，造型随架形而变化。栽植初期，应在近地处重剪，使发生数条强壮主蔓，然后垂直引主蔓于棚架顶部，并使侧蔓均匀地分布于架上。北京棚架绿化最常用的紫藤整形修剪如下：

紫藤定植后，选一个健壮枝条作主藤干培养。剪去先端不成熟的部分，剪口下侧枝疏去一部分，减少竞争，保证主蔓优势，然后引主蔓缠绕在支柱上，使其依逆时针方向自然缠绕生长。从根部发出的枝条，如果粗壮，可重短截，其余从基部疏除。主干上生出的主枝，只留 2~3 个作辅养枝，其余全部疏掉。夏季为抑制辅养枝生长，对其进行摘心，促进主枝成长。第二年冬季将中心主干短截至壮芽处，从主干枝两侧，选 2 个枝条作主枝短截，要留出一定距离，将主干上其余枝条留一部分作辅养枝，其余疏掉。以后每年冬季修剪干枯枝、过密枝、重叠枝和病残枝，对小侧枝只留 2~3 个芽进行短截，保证枝条均匀分布于棚架上。

（二）附壁式

吸附类藤木适宜修剪成此形式。附壁式修剪方法简单，只需重剪短截后将藤蔓引于墙面，依靠植物吸盘或气根而逐渐布满墙面，常见的如地锦（爬山虎）、美国地锦（五叶地锦）、常春藤、凌霄等均用此法。对于吸附能力弱的美国地锦，或者墙面过于光滑，不宜攀附，可通过铁丝牵引，使枝条固着于墙面，或者美国地锦与地锦混合栽植，借助地锦吸盘的力量附吸于墙面。

（三）篱垣式

多用于缠绕类等较小藤木，只需将枝蔓直立牵引于篱垣上，以后每年对侧枝进行短截，即可形成篱垣的形式。常用的如金银花、凌霄、藤本月季、蔓性蔷薇等。

三、宿根花卉修剪

生长季栽植时，根据苗木高度、定植时间、花期适当进行短截和摘心，促进分枝和萌蘖，使灌丛丰满并增加花量。但不可修剪过晚，确保能正常开花。

（一）摘心

初夏之前栽植的夏秋观赏花卉，如宿根福禄考、假龙头、费菜、粉八宝景天、荷兰菊等，均应进行摘心，促进多萌发侧枝，使株型丰满匀称。

（二）短截

鸢尾如果花后栽植时，可将叶丛短截 1/3~1/2；花叶芦竹可将竹竿剪截 1/3~1/2；玉带草 6 月底至 7 月份可短截至 10~15cm 栽植；需长时间假植的，应将花蕾全部剪掉。

（三）修剪花蕾或残花

栽植时如果带有花蕾，为减少开花消耗养分，应剪去花蕾；如花期后栽植，应及时剪去残花或残花花序轴。

（四）摘叶

及时摘除折损叶片、病叶和枯黄叶片，保证最佳观赏状态。

第五节　园林植物养护工作月历

植物随着春夏秋冬季节变化，有它特定的生长发育规律，俗称“生物学特性”。春季萌芽、展叶、开花、结果，夏季处于枝条旺盛生长期，秋季果实成熟，叶片变色，逐步落叶并停止生长，每年周而复始。植物不同月份生长习性和气候特点各不相同，所开展的养护工作侧重点也有差异。因此，为了使植物养护管理工作做到有的放矢，各管护单位应提前制定养护工作月历，确保植物健康茁壮生长。根据北京气候特点，养护月历如下：

一、1 月份

（一）重点工作

1. 树木修剪

2. 积雪清理

3. 职工培训

（二）具体养护内容

1. 整形修剪

根据各种树木的生态习性、生物学特性、树形要求、栽植环境等，全面开展冬季整形修剪工作；常绿树、早春开花树种和抗寒性弱的树种仅剪除干枯枝、病残枝、过密枝、细弱枝，不作大的修剪。直径超过 2cm 的剪口，剪后及时涂抹防腐剂。

2. 防治病虫害

结合修剪，剪除病虫枝，并进行集中无害化处理，减少虫口基数和越冬病原菌；清理落叶，挖掘栖息在枯枝落叶、土壤等处的虫蛹和虫茧；刮除树皮中的虫蛹和虫卵。集中销毁剪除的病虫枝条、叶片和树皮，有效控制尺蠖、介壳虫、刺蛾、透翅刺蛾等多种害虫。

3. 维护巡查

随时检查苗木的防寒情况，发现问题及时补救。特大风雪后及时检查苗木的损失情况。加强树木的看管保护，减少人为破坏。

4. 清理积雪

清除道路、广场等处的积雪堆积在树根基部，增加土壤水分，有利于树木安全越冬和次年生长。及时清除常绿针叶树、竹子等树冠积雪，防止过沉造成树体倒伏。喷施融雪剂的积雪一定远离植物和绿地。

5. 清洁绿地卫生

及时清除绿地垃圾和杂物，保持绿地整洁。

6. 检修机械

检修维护树木养护管理工作中所使用的机械、车辆、灌溉设施，以便春季使用。

7. 职工技术培训

组织园林绿化相关从业人员，一方面相互交流管护经验和心得，另一方面从修剪、灌溉、施肥、病虫害防治等某一领域考虑，有针对性地开展技术培训，提高管护人员的综合能力和专技水平。

二、2月份

（一）重点工作

1. 树木修剪

2. 零星补水

3. 病虫害防治

（二）具体养护内容

1. 修剪

继续进行木本植物整形修剪，月底前完成冬季修剪工作。

2. 病虫害防治

继续修剪带有虫卵、虫茧、虫蛹的病虫枝，挖掘树下和刮除枝干的虫蛹、虫茧和虫包等；树干中上部发现草履蚧幼虫活动时应及时喷施速蚧克、康福多等药剂。

3. 浇水

2月份北京干冷多风，植物易发生生理干旱，在小气候好的地段，晴天对重点地区的植物适当补水，减轻冻害。下旬如遇暖冬气候，冷季型草坪应浇一次春水。对灌溉设施进行检修维护，为春季浇水做好准备。

4. 维护巡查

定期巡视，检查苗木防寒情况，发现问题及时补救。特大风雪后及时检查苗木的损伤情况。

5. 清理积雪

具体工作同 1 月份。

6. 制定工作计划

总结以往管护经验，制定详细的年度绿化养护方案，珍稀树种可以具体到旬历、日历。

7. 劳动力、物资准备

安排好春季养护工作人员，做好物资准备工作和园林机械用具的维护保养工作。

三、3 月份

（一）重点工作

1. 浇灌返青水
2. 缺株补植
3. 病虫害防治

（二）具体养护内容

1. 浇返青水

北方地区春季干旱多风沙，蒸发量大，而树木发芽需大量水分，因此根据气温回升、土壤解冻、土壤墒情，合理安排浇灌返青水，确保树木花草成活和返青，浇水时间尽可能提前，满足树木生长的需要。树木要开堰浇水，做到“堰大水足、见湿见干、浇足浇透”，种植池应先清除池内多余土壤，绿篱和色块围堰漫灌或滴灌，草坪和地被漫灌或喷灌，确保浇足浇透。

2. 施肥

土壤解冻后，根据植物生长特点及日常管护措施，结合灌水，应于冬、春两季轮流给植物施用有机肥料，以改善土壤质地，增加肥力，保证营养供给。草坪、地被植物、行道树、广场庭荫树及绿篱、色块应重点施肥。树木采取穴施、环施、放射沟施、条沟施等方式施肥，一般乔木施用量为 1000~2000g/ 株有机肥，灌木为 500~1000g/ 株有机肥，施后应立即覆盖并及时灌水。草坪可在搂除枯草、打孔通气后，于 3 月下旬开始追施氮肥或草坪缓释型颗粒肥，促进草坪返青。

3. 病虫害防治

随着气温回暖，病虫开始活跃，3 月份是防治关键期。上旬注意观察和防治草履蚧；中旬树木发芽前防治毛白杨、国槐、桑树等白蚧，及越冬红蜘蛛和蚜虫等；下旬防治柏树双条杉天牛，对新植侧柏和桧柏进行封干处理，防治成虫产卵，或设置饵木诱杀成虫。

4. 修剪

在冬季整形修剪基础上进行复剪，并适时剥芽、去蘖，确保无漏剪植株。紫薇、木槿、石榴、月季在萌芽前进行整形和定芽修剪；短截、回缩或疏除风干抽梢严重的枝条。早春开花的灌木，如迎春、连翘等，应及时进行花后修剪。

5. 拆除防寒物、防盐挡板

当日平均温度稳定在10℃以上时，拆除防寒、防盐遮挡物，并及时清理作业现场。拆除不可过早，绿篱围挡可先拆除上顶，一周后再拆除四周。

6. 缺株补植

早春树液开始流动，未展叶前是补植苗木的好时期，应抓紧补植与原有植物种类相同，且规格一致的苗子，尽量随掘、随种、随浇、随修剪，提高补植成活率。宿根花卉萌芽后，及时清除上年残株，合理分株，补充地块缺株。

7. 维护巡查

加强巡视和检查，及时清除树挂，并做好绿地防火工作。

8. 绿地卫生

保持绿地整洁，垃圾日产日清，重点地段随产随清。

四、4月份

（一）重点工作

1. 缺株补植
2. 树木抹芽，花灌木花后修剪
3. 病虫害防治
4. 浇水

（二）具体养护内容

1. 缺株补植

展叶后清理死亡植株，继续补植缺株，栽种花草和绿篱，4月10日完成全部补植任务，完善绿地景观效果。草坪有缺块或斑秃的，应于4月份补播草种。

做好新补植植物的养护管理工作，设置支撑，保持稳固。

2. 施肥

行道树、绿篱和花灌木根据生长表现追施速效氮肥，增强树势，提高抗病能力。生长势弱的草坪可有机肥与速效肥交叉施用。

3. 病虫防治

密切关注病虫害发生发展情况，及时开展防治工作。上旬通过黑光灯或性诱捕器普查、监测美国白蛾成虫，防治栾树、国槐、碧桃、山桃、月季等蚜虫。中旬防治柳毒蛾、天幕毛虫、杨尺蠖、桑刺尺蠖等幼虫，预防松柏、山楂红蜘蛛和叶螨。下旬防治杨树、柳树、海棠等腐烂病和锈病，以苦参素、爱福丁、艾美乐、浏阳霉素、Bt乳剂、灭幼脲等高效低毒农药防治为主。

4. 修剪

继续剪除冬春干枯枝条，随时剪除多余萌蘖和不当枝条；及时剪掉早春开花植物宿存的残花、残果；草坪应根据长势、高度进行修剪，高度保持在6~10cm。

5. 维护巡查

加强早花植物的巡查看护，防止人为攀折损坏；及时处理伤残枝条，以免影响树体及观赏效果。加强返青草坪的管理，防止过度践踏。

6. 拆除防寒设施

全部拆除冬季防寒设施。

7. 绿地卫生

及时清理绿地修剪枝条和其他垃圾，重点地段随产随清。

五、5月份

（一）重点工作

1. 补水

2. 花后修剪

3. 病虫害防治

（二）具体养护内容

1. 灌水

此时为树木营养生长旺盛期，春季开花的花灌木部分正处于开花期，绿篱、色块、宿根花卉和草坪也进入生长期，植物需水量大，而北京春季干旱多风。因此，应及时灌溉，并及时松土保墒，保证植物健康生长和开花。新植植物除3遍水外，后期根据土壤墒情和降水，缺水就要灌溉。

2. 修剪

去除树干和主枝上滋生的萌蘖，减少养分消耗；剪除早春花木宿存的残花、残果，以疏枝、短截为主，调整树势。5月份是月季盛花期，花后一定按修剪要求剪除残花，利于花芽分化的形成和二次开花。

对绿篱、色块进行生长季第一次修剪，修剪高度应略高于上年；造型绿篱应通过修剪使其轮廓清晰；草坪应根据生长速度调整修剪周期，保证高度整齐一致。

3. 病虫防治

5月份气温迅速回升，各种病虫害进入高发期，因此应根据不同树种病虫害发生规律，尽早喷施药物，预防为主。上旬防治第一代槐尺蠖、越冬代柳毒蛾、杨天毒蛾幼虫、油松毛虫等，可喷施灭幼脲、Bt乳剂、百虫杀、快杀敌、锐劲特等药剂；通过注射、喷施绿德保防治银杏、国槐、白蜡、柳树和丁香等树体木蠹蛾、天牛等蛀干害虫；喷施粉锈宁防治桧柏、海棠和毛白杨等树体锈病。

中旬通过捕捉、喷施等措施，防治国槐潜叶蛾、元宝枫细蛾、榆树金花虫等。下旬树木要防止美国白蛾的发生，草坪要预防褐斑病和锈病的发生。

4. 除草

浇水后结合松土，清除部分杂草；对于草坪、花境和绿篱内生长的杂草，要尽早连根拔除。

5. 绿地卫生

及时清除修剪的残花、残果和枝条，及拔除的杂草，保持地表整洁。

六、6月份

（一）重点工作

1. 灌溉和排涝

2. 病虫害防治

3. 中耕除草

（二）具体养护内容

1. 灌水

树木、花卉、草坪和绿篱色块进入旺盛生长期，各种植物需水量很大，应适时浇水满足植物生长需求，并及时松土保墒。本月行道树银杏、元宝枫开始进入焦叶期，要注意水分补充。

2. 排涝

雨季即将来临，做好排水防涝准备工作。低洼易积水的区域，应预先挖好排水沟。

3. 病虫防治

上旬刷除榆树枝干上的榆金花虫蛹；通过喷施药物防治紫薇蚜虫、斑衣蜡蝉等。中旬易发生的病虫害有白盾蚧、紫薇绒蚧、柳毒蛾成虫、红蜘蛛，应通过药剂喷施、灯光诱杀、释放天敌等方法进行防治。下旬虫害主要有槐尺蠖、槐叶柄小蛾、杨天毒蛾、元宝枫细蛾等，应提早做好防治工作。

应做好美国白蛾的普查和防控工作，上旬观测有无幼虫网幕，发现后及时剪掉发病枝并销毁；中旬对破网扩散的幼虫及时采取药剂防治。草坪草应适当控水控肥，并喷洒药物，防治病害发生和蔓延。

注意，防治效果相同的药物，尽量交替使用，避免产生抗药性。喷施时要注意剂量和风向，保证植物和操作人员的安全。

4. 施肥

为提高植物的整体观赏效果，应根据植物的生长发育情况，结合浇水，遵循“弱多强少”的原则，对弱树和珍稀树种追施氮素肥料，可以根灌，也可以叶面喷施。

5. 修剪

以剥芽、去蘖为主，春季开花树木在花后修剪。雨季前将过于高大的树冠，适当疏稀、短截，可增强抗风能力，防止树体倒伏，同时剪除妨碍高压线、路灯、建筑等的枝条，减少安全隐患。花灌木、绿篱、色块、草坪修剪同5月份。

6. 除草

及时清除树下、花卉和草坪下的杂草，防止因杂草丛生而影响景观效果。

七、7月份

（一）重点工作

1. 排涝

2. 病虫害防治

3. 中耕除草

（二）具体养护内容

1. 汛期防涝

7 月份为北京雨季，大雨后应组织抢险队伍及时处理可能发生的紧急情况，排除低洼绿地的积水，尤其银杏、玉兰、油松、白皮松、丁香等树木，及矮牵牛和草坪等花草最忌积水，应尽早排除。

2. 浇水

汛期应根据降雨情况浇水，并及时松土保墒，如遇高温久旱天气，应增加浇水次数和浇水量，浇透浇足。新植植物应密切观测夏季叶片生长和树势恢复情况，必要时可进行叶片喷雾或喷施抗蒸腾剂，以减少蒸腾。

浇水应安排在早晚进行，尽量避开 10~15 时之间的时段。

3. 施肥

有针对性地进行局部补肥，除氮肥外，根据需要追施磷、钾肥料。草坪应不施或少施氮肥，必要时可叶面喷施磷酸二氢钾。

4. 修剪

及时去除萌蘖，剪除残花，加强绿篱、色块和草坪修剪。

5. 病虫害防治

本月高温高湿，是病害高发期，常见病害有月季白粉病、黑斑病，元宝枫黄萎病，草坪褐斑病、夏季斑枯病、腐霉病等，虫害有刺蛾、柳毒蛾、槐潜叶蛾、草坪粘虫、光肩星天牛、毛白杨长白蚧、黄杨尖蚧、松针蚧、美国白蛾等，应通过药物喷施、释放天敌和灯光诱杀等途径，防治各种病虫害。

6. 维护巡查

汛期对发生倒歪倾斜的树木及时扶正，清除折断枝杈，必要时应设支撑。

7. 补植常绿树

可利用雨季补植常绿树、竹子等的缺株。

8. 除草

及时清除绿地内杂草，防止草荒出现，保持卫生。

八、8月份

（一）重点工作

1. 排涝

2. 病虫害防治

3. 维护巡查

（二）**具体养护内容**

1. 汛期防涝

做法同 7 月份。

2. 浇水

同 7 月份。

3. 施肥

同 7 月份。

4. 修剪

及时去除萌蘖，剪除残花，加强绿篱、色块和草坪修剪。适当疏除树冠过密或有碍建筑物的枝条；为达到“十一”观赏效果，应对大叶黄杨、金叶女贞等绿篱色块进行修剪。

5. 病虫害防治

8 月上旬需防治第三代槐尺蠖、柏毒蛾、槐潜叶蛾等；中旬防治国槐、紫薇红蜘蛛；下旬防治国槐、银杏、白蜡、丁香木蠹蛾、天牛等蛀干害虫，通过喷施或高压注射防治光肩星天牛初孵幼虫。

6. 维护巡查

同 7 月份。

7. 补植常绿树

可利用雨季补植常绿树。

8. 除草

同 7 月份。

九、9 月份

（一）**重点工作**

1. 施肥

2. 病虫害防治

（二）**具体养护内容**

1. 灌水

降雨逐渐减少，应适当增加浇水量和浇水次数，尤其新植苗、行道树和草坪，更应及时补水，防止秋季干旱。

2. 病虫害防治

本月防治虫害有蚜虫、红蜘蛛、柳毒蛾、槐尺蠖、木蠹蛾、紫薇绒蚧、柿棉蚧等，及樱花、桃树穿孔病、草坪锈病等。

3. 施肥

根据需要对生长较弱，枝条不充实苗木施用磷钾肥，促使秋梢木质化。做好多年生成宿根花卉的追肥，保证国庆节日叶绿花鲜追氮素肥料，可以根灌，也可以叶面喷施。

4. 修剪

伐除死去的苗木，修剪枯死干枝，去除萌蘖。

5. 除草

及时清除草坪及各种树木下的杂草，及绿篱和色块内生长的杂生植物和爬藤等。

十、10 月份

（一）重点工作

1. 浇水

2. 施肥

3. 卫生清洁

（二）具体养护内容

1. 浇水

遇干旱天气适时浇水，下旬开始陆续对地被、草坪和宿根花卉浇灌冻水，冻水要浇足、浇透、浇匀。

2. 施肥

根据不同植物物候特性，待植物落叶并停止生长时施有机肥作底肥。

3. 病虫害防治

及时清理树下及绿地内的落叶，并集中销毁，消灭越冬病原菌。

4. 绿地卫生

及时清扫道路、园路上的落叶，拔除杂草，保证节日期间的景观效果。

5. 维护巡查

加强巡视，做好绿地防火工作。

十一、11 月份

（一）重点工作

1. 浇冻水

2. 防寒

3. 卫生清洁

（二）具体养护内容

1. 浇冻水

土壤封冻前，一般于 11 月中下旬对所有植物浇灌冻水，冻水不宜过早，在土壤冻结前完成浇灌即可。乔灌木、古树保证浇水深度达到地面以下 20cm；有条件地区的草坪、地被、绿篱色块可分两次浇灌，月初和月中下旬各一次，采取首次找水少浇、末次浇足浇透的方式，利于植物安全越冬。

2. 防寒

不耐寒和新植树木，如雪松、悬铃木、玉兰、石榴、紫薇、木槿、大叶黄杨等冬季需采取不同措施防寒，包括树干涂白、裹无纺布、缠稻草绳、搭设风障、基部培土等，以保安全越冬。

3. 施底肥

落叶后、封冻前结合浇冻水施有机肥作底肥，提高苗木的抗寒性。

4. 病虫害防治

捉幼虫、挖虫蛹、刮除树干或建筑物上的卵块，清理落叶和树干周围隐藏的虫源。通过树干缠绕草绳等方式阻止幼虫下树到树干基部表土中。

5. 绿地卫生

及时清扫落叶，保持绿地整洁。

十二、12月份

（一）重点工作

1. 树木修剪
2. 病虫害防治
3. 积雪清理
4. 技术总结

（二）具体养护内容

1. 树木修剪

根据不同树木的生长习性、物候特性、树形要求，全面开展落叶树木的整形修剪。乔木疏除干枯枝、病残枝、过密枝、交叉枝，短截、回缩徒长枝、过长枝或枝组，梳理树干、树枝之间的关系。花灌木剪除干枯枝、病残枝，树冠内过多过密的内膛枝，及影响树形的萌生枝、内向枝和徒长枝。冬季观枝干的金枝国槐、红瑞木、黄刺玫、棣棠和迎春，应剪除干枯枝、过密枝，做好树形和枝条观赏的修剪处理。抗寒性弱的紫薇、紫荆、木槿和月季，只做干枝和病残枝修剪，待翌年 3 月份进行整形修剪。

2. 病虫害防治

结合冬季日常管理和树木修剪，清除和集中处理枯枝落叶、修剪枝条、杂草，人工清除虫茧、卵块，刮除越冬蚧虫，减少越冬病虫体和越冬场所。

3. 积雪清理

大雪期间或之后，及时打掉树枝上的积雪，以免压折、压弯树体大枝；严禁将使用融雪剂的积雪堆积到树干基部或绿地中，未使用融雪剂的积雪可清理到树干基部或绿地内，起到保温增湿作用。冰挂过重珍贵树木，为防止枝干折断，可搭设支架临时支撑。

4. 维护巡查

现场多巡视，检查冻水浇灌、防寒、修剪等是否按要求落实，发现问题及时补救。特大风雪后及时检查苗木的损伤情况，并做好相关记录。

5. 技术总结

对一年来的工作月历记录进行整理和分析，召开经验交流会，相互间学习好的管护方法，查找存在问题的原因，并邀请行业相关专家进行培训。

第八章　植物保护

第一节　昆虫分类与病虫害基础知识

一、昆虫分类基础知识

界、门、纲、目、科、属、种是分类的 7 个主要阶元。昆虫的分类地位为动物界、节肢动物门、昆虫纲。昆虫名称有拉丁学名、中文学名和俗名。拉丁学名常采用林奈的双名法。双名法即昆虫种的学名由两个拉丁词构成，第一个词为属名，第二个为种本名，如国槐尺蠖 *Semiothisa cinerearia* Bremer et Grey，俗名为吊死鬼。分类学著作中，学名后面还常常加上定名人的姓。但定名人的姓氏不包括在双名法内。学名印刷时常用斜体，以便识别。

昆虫共分为 35 个目，与园林植物密切相关的常见昆虫目有 7 个目。另外危害园林植物的还有蛛形纲中的螨类。

（一）鳞翅目

蝶类和蛾类均属于此目。成虫体和翅上密被鳞片，口器虹吸式。属于全变态类。幼虫咀嚼式口器，腹足一般 5 对，少数退化。

（二）鞘翅目

鞘翅目为昆虫纲第一大目，该目昆虫俗称甲虫。前翅鞘翅，后翅膜质。口器咀嚼式。属于全变态类。幼虫无腹足。本目中的害虫如金龟子、天牛、小蠹虫等；如瓢虫等。

（三）同翅目

该目昆虫全为植食性，以刺吸式口器吸食植物汁液，许多种类可以传播植物病毒病。蚜虫、介壳虫、粉虱和叶蝉均属于此目。

（四）直翅目

体小至大型。口器为典型的咀嚼式。翅通常 2 对，前翅窄长，加厚成皮革质，称为覆翅，后翅膜质。属于不全变态类。如蝗虫、蝼蛄等。

（五）膜翅目

翅膜质，透明，两对翅质地相似。口器咀嚼式或嚼吸式。属于全变态类。蛹为离蛹。本目中的害虫如叶蜂、茎蜂等；如赤眼蜂、肿腿蜂、周氏啮小蜂和姬蜂等。

（六）双翅目

成虫只有 1 对发达的膜质前翅，后翅特化为棒翅（即平衡棒）。口器刺吸式、刮吸式或舐吸式。幼虫无足型或蛆型。属于全变态类，如潜叶蝇、食蚜蝇、菊瘿蚊等。

（七）缨翅目

体小型至微小型，2 对翅为缨翅。属不全变态类。口器锉吸式，如蓟马。

（八）螨类

螨类属于节肢动物门、蛛形纲、蜱螨亚纲、真螨目，体长不足 1mm，是世界性的微小动物，俗称红蜘蛛、火龙。螨类和昆虫的主要区别在于身体分节不明显，只有颚体和躯体两部分。成螨和若螨有 4 对足，无翅。雌螨体形多为圆形、卵圆形，雄螨多为菱形或卵圆形。体色多为红色、橘黄、浅绿色等。卵多为球形。

螨类可进行两性和孤雌生殖，孤雌生殖所产生的后代，一般为雄性。如朱砂叶螨、山楂叶螨等。但是自然界也存在许多益螨，它们捕食害螨、介壳虫、蚜虫等，如植绥螨、钝绥螨和寄生性的蒲螨等。

二、病害基础知识

（一）植物病害的类型

按照病因类型来区分，植物病害分为两大类：

1. 侵染性病害：有病原生物因素侵染造成的病害。因为病原生物能够在植株间传染，因而又称传染性病害。侵染性病害的病原生物种类有真菌、藻物、细菌、病毒、寄生植物、线虫和原生动物等。

2. 非侵染性病害：没有病原生物参与，只是由于植物自身的原因或由于外界环境条件的恶化所引起的病害，这类病害在植株间不会传染，因此称为非侵染性病害或非传染性病害。按病因不同，非侵染性病害还可分为：①植物自身遗传因子或先天性缺陷引起的遗传性病害或生理病害。②物理因素恶化所致病害。③化学因素恶化所致病害。

（二）侵染性病害

1. 植物病原菌物

菌物是一类具有真正细胞核的异养生物，典型的营养体为丝状体，细胞壁主要成分为几丁质或纤维素，不含光合色素，主要以吸收的方式获取养分，通过产生孢子的方式进行繁殖。菌物是生物中一个庞大的类群，包括黏菌、真菌、地衣和菌根，在自然界分布极广，从热带、温带到寒带，从陆地、海洋到天空，都有菌物存在。

菌物的营养方式有腐生、寄生和共生 3 种。在植物病害中，由菌物引起的病害数量最多，约占全部植物病害的 70%。常见的黑粉病、锈病、白粉病和霜霉病等，都是由菌物引起的。

2. 植物病原原核生物

原核生物是指含有原核结构的单细胞微生物。原核生物的遗传物质（DNA）分散在细胞质中，没有核膜包围，没有明显的细胞核；细胞质由细胞膜和细胞壁或只有细胞膜包围。原核生物界的成员很多，有细菌、放线菌以及无细胞壁的螺原体和植原体等，通常以细菌作为原核生物的代表。大多数原核生物的形态为球状或短杆状，少数为丝状或分支状至不定形状。

原核生物都是以横向二分裂的方式繁殖，俗称“裂殖”。植物病原原核生物主要从自然孔口和伤口侵入寄主，有的要通过介体生物才能侵染。病害症状随病原种类和侵染途径而有所不同，从局部坏死到萎蔫腐烂和畸形的均有。大多数细菌病害的病组织作切片镜检时可看到明显的喷菌现象，病部有菌脓溢出。

雨水是植物病原细菌最主要的传播途径。病菌可随种子、苗木作远距离传播。病原原核生物病害的侵染来源主要有：①种子和无性繁殖器官；②土壤；③病株残余；④杂草和其他植物；⑤昆虫介体。

3. 植物病毒

病毒没有细胞结构，是一种分子状态的专性寄生物，病毒的寄主就是各种细胞生物，所以，病毒也是一种病原生物。植物病毒病的外部症状主要有花叶、变色、坏死和畸形 4 种类型。植物病毒分别合成核酸和蛋白组分再组装成子代粒体。这种特殊的繁殖方式称为复制增殖。

植物病毒没有主动侵染寄主的能力，自然状态下主要靠介体和非介体传播。植物病毒的介体种类很多，主要有昆虫（蚜虫、叶蝉、飞虱、粉虱、蓟马等）、螨类、线虫、真菌、菟丝子等，其中以昆虫类最为重要。植物病毒的非介体传播包括机械传播、无性繁殖材料和嫁接传播、种子和花粉传播等。

4. 植物病原线虫

线虫又称蠕虫，是一类两侧对称原体腔无脊椎动物，通常生活在土壤、淡水、海水中。危害植物的称为植物病原线虫或植物寄生线虫，或简称植物线虫。

许多植物病原线虫由于很细，虫体多半透明，所以肉眼不易看见。大多数植物线虫均为雌雄同形，线状，横断面呈圆形；有些线虫为雌雄异形，雌虫成熟后膨大成柠檬形、梨形或肾形等。线虫由卵孵化出幼虫，幼虫发育为成虫后，大多数需通过两性交配后产卵，完成一个发育循环，即线虫的生活史。有些线虫既可以进行两性交配生殖，也可以进行孤雌生殖。

土壤是植物病原线虫的最重要的生态环境。通过人为的传带、种苗的调运、风和灌溉水以及耕作农具的携带等是植物病原线虫远距离传播的主要原因。植物寄生线虫具有一定的寄生专化性，它们都有一定的寄主范围。植物线虫病害的症状与线虫的危害习性有关。大多数线虫侵染根、根茎、块根、块茎和鳞茎等地下部，在根部引起显著的外部病变，包括根结、粗短根、发根等症状，而在地上部也会表现叶片褪绿和黄化、植株矮化、严重时甚至枯死等症状，这类线虫通常和土壤中其他的病原生物共同作用，通过复合侵染而造成复合症状；有些线虫只为害植物的地上部（如松材线虫等），造成茎叶变形、叶片的坏死和变色、种瘿、叶瘿以及萎蔫等明显的地上部症状。

5. 寄生性植物

有 20 余科、260 余属、4100 余种高等植物和少数低等植物由于根系或叶片退化或缺乏足够的叶绿素而寄生生活，它们寄生在不同种类的高等植物上，称为寄生性植物。按寄生物对寄主的依赖程度或获取寄主营养成分的不同可分为全寄生和半寄生两类。寄生性植物都有一定的致病性，致病力因种类而异。半寄生类的桑寄生和槲寄生对寄主的致病力较全寄生的列当和菟丝子要弱。

（三）非侵染性病害

植物非侵染性病害包括由于植物自身的生理缺陷或遗传性缺陷而引起的生理性病害，或由于生长在不适宜的物理、化学等因素环境中而直接引起或间接引起的一类病害称为非侵染性病害。它和侵染性病害的区别在于没有病原生物的侵染，在植物不同的个体间也不能互相传染，所以又称为非传染性病害。

环境中的不适宜因素主要可以分为化学因素和物理因素两大类，植物自身遗传因子或先天性缺陷引起的生理性病害，虽然不属于环境因子，但由于没有侵染性，一般也归属于非侵染性病害。

1. 化学因素

导致非侵染性病害的化学因素主要有营养失调、农药药害和环境污染等。

（1）植物的营养失调

营养条件不适宜包括某些营养缺乏引起的缺素症、几种营养元素间的比例失调或营养过量。这些因素均可以诱使植物表现各种病态。

①缺素症

长期以来，人们用缺素症来描述由于营养元素总含量不足或有效态下降而导致植物生理功能受到干扰而出现的病态症状。但仔细分析可以看出，常见的缺素症可能是由于缺乏某种营养元素，也可能是由于某种元素的比例失调，或者某种元素的过量，尤其在大量施用化肥的地块以及在连作频繁的保护地栽培的情况下，营养元素比例失调比缺素问题更加严重。

缺素症状往往因植物种类或品种的不同而异，难于一概而论。甚至在同一种植物上，由于缺素程度不同以及植物生育期不同而导致症状表现差异。

常见大量元素和微量元素缺乏造成的症状特点见表 8-1。

植物缺素症检索简表　　表 8-1

症状	缺素
症状在老龄组织上先出现（氮、磷、钾、镁、锌缺乏）	
1）不易出现斑点（氮、磷缺乏）	
新叶淡绿、黄绿色、老叶黄化枯焦、早衰	缺氮
茎叶暗绿或呈紫红色，生育期推迟	缺磷
2）容易出现斑点（钾、锌、镁缺乏）	
叶尖及边缘先枯焦、症状随生育期而加重、早衰	缺钾
叶小，斑点可能在主脉两侧先出现、生育期推迟	缺锌
脉间明显失绿、有多种色泽斑点或斑块，但不易出现组织坏死	缺镁
症状在幼嫩组织先出现（硼、钙、铁、硫、钼、锰、铜缺乏）	
1）顶芽容易枯死（钙、硼缺乏）	
茎叶软弱、发黄焦枯、早衰	缺钙
茎叶柄变粗、脆、易开裂、开花结果不正常、生育期延长	缺硼
2）顶芽不易枯死（硫、锰、铜、铁、钼缺乏）	
新叶黄化、失绿均一、生育期延迟	缺硫
脉间失绿、出现斑点、组织易坏死	缺锰
脉间失绿、发展至整片叶淡黄或发白	缺铁
幼叶萎蔫、出现白色叶斑、果穗发育不正常	缺铜
叶片生长畸形、斑点散布在整片叶上	缺钼

②营养过量

植物所需营养元素过量有时对植物并不利。尤其是微量元素过量，可能成为有害物质，会对植物产生明显的毒害作用。一般而言，大量元素过量对植物的影响较微量元素过量的影响小。

土壤可溶性盐过量会形成盐碱土。高浓度的钠和镁的硫酸盐影响土壤水分的可利用性和土壤的物理性质。由于盐首先作用于根，使植株吸水困难，进而表现萎蔫症状。这种症状类似于病原生物（如真菌）侵染引起的根腐病。

③营养比例失调

在高肥水管理情况下，营养元素间比例失调也会严重影响植物生长。在大量施用化肥、农药的地块，在连作频繁的保护地栽培等情况下，土壤中大量元素与微量元素的不平衡非常普遍，在这种土壤环境中生长的作物往往会表现出营养失调症状。例如，施钾肥过多可导致菊花产生缺镁症状，叶脉之间失绿、叶缘变红紫色。在这种情况下，即使增加镁也不能缓解症状。因为钾离子太多，影响了植物对镁离子的吸收。

④营养状况与侵染性病害的关系

近年来，对植物营养状况与侵染性病害之间关系的研究备受重视。其原因在于：营养元素不仅是植物正常生长发育所必需的，而且是增强植物抗病性所必需的，例如，增加磷钾肥对大多数植物都有提高抗病作用的效果。特别是某些微量元素在多种植物的不同类型的病害上，表现出较好的控病效果。

（2）农药药害

使用农药的浓度过高、用量过大，或使用时期不适宜，均可对植物造成毒害作用。按照施药后植物出现中毒时间，可将药害分为急性药害和慢性药害。急性药害一般在施药后2～5天内发生。不同植物对农药毒害的敏感性不同。例如桃、李、梅等对波尔多液特别敏感，极易发生药害。植物药害的发生和环境温度有关系，如石硫合剂在温度高时药效发挥快，易产生药害。此外，同一植物在不同生育期对农药的敏感性也不同，一般来说，幼苗和开花期的植物较敏感。不适当地使用除草剂或植物生长调节剂也会引起药害。有些杀虫剂在高温条件下，施用浓度偏高时，常常会引起叶片产生褪绿斑或枯斑，像病毒病一样。

（3）环境污染

被污染的环境不可避免地影响到植物生长和发育。环境污染包括空气污染、水污染和土壤污染等。空气污染最主要的来源是化学工业和内燃机排出的废气，如臭氧、氟化氢、二氧化硫和二氧化氮等。

2. 物理因素

（1）温度不适

不适宜的温度包括高温、低温、剧烈的变温。不适宜的气温、土温和水温都可能对植物的生长发育产生影响。

高温引起的病害常为灼伤。低温的影响主要是冷害和冻害。冷害也称寒害，是指0℃以上的低温所致的病害。冻害是指在0℃以下低温所致的病害。冻害的症状主要是幼茎或幼叶出现水渍状暗褐色的病斑，后期植物组织逐渐死亡，严重时整株植物变黑、枯干、死亡。土温过低往往导致幼苗根系生长不良，容易遭受根际病原生物的侵染。低水温也可以引起植物生长和发育异常。剧烈变温对植物的影响往往比单纯的高、低温更大。例如，昼夜温差过大，可以使木本植物的枝干发生灼伤或冻裂，这种症状多见于树干的向阳面。

（2）水分、湿度不适

植物因长期水分供应不足，生长受到限制，导致植株矮小细弱。严重的干旱可引起植物萎蔫、叶缘焦枯等症状。

土壤中水分过多易造成氧气供应不足，使植物的根部处于厌氧状态，最后导致根变色或腐烂。同时，植物地上部可能产生叶片变黄、落叶及落花等症状。水分的骤然变化也会引起病害。土壤湿度过低，引起植物旱害。初期枝叶萎蔫下垂。及时补充水分，植物可以恢复常态。后期植株凋萎甚至死亡。

地下水位过高、地势低洼、雨季局部积水以及不适当的人工灌水可导致土壤湿度过高，引起植物涝害。涝害使植株叶片由绿色变淡黄色，并伴随着暂时或永久性的萎蔫。空气湿度过低的现象通常是暂时的，很少直接引起病害。

（3）光照不适

光照的影响包括光照度和光周期。光照不足通常发生在温室和保护地栽培的情况下，导致植物徒长，影响叶绿素的形成和光合作用，植株黄化，组织结构脆弱，容易发生倒伏或受到病原物侵染。

光照过强很少单独引起病害，一般与高温、干旱相结合，导致日灼病和叶烧病。

日照时间的长短影响植物的生长和发育。根据光周期可将植物分为长日照植物、短日照植物和中日照植物。光照条件不适宜，可以造成植物开花和结实延迟或提早。

第二节　主要害虫识别与防治

一、食叶性害虫

1. 丝棉木金星尺蠖

属鳞翅目，尺蛾科，又名卫矛尺蠖、木金星尺蛾。

分布与危害：分布于华北、华中、华东、东北、西北等地区。危害丝棉木、卫矛、杨、柳、大叶黄杨、国槐、黄连木等。

形态特征：成虫体长 10～15mm，翅底色银白，具淡灰及黄褐色斑纹，腹部金黄色。卵椭圆形，有网纹，初灰绿色，后灰黑色。幼虫黑色，布满纵向白色细线，两侧线条黄色，老熟幼虫体长 28～32mm。蛹暗红褐色，纺锤形（图 8-1）。

生物学特性：一年发生 3 代，以蛹在土壤中越冬。翌年 5 月成虫羽化，成虫有趋光性，飞翔能力不强，卵多产于叶背，成块状。初孵幼虫有群集危害习性，幼虫有假死性，受惊后吐丝下垂。5 月下旬至 6 月中旬、7 月、8～9 月为各代幼虫危害期，世代重叠，常将叶片吃

图 8-1a 丝棉木金星尺蠖成虫

图 8-1c 丝棉木金星尺蠖卵块

图 8-1d 丝棉木金星尺蠖幼虫

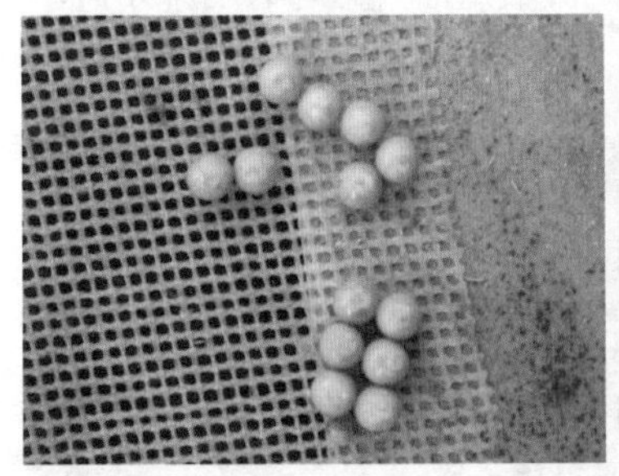
图 8-1b 丝棉木金星尺蠖卵

图 8-1e 丝棉木金星尺蠖蛹

光，形成团块状斑秃。

防治方法：

（1）人工摘除卵块、消灭越冬蛹。

（2）利用诱虫杀虫灯监测诱杀成虫。

（3）低龄幼虫期，使用除虫脲等喷雾防治；高龄幼虫期，使用高效氯氟氰菊酯、噻虫嗪等喷雾防治。

（4）保护和利用天敌，如追寄蝇、姬蜂、螳螂、猎蝽和益鸟等。

2. 柳虫瘿叶蜂

属膜翅目，叶蜂科。

分布与危害：分布于北京、吉林、辽宁、河北、山西、河南、山东等地。危害垂柳、旱柳和绦柳等。以幼虫取食叶肉为害为主，受害部位逐渐隆起形成虫瘿，有时可几个虫瘿连在一起。受害叶片易变黄提早落叶，影响植株生长和景观效果。

形态特征：成虫体长 5～7mm，体黄褐色，雄成虫头顶具黑色大斑。卵长椭圆形或纺锤形，两端白色中间半透明。老熟幼虫体浅灰色，长 10～15mm，腹足 7 对。蛹乳白色，裸蛹。茧长椭圆形，褐红色，紧密丝质（图 8-2）。

生物学特性：北京一年发生 1 代，以老熟幼虫在土壤表层结茧越冬。翌年 3 月下旬幼虫在茧内化蛹，4 月中旬成虫开始羽化，羽化后几小时便可产卵。柳叶产卵部位经 8～10 天后，上下出现突起，形成虫瘿。虫瘿肾形或长椭圆形，位于叶片主脉和叶沿之间，纵向靠近叶基部，表面光滑，每叶 1 至数个虫瘿。幼虫在虫瘿内取食内壁生活，10 月陆续咬破虫瘿，坠入土中结薄茧越冬。

图 8-2a 柳虫瘿叶蜂成虫与蛹

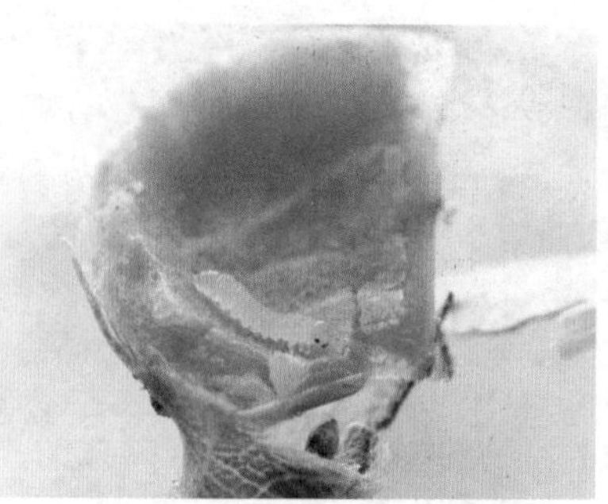
图 8-2b 柳虫瘿叶蜂低龄幼虫

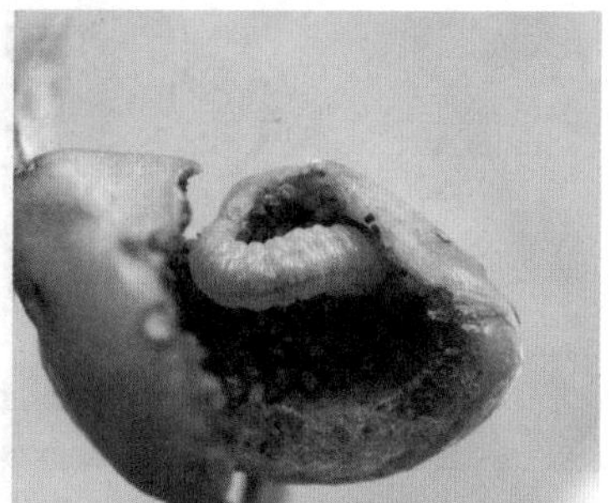
图 8-2c 柳虫瘿叶蜂高龄幼虫

防治方法：

（1）人工摘除虫瘿或秋末及时清扫落地虫瘿，集中销毁。

（2）初孵幼虫期，使用除虫脲、高效氯氟氰菊酯等喷雾防治。

（3）成虫发生期，利用高渗苯氧威等喷雾防治。

（4）树木生长季节，树干打孔注入内吸性药剂防治。

（5）保护和利用天敌，如啮小蜂、姬蜂等。

图 8-2d 垂柳受害状

3. 黄点直缘跳甲

属鞘翅目，叶甲科，又名黄栌胫跳甲。

分布与危害：分布于北京、山东、河北等地。危害黄栌。幼虫、成虫取食黄栌花芽、叶片。大发生时，幼虫将叶片全部吃光，连年危害严重影响树木生长，致使树势衰弱，影响景观效果。

形态特征：成虫体长 5.8 ～ 8.5mm，长椭圆形，体浅棕黄色，背面凸起；触角丝状，浅棕色；鞘翅略带黄色，翅面发亮，2 个翅上均有 10 列刻点，刻点间密布大小不一、分布不均的圆形或椭圆形白色斑点；后足腿节发达，善于跳跃。卵长椭圆形，金黄色，半透明状，表面略带光泽。卵多呈块状，被黑色坚硬的壳状物。初孵幼虫黄色，后变黑褐色。老熟幼虫体长 8 ～ 13mm，头黑褐色，胸腹部黄绿色，体被无色透明的黏液。幼虫取食时，体上覆盖墨绿色或黑褐色的黏条状粪便。蛹长圆柱形，淡黄色，离蛹。土茧形状大小不同，由细土粒黏合而成，多呈椭圆形或卵圆形（图 8-3）。

生物学特性：一年发生 1 代，其卵在小枝杈、树干疤痕处、树皮缝中越冬。翌年 4 月初黄栌发芽期，越冬卵开始孵化，4 月中旬为孵化高峰期。5 月初幼虫进入暴食期，5 月上旬老熟幼虫下树寻找化蛹场所。5 月上旬始见预蛹，5 月中旬为化蛹高峰期。6 月初始见成虫，6 月下旬成虫进入暴食期。6 月下旬始见成虫产卵，产卵期可至 10 月底。

防治方法：

（1）人工刮除卵块防治。

图 8-3a　黄点直缘跳甲成虫及危害状

图 8-3b　枝杈处的卵块

图 8-3c　枝杈处的卵块

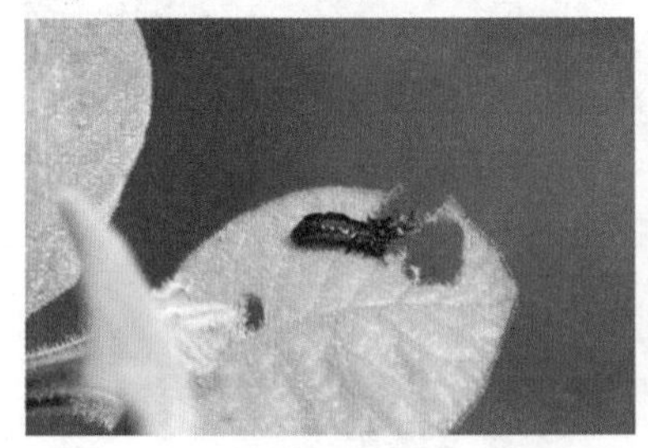

图 8-3d　黄点直缘跳甲初孵幼虫

图 8-3e　黄点直缘跳甲初孵幼虫危害芽苞

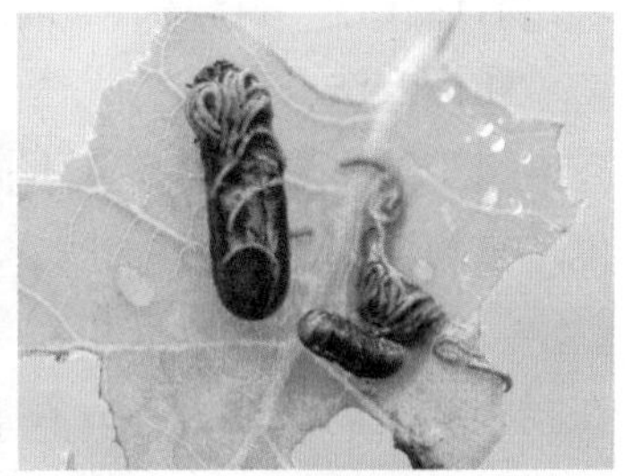

图 8-3f　黄点直缘跳甲幼虫及危害状

图 8-3g　黄点直缘跳甲老熟幼虫

图 8-3h　黄点直缘跳甲土茧

图 8-3i　黄点直缘跳甲蛹

（2）低龄幼虫期（4 月上旬），使用高渗苯氧威、苦参碱等喷雾防治。

（3）人工振落幼虫、成虫进行捕杀。

（4）保护和利用天敌，如赤眼蜂、跳小蜂、蠋蝽等。

4. 棉铃虫

属鳞翅目，夜蛾科，又名棉铃实夜蛾。

分布与危害：全国分布。危害万寿菊、月季、木槿、大丽花、美人蕉、鸡冠花和向日葵等多种花卉，以及枣、苹果、泡桐、杨树等。

形态特征：成虫体长 15 ～ 17mm，体色多变，灰黄、灰褐、黄褐、绿褐及赤褐色均有。卵半球形，有网纹。老熟幼虫体长 40 ～ 50mm，头黄绿色，具不规则的黄褐色网状纹，体色变化大，有淡红、黄白、绿和淡绿色 4 个类型。蛹纺锤形（图 8-4）。

生物学特性：北京 1 年 3 ～ 4 代，以蛹在土中越冬。翌年温度达 15℃以上成虫开始羽化，成虫昼伏夜出，有强趋光性。卵产在嫩梢、嫩叶和花蕾上。幼虫一般 6 龄。世代重叠。

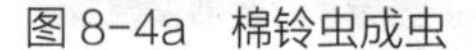
图 8-4a　棉铃虫成虫

图 8-4b　棉铃虫幼虫

图 8-4c　棉铃虫幼虫

幼虫有假死性、自相残杀和转移危害习性。

防治方法：

（1）危害较轻时，人工捕捉幼虫或剪除有虫花蕾；发生严重的地块，秋冬翻耕土壤，以消灭越冬蛹。

（2）利用棉铃虫成虫对杨树叶挥发物具有趋性和白天在杨枝丛内隐藏的特点，在成虫羽化、产卵时，在苗圃内放置杨树枝条诱蛾并在日出前人工捕捉。

图 8-4d　棉铃虫幼虫

（3）使用诱虫杀虫灯、性信息素诱芯监测诱杀成虫。

（4）低龄幼虫期，喷施 Bt 制剂、除虫脲、高渗苯氧威等；高龄幼虫期，喷施高效氯氟氰菊酯、噻虫嗪等。

（5）保护和利用天敌，如赤眼蜂、姬蜂、益鸟等。

5. 淡剑夜蛾

属鳞翅目，夜蛾科，又名淡剑贪夜蛾。

图 8-4e　棉铃虫幼虫

分布与危害：分布于华北、西北和华东等地。幼虫危害多种禾本科草坪的叶片和嫩茎，常与黏虫等夜蛾混合发生，对草坪危害很大。

形态特征：成虫全体灰褐色，体长约 11mm。翅面有明显波形纹，肾形纹暗褐色，后翅灰白色带些淡褐色。卵半球形，纵棱明显，初为淡绿色，孵化前灰褐色。幼虫初孵时，体灰褐色，取食后绿色；老熟幼虫体长约 26mm，头棕褐色，有“八”字形纹，背部 5 条纵线明显，亚背线白色，其内侧有不规则三角形黑斑 13 对。蛹初为绿色，后渐变红褐色（图 8-5）。

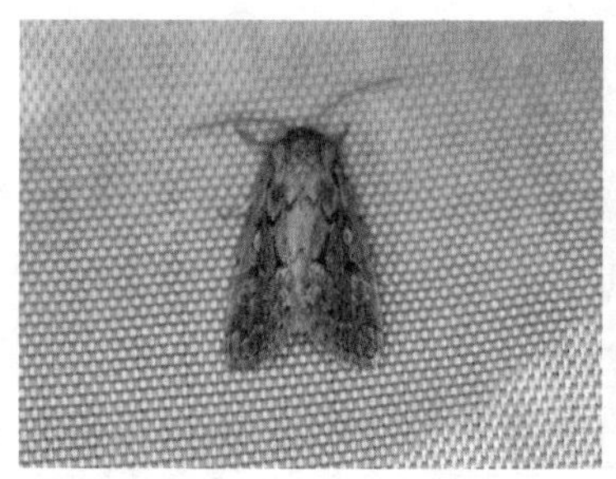
图 8-5a　淡剑夜蛾成虫

图 8-5b　淡剑夜蛾幼虫

图 8-5c　淡剑夜蛾幼虫

生物学特性：北京1年发生3～4代，以老熟幼虫在草坪中越冬。翌年3月中旬越冬幼虫开始取食，5月下旬见第1代幼虫，7月下旬至8月上旬为第2～3代幼虫危害期。世代重叠。幼虫咬食根茎或将叶片吃成缺刻，幼虫迁移能力差，因此危害不均，常造成草坪花斑黄秃状。成虫白天潜伏草坪丛中，夜间交尾产卵。卵产在叶面上，卵块表面盖有灰白色鳞片似棉团。

防治方法：

（1）结合草坪修剪，剪除卵块，集中处理。

（2）使用诱虫杀虫灯监测诱杀成虫。

（3）幼虫危害期，使用Bt乳剂、灭幼脲、高效氯氟氰菊酯、噻虫嗪等药剂防治。

（4）保护和利用天敌，如茧蜂、蛙类、益鸟等。

二、刺吸性害虫

1. 居松长足大蚜、柏长足大蚜

属同翅目，蚜科。

分布与危害：全国均有分布。居松长足大蚜危害油松、马尾松、樟子松等，以成蚜、若蚜刺吸危害干、枝，影响植物生长。柏长足大蚜危害侧柏、金钟柏、铅笔柏等，特别对侧柏幼苗、绿篱危害严重，嫩枝上虫体密集成层，大量排泄蜜露，引起煤污病，影响树木生长。

形态特征：居松长足大蚜有翅孤雌蚜体黑褐色，翅膜质透明，前缘黑褐色；无翅孤雌蚜体长3.1～4.6mm，腹部散生黑色颗粒状物，被白蜡粉（图8-6）。柏长足大蚜无翅孤雌蚜体长2.3～2.8mm，红褐色，被薄蜡粉，胸部背面有黑色斑点组成“八”字形条纹，腹末钝圆（图8-7）。

图8-6a　居松长足大蚜无翅孤雌蚜

图8-6b　居松长足大蚜无翅孤雌蚜

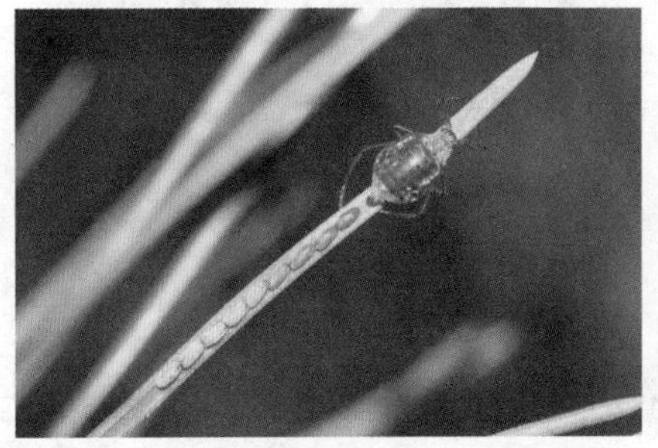

图8-6c　居松长足大蚜无翅孤雌蚜产卵状

图8-6d　居松长足大蚜卵

图 8-7a　柏长足大蚜无翅孤雌胎生蚜

图 8-7b　柏长足大蚜无翅孤雌胎生蚜

图 8-7c　柏长足大蚜有翅孤雌胎生蚜

图 8-7d　柏长足大蚜卵

生物学特性：

居松长足大蚜一年发生 10 余代，以卵在松针上越冬。翌年 3 月中下旬卵孵化，4 月中下旬出现无翅雌成蚜（干母蚜）进行孤雌胎生繁殖。6 月上旬出现有翅胎生雌蚜迁飞。10 月出现有翅性蚜（有翅雌、雄成蚜），性蚜交配后产卵，卵整齐排列在松针上。每年 5 ~ 6 月、10 月发生 2 次危害高峰，以秋季发生严重。

柏长足大蚜一年发生数代，主要以卵在柏叶上越冬，少数以无翅孤雌蚜在树皮缝和密生枝丛背风处越冬。5 ~ 6 月危害较严重、9 ~ 10 月危害最严重。

防治方法：

（1）防治居松长足大蚜，可秋末在主干上绑塑料薄膜，阻隔落地后爬向树冠产卵的成虫。

（2）冬季摘除带卵针叶或柏叶。

（3）保持合理栽植密度，通风透光。

（4）虫害发生期，使用吡虫啉、烟参碱、吡蚜酮、烯啶虫胺等喷雾防治。

（5）保护和利用天敌，如瓢虫、食蚜蝇等。

2. 雪松长足大蚜

属同翅目，蚜科，是我国蚜虫新记录种。

分布与危害：分布于北京、山东、河南、陕西等地。寄主为雪松，以成虫、若虫刺吸雪松枝条危害为主。

形态特征：无翅孤雌蚜体长 2.9 ~ 3.7mm，体梨形，深铜褐色，腹部具漆黑色小斑点，体表被淡褐色纤毛和白色蜡粉，头顶中央两侧各有一纵沟；前胸背板两侧各有一斜置凹陷，呈

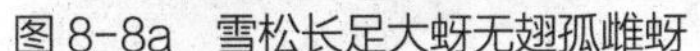
图 8-8a　雪松长足大蚜无翅孤雌蚜

图 8-8b　雪松长足大蚜无翅孤雌蚜

图 8-8c　群集蚜虫

图 8-8d　雪松长足大蚜危害状

“八”字形；中胸腹面前缘中央具一个突起，钝齿形；腹管较短。有翅雌蚜与无翅孤雌蚜相近，具有 2 对翅。有翅雄蚜体长 2.2 ～ 3.0mm，头胸部黑色，复眼红色，触角灰褐色，基 2 节及端部黑褐色；腹部灰褐或灰绿色，足黑褐色或灰褐色；喙长，可达腹末。卵初产时黄棕色，后变为漆黑色（图 8-8）。

生物学特性：孤雌世代与两性世代交替发生，多聚集在直径 2.5 ～ 40mm 的雪松枝条上；常有大量蜜露滴落在被害树木下层的枝叶、地被植物或地面上；8 月下旬开始严重危害，11 月中旬开始有翅雄蚜、有翅雌蚜和无翅性蚜（雌）混合发生；性蚜多在枝梢的针叶上产卵，2 ～ 8 粒排列成行，偶尔将卵产在枝条上。

防治方法：

（1）刮除小枝上的蚜虫，冬季摘除带卵针叶。

（2）危害盛期，使用吡虫啉、烟参碱、吡蚜酮、烯啶虫胺等喷雾防治。

（3）保护和利用天敌，如瓢虫、草蛉、食蚜蝇等。

3. 洋白蜡卷叶绵蚜

属同翅目，蚜科，是发现于北京的中国新记录种。

分布与危害：分布于北京、天津、河南、山东、辽宁等地。危害洋白蜡、绒毛白蜡等白蜡属植物。

形态特征：有翅孤雌蚜体长 1.5 ～ 1.7mm，至翅末 2.6 ～ 2.8mm；体被白色蜡粉，以腹后部最厚，丝状。无翅孤雌蚜体长 1.6 ～ 2.1mm；体淡黄绿色，复眼红色，触角及足无色透明或淡黄色；喙较短，达中胸；无腹管；体被白色蜡粉，体后部的蜡粉多，长，呈条状，其上常滞留分泌的蜜露滴（图 8-9）。

生物学特性：在植物生长季节，该虫寄生在洋白蜡枝梢复叶的小叶上，嫩叶卷曲成团状，常常把众多小叶（有时包括其他复叶的小叶）蜷缩在一起，分泌的蜜露也保留在卷叶内，也可从开口处下滴，使下方的叶片等遭受污染；随着卷叶内蚜虫数量和蜜露的增加，卷叶内保存了大量的蜜露，常常可见下垂的小枝；抖动树枝，会有大量的蜜露落下。有时卷叶可显枯黄。偶尔可见大量的蚜虫生活在小叶的背面，小叶并没有卷曲。卷叶内具有大量的无翅孤雌蚜和少量的有翅蚜。该虫至少在 5 ～ 10 月下旬均可见，在卷叶内可见无翅孤雌蚜，7 月及以后可见少量有翅蚜。进入秋季，绵蚜的发生量减少。

图 8-9a　洋白蜡卷叶绵蚜无翅孤雌胎生蚜与若蚜

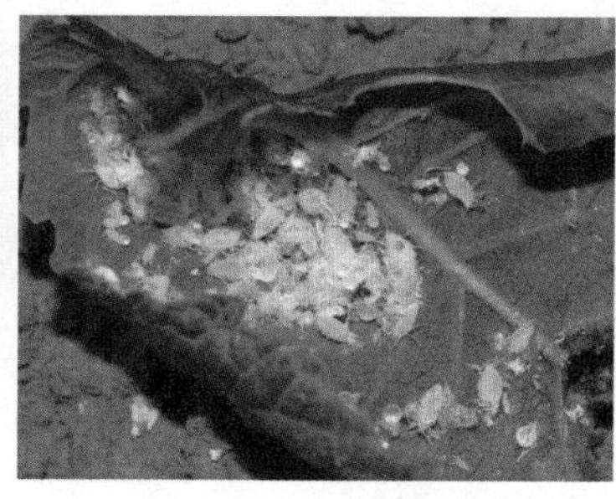
图 8-9b　洋白蜡卷叶绵蚜无翅孤雌胎生蚜与若蚜

图 8-9c　洋白蜡卷叶绵蚜危害状

防治方法：

（1）虫害发生初期，剪除受害叶片，消灭虫源。

（2）虫害发生初期，使用吡虫啉、烟参碱、吡蚜酮、烯啶虫胺等喷雾防治。

（3）保护和利用天敌，如异色瓢虫、大草蛉、黑带食蚜蝇等。

4. 桑白盾蚧

属同翅目，盾蚧科，又名桑白蚧、桑介壳虫。

分布与危害：分布广泛。危害桑、桃、国槐、核桃、臭椿、银杏、合欢、丁香、枫、苹果、李、杏、大叶黄杨、女贞等。成虫、若虫群集枝干刺吸为害，严重时枝干盖满介壳，层层重叠，被害株发育受阻，影响开花结实，致使植株衰弱死亡。

形态特征：雌成虫介壳圆形或近圆形，略隆起，直径 1.8 ～ 2.5mm，白色或灰白色，壳点橘黄色，偏心；雌成虫体淡黄色至橘红色。雄成虫介壳长形，两侧平行，长约 1.2mm，白色，丝蜡质，壳点橘黄色，居端；雄成虫体长 0.65～0.7mm，橙黄色，具膜质前翅 1 对，后翅为平衡棒（图 8-10）。

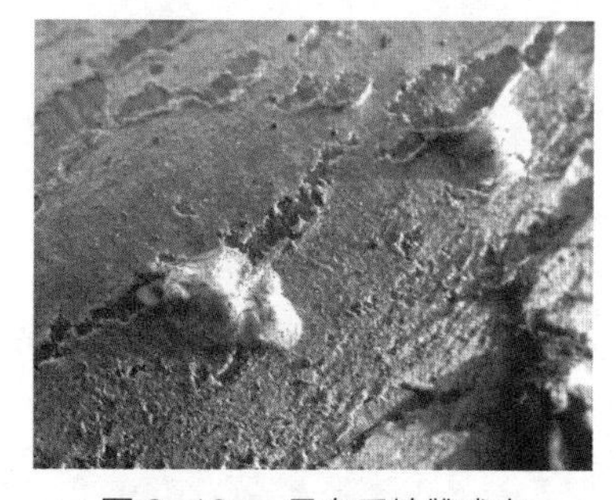
图 8-10a　桑白盾蚧雌成虫

生物学特性：1 年发生 2 代，以受精雌成虫在枝干上越冬。翌年 4 月底（飞柳絮时）产卵，5 月中旬若虫孵化，成群刺吸危害，分泌白色蜡质物形成介壳。一般以 2 ～ 3 年生枝条受害严重。7 月底第 2 代若虫孵化。9 月中旬受精雌成虫在枝干上越冬。

图 8-10b　桑白盾蚧蜡壳下的雌成虫

图 8-10c　桑白盾蚧蚧壳重叠

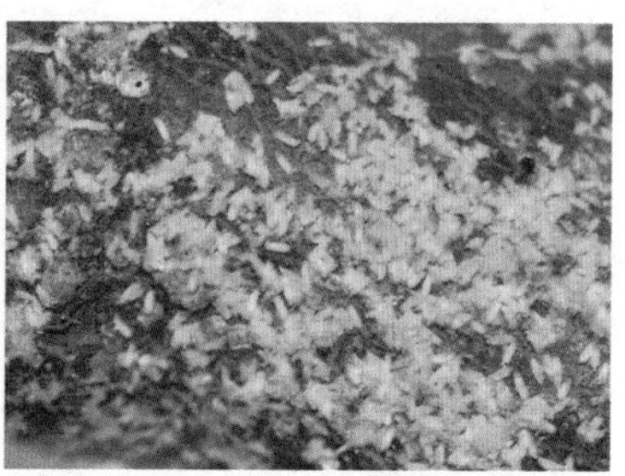
图 8-10d　桑白盾蚧危害状

防治方法：

（1）及时剪除受害严重的枝条。

（2）寄主休眠期，枝干喷洒石硫合剂或刷除枝干上的越冬雌成虫。

（3）若虫孵化盛期，使用蚧螨灵、噻虫嗪、螺虫乙酯等喷雾防治。

（4）保护和利用天敌，如桑蚧寡节小蜂、黑缘红瓢虫、草蛉等。

5. 斑衣蜡蝉

属同翅目，蜡蝉科，又名椿皮蜡蝉。

分布与危害：全国分布。危害臭椿、香椿、杨、刺槐、女贞、榆树、地锦、珍珠梅和海棠等。以若虫、成虫刺吸危害，导致萎缩、畸形或煤污病发生，影响植物的正常生长和发育。

形态特征：成虫体长 14 ～ 22mm，前翅基部 2/3 淡褐色，上布黑色斑点 10 ～ 20 余个，端部 1/3 黑色；后翅基部一半红色，散布黑点，翅中有倒三角形白色区，翅端及脉纹黑色。卵呈块状，表面覆一层灰色粉状疏松的蜡质。若虫 1 ～ 3 龄为黑色，4 龄背面红色，有黑白色相间斑点，4 龄若虫体长 13mm（图 8-11）。

图 8-11a　斑衣蜡蝉成虫

生物学特性：1 年发生 1 代，以卵在树干或附近建筑物上越冬。翌年 4 月中下旬（臭椿发芽、黄刺玫初花期）越冬卵孵化，5 月上旬为危害盛期，若虫善跳跃。6 月中下旬成虫羽化，植物受害更为严重。卵多产于避风向阳枝干上，卵粒集结成块，并覆盖蜡粉。10 月下旬成虫逐渐死亡，留下卵块越冬。

图 8-11b　斑衣蜡蝉在树干群集的成虫

防治方法：

（1）秋冬季结合修剪，人工刮除越冬卵块。

（2）若虫孵化初期，使用吡虫啉、噻嗪酮、噻虫嗪、虫螨腈等药剂喷雾防治。

图 8-11c　斑衣蜡蝉卵块

图 8-11d　斑衣蜡蝉若虫

图 8-11e　斑衣蜡蝉若虫

6. 悬铃木方翅网蝽

属半翅目，网蝽科。

分布与危害：分布于湖南、湖北、上海、浙江、江苏、北京、山东、河南、重庆、贵州

图 8-12a　悬铃木方翅网蝽成虫

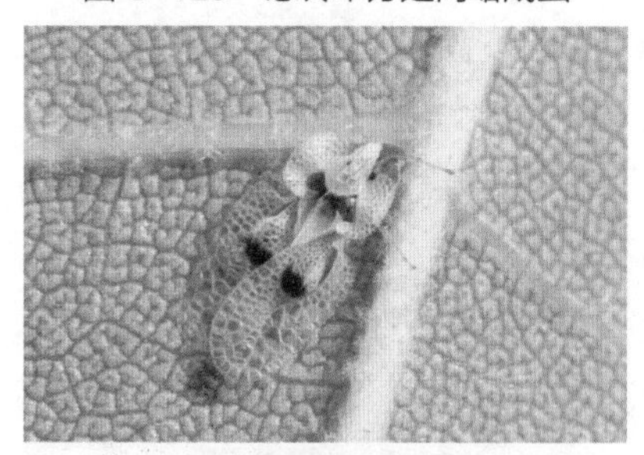
图 8-12b　悬铃木方翅网蝽成虫

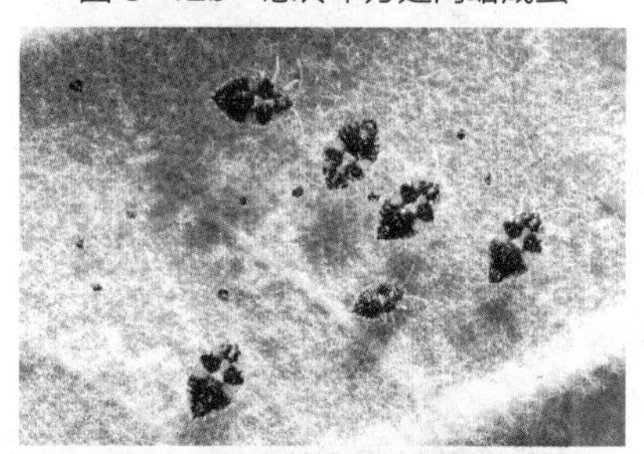
图 8-12c　悬铃木方翅网蝽若虫

图 8-12d　悬铃木方翅网蝽危害状

等地。主要危害悬铃木、构树、山核桃、白蜡等。

形态特征：成虫虫体乳白色，在两翅基部隆起处的后方有褐色斑；体长 3.2 ～ 3.7mm，头兜发达，盔状，头兜的高度较中纵脊稍高；头兜、侧背板、中纵脊和前翅表面的网肋上密生小刺，侧背板和前翅外缘的刺列十分明显；前翅显著超过腹部末端，静止时前翅近长方形（图 8-12）。

生物学特性：1 年发生 2 ～ 5 代，以成虫在寄主树皮下、树皮裂缝或地表枯枝落叶中越冬。8 月中旬后危害加剧，症状日趋明显。成虫和若虫群集叶背刺吸叶片为害，受害叶片正面形成许多密集的白色斑点，叶背面出现锈色斑，影响树木光合作用，受害严重的树木，叶片枯黄脱落。可成群侵入办公场所和居室内，干扰人们的正常工作和生活。繁殖能力强。传入到新发生地区，可形成较稳定的高密度种群。

防治方法：

（1）加强植物检疫，防止扩散蔓延。

（2）早春刮除树皮。

（3）树干缠绕瓦楞纸，诱集越冬成虫进行防治。

（4）该虫防治关键在于虫害发生早期即低虫口密度时，防治作业要认真细致，将叶背打湿打透。可选用吡虫啉、噻虫嗪、甲氨基阿维菌素苯甲酸盐等喷雾防治。

三、蛀食性害虫

1. 柏肤小蠹

属鞘翅目，小蠹科，又名侧柏小蠹。

分布与危害：分布于我国的北京、河南、山东、江苏、陕西等地。危害侧柏、桧柏、龙柏和杉等。该虫常与双条杉天牛一起危害，从而加速了柏树的衰弱与死亡。

形态特征：成虫体长 2.1 ～ 3mm，赤褐或黑褐色，无光泽。头部小，藏于前胸下，触角赤褐色，球棒部呈椭圆形。卵白色。老熟幼虫体长 2.5 ～ 3.5mm，乳白色，头淡褐色，体弯曲。蛹乳白色（图 8-13）。

生物学特性：在北京多为 1 年 1 代，部分 1 年 2 代。以成虫、蛹、幼虫在寄主树干、枝梢内或落枝中越冬。翌年 4 月初越冬成虫陆续飞出，雌虫寻找生长势衰弱的柏树，蛀圆形侵入孔，雄虫随之而入，共筑交配室，在其内交尾。雌成虫产卵粒数不等。幼虫蛀道呈放射状，5 月中下旬老熟幼虫筑蛹室化蛹。6 月上旬新 1 代成虫羽化飞出。新羽化的成虫取食健康柏树枝梢补充营养，枝梢基部被蛀空后，遇风吹即折断，发生严重时，使二年生枝叶脱

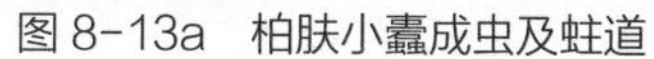

图 8-13a　柏肤小蠹成虫及蛀道

图 8-13b　柏肤小蠹幼虫及危害状

图 8-13c　柏肤小蠹幼虫及危害状

落，影响树形、树势及观赏。9 月中下旬成虫再次飞到衰弱的柏树上咬皮潜入越冬。

防治方法：

（1）加强养护管理，增强树势。

（2）及时清理受害枝干，折断枝叶及间伐木，以免造成虫源地。

（3）设置饵木和植物源引诱剂监测诱杀成虫。

（4）成虫补充营养期，利用高渗苯氧威、烟参碱等树冠喷雾防治。

（5）保护和利用天敌，如释放蒲螨、肿腿蜂等。

图 8-13d　柏肤小蠹往年危害状

图 8-13e　柏肤小蠹成虫危害后落地新梢

2. 月季茎蜂

属膜翅目，茎蜂科，又名蔷薇茎蜂、玫瑰茎蜂。

分布与危害：分布于华北、华中、华东和西北等地。危害月季、蔷薇、玫瑰等。幼虫蛀食花卉茎梢，造成嫩梢枯萎，影响生长与开花，降低观赏价值。

形态特征：成虫体长 20mm 左右，体黑色，有光泽。翅深茶色，半透明，有紫色闪光，有 1 个尾刺。卵黄白色。幼虫乳白色，头部浅黄色，老熟幼虫体长 17mm。蛹棕红色（图 8-14）。

生物学特性：1 年发生 1 代，以幼虫在被害茎内越冬。翌年 4 月化蛹，5 月上中旬出现成虫。卵产于当年生新梢和含苞待放的花梗上。茎干被蛀后，即发生茎干倒折、萎蔫。幼虫

图 8-14a　月季茎蜂幼虫及危害状

图 8-14b　月季茎蜂幼虫

图 8-14c　月季茎蜂危害状

沿茎髓继续向下蛀害，直到地下部分，排泄物充满茎内不外排。

防治方法：

（1）剪除受害萎蔫、倒折的枝条（剪至茎髓部无蛀道为止），集中烧毁剪下枝条。

（2）选育抗虫品种。

（3）越冬代成虫羽化初期和幼虫孵化期，喷施吡虫啉、甲氨基阿维菌素苯甲酸盐、阿维菌素等。

（4）保护和利用天敌。

3. 红脂大小蠹

属鞘翅目，小蠹科，又名强大小蠹，是一种毁灭性蛀干、蛀根害虫，是我国重要的林业检疫性有害生物。

分布与危害：原产于北美洲，作为一种重要的外来入侵有害生物，1998 年在山西省首次发现，目前，北京、河北、河南、山西、陕西等地均有分布。危害油松、白皮松、华山松和落叶松等。

形态特征：成虫体长 6.0 ～ 9.6mm，体长约为体宽的 2.1 倍，褐色。雌虫个体较雄虫大。头部额面具不规则隆起，长满较短黄毛及黑色小瘤突。鞘翅的长为宽的 1.5 倍，两侧直伸，被有 8 列明显刻点及小瘤突。8 列刻点在鞘翅的末端处交汇。卵为长椭圆形或卵圆形，乳白色有光泽。幼虫无足，蛴螬形，老熟幼虫长约 10mm，乳白色，头部褐色。虫体两侧各有一列肉瘤，肉瘤上着生两片黄褐色毛片，每个毛片上有一根褐色刚毛。尾部末端有一褐色胴痣。蛹初为乳白色，渐变浅黄，直至红褐、暗红色（图 8-15）。

生物学特性：在山西省榆次区和太岳山林区 1 年发生 1 代。主要以老熟幼虫、成虫和 3 龄幼虫在树干基部或根部的皮层内越冬，有极少数以 2 龄幼虫或蛹越冬。

越冬成虫于 4 月下旬开始出孔，5 月下旬为盛期，6 月中下旬出孔结束。成虫产卵始期在 5 月中旬，6 月上旬为产卵盛期。初孵幼虫始见于 5 月下旬，6 月上中旬为孵化盛期，7 月下旬为化蛹始期，8 月中旬为盛期，8 月上旬成虫开始羽化，8 月下旬为始盛期，9 月上旬为盛期，成虫在韧皮部与本质部之间进行补充营养后，进入越冬阶段。

越冬老熟幼虫于 5 月中旬开始化蛹，6 月下旬为化蛹始盛期，7 月中旬为盛期。7 月上旬成虫开始羽化，下旬为羽化盛期，但因幼虫大部分在树基和根部皮层内越冬，地下温度低、湿度大，幼虫发育较慢，且虫龄不整齐，故而成虫羽化出孔扬飞期持续较长，7 ～ 10 月

图 8-15a　红脂大小蠹成虫

图 8-15b　红脂大小蠹成虫

图 8-15c　红脂大小蠹卵

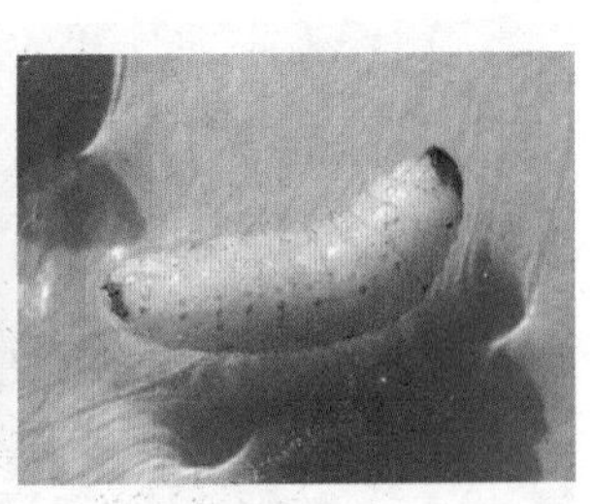
图 8-15d　红脂大小蠹幼虫

图 8-15e 红脂大小蠹红色漏斗形凝脂块（当年）

图 8-15f 红脂大小蠹红色漏斗形凝脂块（当年）

图 8-15g 红脂大小蠹凝脂块（往年）

上旬林内一直有成虫扬飞侵害。7 月中旬成虫开始产卵，8 月上中旬为盛期。7 月下旬卵开始孵化，8 月中旬为盛期，以老熟幼虫和 2 ～ 3 龄幼虫在韧皮部与木质部之间越冬。8 ～ 9 月，越冬代的幼虫、蛹、成虫与子代的幼虫、蛹、成虫同时存在，即有世代重叠现象。成虫、幼虫、蛹 3 个虫态在一年四季中均可见到，唯卵只在夏秋季可见到。

该虫具有繁殖快、传播快、成灾快、致死快等特点。越冬雌成虫先寻找寄主，危害胸径 10cm 以上的健康油松及新鲜伐桩，然后引诱雄成虫侵入。成虫侵入树皮直达形成层（木质部表面也被刻食），先向上蛀食一小段后即拐弯向下蛀食，可直达主根和主侧根。成虫入侵树干的部位，一般在树干基部及向上 1m 左右范围内，更常见于树干基部，侵入孔数量在树干距地面 30 ～ 50cm 范围内最多。坑道内充满红褐色粒状虫粪和木屑混合物，这些混合物随松脂从侵入孔溢出，形成中心有孔的红褐色的漏斗状或不规则凝脂块，凝脂块大小不一，颜色也随着时间变化，由深变浅，直至变为灰白色。幼虫沿母坑道两侧向下取食可延伸到主根和主侧根，甚至距树基 3m 之外的侧根还有幼虫为害，将根部韧皮部食尽，仅残留根的表皮，并栖居根内。

防治方法：

（1）严格检疫，防止随松科树木调运传入和扩散蔓延。

（2）加强植物养护管理，增强抗性。

（3）及时处理被害木，伐倒木的根要及时和彻底清除。

（4）应用引诱剂监测诱杀成虫。

（5）虫孔注药防治。

（6）树干基部喷施内吸性药剂进行防治。

（7）保护和利用天敌，如释放大唼蜡甲等。

4. 白蜡窄吉丁

属鞘翅目，吉丁虫科，又名花曲柳窄吉丁，是一种毁灭性蛀干害虫，是全国林业危险性有害生物和北京市补充林业检疫性有害生物。

分布与危害：在我国主要分布于黑龙江、吉林、辽宁、山东、内蒙古、河北、天津、北京和台湾等地区。危害白蜡、水曲柳和花曲柳等。受害树木树冠稀疏，枝叶发黄，根基部常出现萌蘖，树干常出现长 5 ～ 10cm 的纵向裂缝，受害严重的树木 2 ～ 3 年枯死。

形态特征：成虫体长 11 ～ 14mm，楔形，铜绿色，具金属光泽。卵初产时乳白色至淡绿色，3 ～ 4 天后变土黄色，孵化前为棕褐色，薄饼状，不规则椭圆形。幼虫体扁平，半透明，淡茶褐色至乳白色，头小，缩于前胸内，腹部末节有 1 对褐色钳形尾叉。蛹为裸蛹，菱形（图 8-16）。

生物学特性：在天津 1 年发生 1 代。以老熟幼虫蛀入木质部浅层越冬，每年 7 月下旬即有老熟幼虫陆续蛀入木质部建造蛹室，至 11 月上旬基本全部进入越冬状态。次年 4 月上旬至 5 月中旬为蛹期。4 月下旬可调查到蛹穴内蛰居尚未出孔的成虫，5 月上旬成虫羽化出孔，羽化孔为“D”字形，出孔高峰期在 5 月中旬。成虫期一直持续到 7 月上旬。成虫取食白蜡树叶补充营养，在树冠层叶面或树干上完成交配。成虫喜光，略具假死性。5 月中旬成虫产卵，卵常产于阳光充足的树干老翘皮底下或纵裂缝内，可以转株产卵。6 月上旬出现初孵幼虫。初孵幼虫蛀入树皮内，先取食韧皮部组织，随着虫龄的增长，逐渐向内蛀食，直达形成

图 8-16a　白蜡窄吉丁成虫

图 8-16b　白蜡窄吉丁成虫

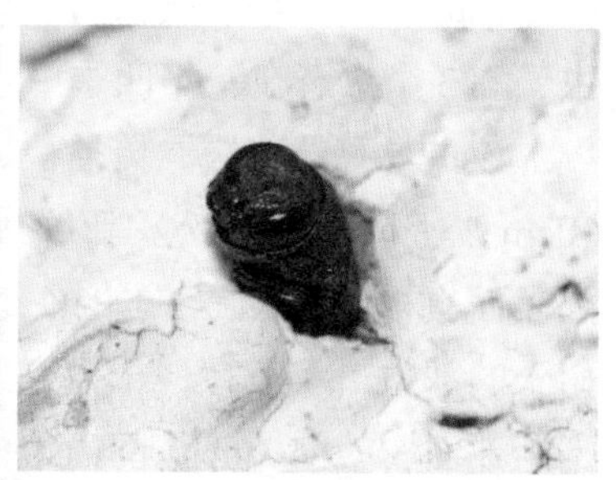
图 8-16c　白蜡窄吉丁羽化孔中的成虫

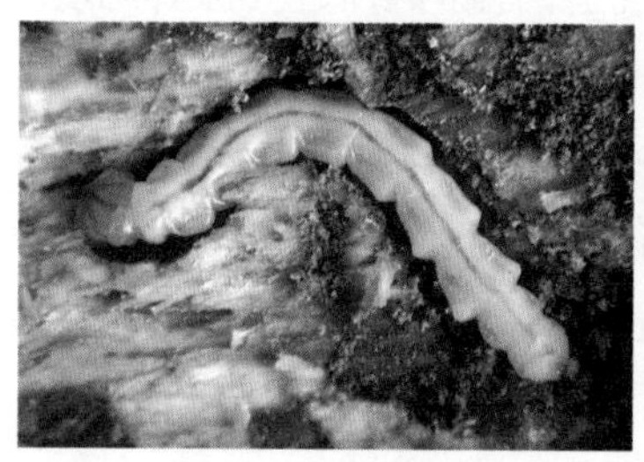
图 8-16d　白蜡窄吉丁幼虫及危害状

图 8-16e　白蜡窄吉丁幼虫及危害状

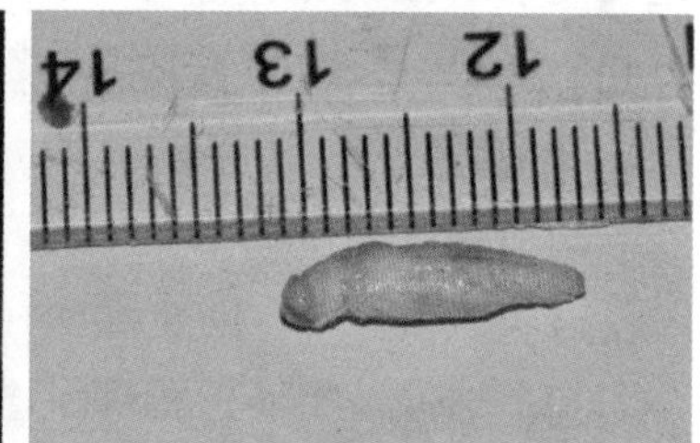
图 8-16f　白蜡窄吉丁蛹

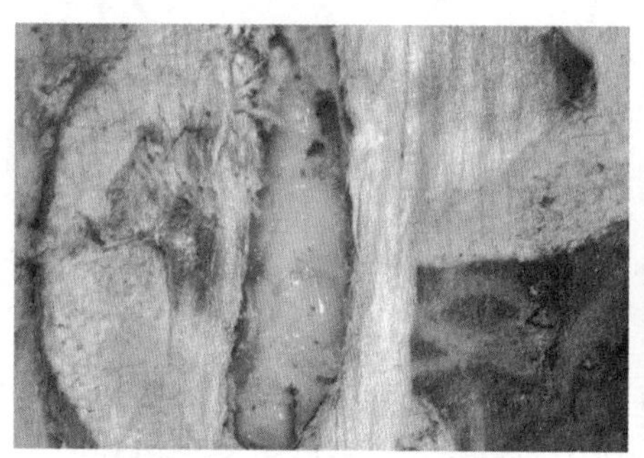
图 8-16g　白蜡窄吉丁蛹

图 8-16h　受害树根部产生萌条

图 8-16i　白蜡窄吉丁“D”字形羽化孔

图 8-16j　白蜡窄吉丁幼虫“S”字形蛀道

图 8-16k　树皮纵向开裂状

图 8-16l　受害致死的行道树

层，然后在形成层由下而上或由上而下左右曲折蛀食，最后在木质部与韧皮部之间形成整体似“S”字形的蛀道。表皮光滑、不开裂的树种和品种受害较轻。据监测数据显示，北京成虫始见期为 4 月下旬。

防治方法：

（1）严格检疫，防止随寄主植物和相关产品扩散蔓延。

（2）加强养护管理，提高树势，增强寄主植物抗虫能力。

（3）选择抗虫树种，丰富植物配置，及时清理虫源木。

（4）利用引诱剂和黄绿色黏虫板监测诱杀成虫。

（5）昆虫诱捕网捕杀成虫。个别单株发生时，可在成虫羽化前（4 月 20 日），树干围昆虫诱捕网捕杀成虫，阻止成虫扩散传播。

（6）成虫羽化出孔始期（4 月 25~30 日），对树干、树冠均匀喷施绿色威雷、噻虫啉、高效氯氰菊酯等药剂，确保喷湿喷透。根据虫情发生情况，成虫羽化期间每 15 天喷雾防治一遍。

（7）幼虫危害期，树干注射内吸性药剂防治。

（8）保护和利用天敌，如啄木鸟、白蜡吉丁柄腹茧蜂、白蜡吉丁啮小蜂、肿腿蜂、蒲螨和白僵菌等。

第三节　主要病害识别与防治

一、大叶黄杨白粉病

症状：病害主要发生在叶片正面。发病初期，叶片上散生白色圆斑，后逐渐扩大成不规则形，且表面布满白色粉层。造成叶片皱缩，病梢扭曲，提早落叶（图 8-17）。

病原与发病规律：病原为真菌（有性世代为子囊菌，无性世代为半知菌），该菌还危害卫矛、丝棉木和冬青等。病原以菌丝和子实体在病株或病残体上越冬。翌年 5 月产生分生孢子，借风雨和人的活动传播，病菌可多次侵染。6 ~ 7 月高温高湿，植株过密，有利于病害发生发展。夏季病情下降，至秋季又出现发病小高峰。

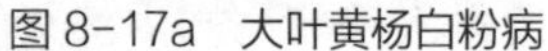

图 8-17a　大叶黄杨白粉病

图 8-17b　大叶黄杨白粉病

防治方法：

（1）结合修剪，剪除病枝病叶。

（2）种植不宜过密，注意通风透光。加强栽培管理，合理施肥，提高树势。

（3）早春使用石硫合剂喷雾防治；展叶和生长期，特别是 4 ～ 5 月和 9 ～ 10 月发病初期，使用三唑酮、腈菌唑、丙环唑等喷雾防治。

二、叶斑病类

症状：叶斑病是一种广义性的病害类型，主要指叶片上发生的病害，很少数发生在其他部位。初期，叶片上出现小斑点，逐渐发展成规则或不规则大斑。有的种类病斑周围有褪色晕圈；有的病斑边缘色深而明显；有的后期造成穿孔；有的后期病斑上出现灰霉；有的后期出现轮纹（图 8-18）。

图 8-18 叶斑病

病原与发病规律：由真菌（尾孢霉菌、镰刀菌等）侵染所致。以菌丝体和分生孢子在病残体或土中越冬。翌年孢子借风雨、浇水等传播，从伤口或直接侵入。病害适温为 20 ～ 30℃。每年 5 ～ 11 月发病。一般在植株过密、多雨潮湿和粗放管理情况下发病较重。

防治方法：

（1）消灭病源　及时清除枯枝落叶和病残体，并烧毁，以减少再侵染和侵染菌源。

（2）加强管理　种植不宜过密，养护中尽量避免造成伤口，及时防治介壳虫，灌水时不要淋浇，增施磷钾肥等。

（3）药剂防治　使用丙环唑、嘧菌酯、氟硅唑等喷雾防治。

三、杨树腐烂病

又称烂皮病，是杨树的一种重要病害。危害严重时，可造成行道树或防护林大量死亡。主要危害杨、柳、榆等。

症状：病斑多发生在树干、主干分杈和大枝上。光皮树种（毛白杨）发病初期在患部出现灰褐色水渍状病斑，略隆起，病健交界部位处明显；粗皮树种的病斑不明显，当空气湿度大时，变软腐烂，手压时有酒糟味的褐色液体渗出。以后病组织失水干缩下陷，湿度大时溢出橘红色的丝状物。病斑沿树干纵横发展，病斑环绕后，其上部枝条枯死或焦梢（图 8-19）。

病原与发病规律：病原为真菌（有性世代为子囊菌中的污黑腐皮壳菌，无性世代为半知菌类金黄壳囊孢菌）。病菌以菌丝体、子囊壳和分生孢子在病残体上越冬。翌年 3～4 月孢子借风雨、昆虫、鸟等传播侵染，可多次侵染，主要从伤口处侵入。在日灼、冻伤、枯死枝条等树势衰弱情况下，也可以从皮层穿透侵入。5～6 月为发病盛期，7 月病势渐趋缓和，8～9 月为发病小高峰，9 月下旬基本停止发展。树势衰弱、濒死树和新移栽的树易受病菌侵害。另外，新移栽树时，伤根过多，或假植后水肥等管理不及时，均可造成病害严重发生。

图 8-19a　杨树腐烂病树干受害状

图 8-19b　杨树腐烂病树干受害状

图 8-19c　杨树腐烂病分生孢子角

防治方法：

（1）适地适树　要选择适宜本地区种植又有一定抗性的树种。

（2）加强养护管理　对于新移栽的树，尤其要加强水肥管理，增强树势，缩短缓苗期；初冬季节树干涂白，防止冻害和日灼发生。另外，要选择无病壮苗种植，把好苗木质量关。在起苗到种植整个绿化过程中尽量减少各种伤口，并涂保护剂。

（3）及时清除病株和病枝。

（4）药剂防治　发病初期采用喷施药剂或涂药治疗相结合的方法。如甲硫・萘乙酸、腐殖酸・酮等药剂。

四、草坪夏季斑枯病

这是北京地区严重发生的一种冷季型草坪土传病害，可以侵染多种冷季型禾草，其中草地早熟禾受害最重。危害严重时，造成整株死亡，使得草坪出现秃斑，严重影响草坪景观。

症状： 主要出现在夏季高温高湿季节，尤其在生长较为密集的草地早熟禾草坪上。发病初期不易被察觉。最初的症状与缺水造成的干旱症状类似即生长缓慢，植株稀疏，叶色灰绿，纵卷，呈萎蔫状，很快草叶变黄。病块一般呈小的圆形，直径 3cm 左右，边缘清晰，病斑略凹陷。此后，若环境条件合适（夏季白天温度超过 28.5℃，夜间温度超过 20℃情况下），病斑迅速扩大、形成不规则形、圆形、月牙形病斑，互相连接，最终形成大面积不规则形斑块，直径可达 30cm 以上。典型病株根部、根冠部和根状茎黑褐色，后期维管束也变成褐色，外皮层腐烂，整株死亡（图 8-20）。

图 8-20　草坪夏季斑枯病

病原与发病规律： 病原菌为夏季斑枯病菌。病原菌在病残体组织上以菌丝形式越冬。5 月下旬、6 月上旬开始活动。先期着生在根的表面，而后侵入根内组织。春季由于气候条件适合根系生长，此时即使有病原菌寄生，根系仍可吸收水分、养分，不表现危害症状。随着根系的生长扩展，相互穿插，病原菌也随之传播，侵染新的植株根部。但在干、热的夏季被侵入的根系维管束组织遭到破坏，生理功能失调，水分和营养物质不能得到充分供应，造成根系的大量死亡，从而导致地上部分枯萎、死亡。因病原菌在土壤中能存活多年，所以上一年的病斑周围第二年可继续扩大危害。环境条件对夏季斑枯病的发生、发展起着极其重要的作用。一般情况下当气温达到 32℃以上、根系层土温 27℃以上时危害最为严重。9 月中旬以后随着气温的下降即停止发展。全日照下的草坪比背阴处或树荫下的草坪危害严重。危害最严重的是光照充足的阳坡。该病的流行与土壤温度、松紧度、pH 值、修剪高度等因素密切相关。

防治方法：

（1）抗病草种混播　选用抗病草种（品种）或选用抗病草种（品种）混合种植。

（2）栽培管理措施　提高草坪修剪高度（一般可控于 6 ～ 8cm 范围），特别是在高温时期。避免过量使用氮肥，尤其是春季和夏季，最好秋季施肥。加强灌溉质量，要深灌，尽可能减少灌溉次数。打孔、疏草、通风，改善排水条件，避免土壤板结等均有利于控制病害。

（3）化学防治　采用内吸性杀菌剂防治。第一次喷药时间应在发病前一个月，此后隔 21 或 28 天喷第二次。治疗性药剂在发病初期立即使用，每隔 2 ～ 3 周喷药一次。

五、松落针病

症状： 该病在我国北方地区普遍发生，主要发生在 2 年生针叶上。发病初期针叶出现褪色小点，很快变为黄色，病斑逐渐扩大，变成浅褐色。后期针叶上出现黑色隔段线和椭圆形斑，整个针叶枯黄，病斑上有许多小黑点，即分生孢子器。发生严重时，影响绿化美化效果（图 8-21）。

病原与发病规律：由子囊菌纲松针散斑壳属真菌侵染所致。无性世代为半知菌类松半壳孢。病菌以菌丝体在落叶或寄主病残体上越冬。翌年 3 ～ 4 月放出子囊孢子，借助气流和风雨传播，成为初侵染源。孢子从气孔侵入叶后，约 2 个月左右时间潜伏期后才表现症状。早期不同松树品种症状存在差异，后期症状大致相同。孢子可多次侵染。一般在土壤瘠薄和土壤板结严重的行道树发病率高，尤其在草坪中种植的松树，由于土壤湿度过大，排水又不良的情况下更容易发病严重。

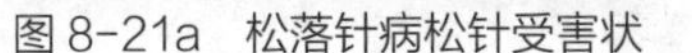

图 8-21a　松落针病松针受害状　　图 8-21b　松落针病松针受害状　　图 8-21c　松落针病枝条受害状

防治方法：

（1）消灭菌源　结合养护管理，及时清除枯枝落叶，并烧毁或深埋，以消灭菌源和再侵染。

（2）合理配置　选择抗病品种，并注意植物的合理配置。如草坪中不要种植松树；松树根部生长区不要种植草花和野牛草等。较狭窄的分车绿带内不宜栽种松树。

（3）加强养护管理　绿化种植松树后要加强管理，合理灌水，增施复合肥，提高生长势，尤其不要深坑种植，埋土太深。

（4）药剂防治　在子囊孢子散发期，喷施丙环唑等药剂进行防治。

（5）生物防治　使用假单胞杆菌和蜡状芽孢杆菌等生物制剂防治。

六、根癌病害

症状：根癌病又称瘿瘤病、冠瘿病和根瘤病等，为检疫对象。其分布范围很广泛。该病主要发生在植物的根部和茎部，表现为大小不等，形状不同的瘤状物。发病初期呈白色或浅褐色的小圆肿瘤，表面光滑，后逐渐增大，变深褐色，木质化，并出现龟裂。使病株生长发育不良，枝短叶小，植株矮化，叶黄并提早落叶（图 8-22）。

病原与发病规律：病原属于细菌（根癌土壤杆菌）。杨柳科和蔷薇科植物最易感病，如危害毛白杨、柳、月季、蔷薇、樱花、梅花等 300 多种。细菌在肿瘤皮表或随病残体在土壤中存活。借灌水、雨水和地下害虫等传播，从伤口侵入。调运携带病苗木则是根癌病远距离传播的主要途径。该细菌生长适宜温度为 25℃左右。一般在土壤湿度过大地块发病严重。细菌侵入后刺激寄主细胞分裂，产生癌变。

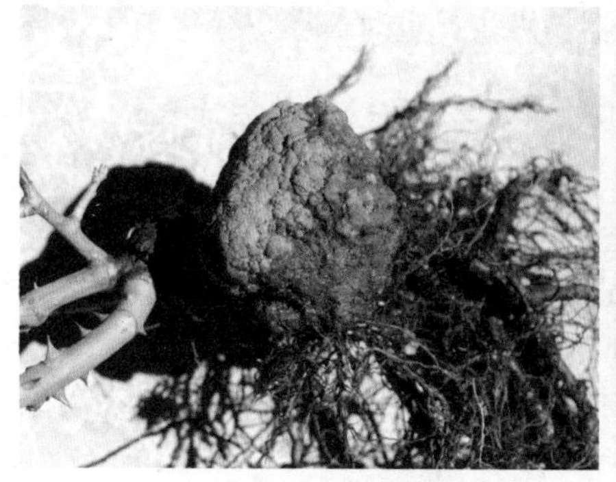
图 8-22a 月季根癌病

图 8-22b 根癌病瘤状物

图 8-22c 根癌病枝干受害状

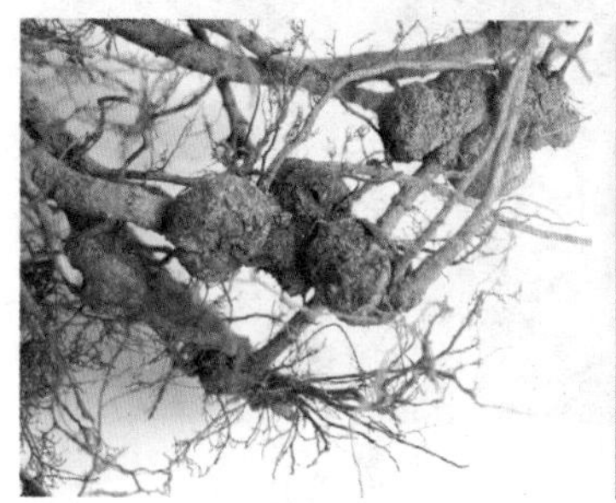
图 8-22d 根癌病根部受害状

图 8-22e 根癌病根部受害状

图 8-22f 海棠树干受害状

防治方法：

（1）加强检疫 禁止调运有病树木，发现病株及时烧毁处理。

（2）加强管理 繁殖时可用芽接代替切接，注意刀口要小，工具要消毒。不在黏重土壤和排水不良的地块培育苗木。施用酸性肥料、有机肥料和复合肥改良碱性土壤。苗木出圃时，对病情较轻的苗木剪除肿瘤，剪除的肿瘤及时销毁，较重的苗木及时销毁。定植前，将抗根癌菌剂放入陶瓷、塑料等非金属容器中，加水，按 1∶1 调匀成糊状，将无症状苗木或剪根后的植株浸入菌液中，浸入深度超过根颈上部 5cm，即可拿出栽植，随浸随栽。

（3）药剂防治 要及时防治地下害虫，减少各种伤口。对已发病株及时切下肿瘤，用抗根癌菌剂等药剂涂抹伤口，切下的病瘤随即销毁。

七、病毒病害

病毒危害园林植物很普遍。过去常把病毒病与生理性病害，尤其是缺素症、环境污染所致的病害相混淆。病毒病多分散呈点状分布，而生理病害多较为集中，呈片状分布。

症状：病毒病害先局部发病，逐渐扩展至全株。同一种病毒在不同植物上，其症状表现不同，但都没有病征。该病主要表现为花叶、斑驳、褪绿、黄化、皱缩、丛生、畸形、环斑、条斑、枯斑和卷叶等（图 8-23）。

病原与发病规律：常见的病毒病原有黄瓜花叶病毒（CMV）、烟草花叶病毒（TMV）、月季花叶病毒（RMV）等。一般在病株、球茎、块茎、种子和杂草上潜伏越冬。病毒只能从伤口侵入。通过蚜虫、叶蝉、介壳虫、线虫、螨类、繁殖材料、工具、汁液、嫁接和人为活动

图 8-23　月季花叶病毒病

等传播。病株与健康植株接触摩擦也可以传染。病毒致死温度为 60 ～ 80℃。一般在蚜虫发生严重或高温干燥月份发病较重。

防治方法：

（1）加强检疫　把好出圃关，严禁有病苗木和幼树出圃和调运，更严格禁止栽种有病株。

（2）消灭病源　发现病株及时拔除，并立即烧毁，以防扩大蔓延。

（3）消灭媒介　消灭杂草和菟丝子。及时防治蚜虫等刺吸性害虫，以减少传播介体。

（4）药剂防治　发病初期，喷施盐酸吗啉胍 · 乙酸铜或克毒宝（盐酸吗啉胍与羟烯腺类复配）药剂防治。

八、根结线虫病

症状：根结线虫病是一种根部、土传病害。受害植株根部畸形，根系常产生大小不一的瘤状物，植株叶尖端皱缩，叶片渐渐枯黄，提前落叶，严重时整株死亡（图 8-24）。

图 8-24a　根结线虫病受害植株

图 8-24b　根结线虫病根系受害状

图 8-24c　根结线虫病根系受害状

图 8-24d　根结线虫病根系受害状

病原与发病规律： 病原线虫属线形动物门，线虫纲，是一类细小的蠕形动物。危害黄杨、杨、柳、泡桐、卫矛、海棠、苹果、月季、水仙、牡丹和芍药等2000多种植物。虫体侵害植物根系，以卵和幼虫在土壤中或病残体上越冬，借土肥和水传播。最适宜生长发育土温为15～25℃，6月根部有根瘤形成。

防治方法：

（1）加强检疫　严禁调运和种植有病苗木，防止扩大蔓延。

（2）消灭病源　及时清除病株、病残体和病土。

（3）土壤处理　利用高温覆膜、土壤消毒、高温干燥、日光曝晒等处理土壤。

（4）药剂防治　植株栽植前，利用抗根结线虫菌剂（淡紫拟青霉）等，在栽植沟或坑内撒施防治。使用药剂时，要详见说明书，以防止中毒或出现药害。

九、松材线虫病

症状： 松材线虫病，亦称松树萎蔫病或松树枯萎病，是国家规定的检疫性有害生物。危害油松、落叶松、红松、白皮松、马尾松等多种植物。被松材线虫感染后，针叶黄褐色或红褐色，萎蔫，树脂分泌停止，木质部多有蓝变现象，树干可观察到天牛侵入孔或产卵痕迹，病树整株干枯死亡，最终腐烂。树木一旦感病，最快40天即可死亡，而且防控难度大。因此，松材线虫病又被称为松树“癌症”（图8-25）。

病原与发病规律： 松材线虫属线虫动物门、侧尾腺纲、滑刃目、滑刃科、伞滑刃属。自1982年南京中山陵首次发现松材线虫病以来，该病扩散趋势越来越明显，现已成为我国一

图8-25a　松材线虫病媒介昆虫松墨天牛

图8-25b　松材线虫病媒介昆虫云杉小墨天牛

图8-25c　松材线虫病受害木材出现蓝变现象

图8-25d　松材线虫病受害木

图8-25e　松材线虫病受害片林

图8-25f　松材线虫病受害片林

种重要的外来入侵有害生物。松材线虫主要通过松墨天牛、云杉花墨天牛等媒介昆虫传播于松树体内，从而引发松树病害。松材线虫可借助罹病的松材、松树苗木和由罹病松材制作的木质包装材料、木制品等的运输作远距离扩散，其中木质包装是最重要的人为传播途径。

防治方法：具体详见松材线虫病防治技术方案等相关标准及规程。

十、生理性病害

生理性病害是一大类非侵染性病害，很多因素可造成园林植物异常，严重时造成植物死亡（图 8-26）。

防治生理性病害，首先要加强调查研究，找出病因，根据不同的病因，采取相应的防治措施（具体参见本章第一节非侵染性病害部分）。

图 8-26a　玉簪日灼

图 8-26b　融雪剂盐害

第九章　绿化设施设备

园林绿化工程施工中会用到许多大型机械，如推土机、挖坑机、挖掘机、铲车、打夯机、大吊车和运输汽车。特别是在大树的移植过程中大吊车和运输汽车是必不可少的。同时也会用到许多测量仪器，现今，比较常用的也是最为先进测量仪器是全站型电子速测仪和GPS全球定位系统。

第一节　全站型电子速测仪

一、全站型电子速测仪

全站型电子速测仪是一种集光、机、电为一体的高技术测量仪器，是集水平角、垂直角、距离（斜距、平距）、高差测量功能于一体的测绘仪器系统。仪器一次安置便可完成该测站上全部测量工作，故称为全站仪。广泛用于大型建筑和地下隧道施工等精密工程测量。现在，在园林绿化工程施工中也广泛被使用（图9-1）。

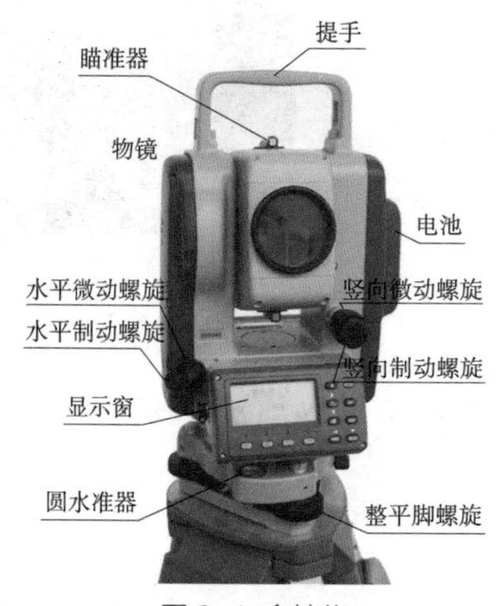

图9-1 全站仪

二、全站型电子速测仪的结构

全站型电子速测仪由电源部分、测角系统、测距系统、数据处理部分、通信接口，及显示屏、键盘等组成。

三、全站型电子速测仪的分类

（一）全站型电子速测仪按其外观结构可分为两类

1. 积木型

又称组合型，早期的全站仪，大都是积木型结构，即电子速测仪、电子经纬仪、电子记录器各是一个整体，可以分离使用，也可以通过电缆或接口把它们组合起来，形成完整的全站仪。

2. 整体型（Integral）

随着电子测距仪进一步的轻巧化，现代的全站仪大多把测距，测角和记录单元在光学、机械等方面设计成一个不可分割的整体，其中测距仪的发射轴、接收轴和望远镜的视准轴为同轴结构。这对保证较大垂直角条件下的距离测量精度非常有利。

（二）全站型电子速测仪按测量功能可分成四类

1. 经典型全站仪

经典型全站仪也称为常规全站仪，它具备全站仪电子测角、电子测距和数据自动记录等基本功能，有的还可以运行厂家或用户自主开发的机载测量程序。

2. 机动型全站仪

在经典全站仪的基础上安装轴系步进电机，可自动驱动全站仪照准部和望远镜的旋转。在计算机的在线控制下，机动型系列全站仪可按计算机给定的方向值自动照准目标，并可实现自动正、倒镜测量。

3. 无合作目标性全站仪

无合作目标型全站仪是指在无反射棱镜的条件下，可对一般的目标直接测距的全站仪。因此，对不便安置反射棱镜的目标进行测量，无合作目标型全站仪具有明显优势。

4. 智能型全站仪

在自动化全站仪的基础上，仪器安装自动目标识别与照准的新功能，因此在自动化的进程中，全站仪进一步克服了需要人工照准目标的重大缺陷，实现了全站仪的智能化。在相关软件的控制下，智能型全站仪在无人干预的条件下可自动完成多个目标的识别、照准与测量。

（三）全站型电子速测仪按测距仪测距可分为 3 类

1. 短距离测距全站仪

测程小于 3km，一般精度为 ±（5mm+5ppm），主要用于普通测量和城市测量。

2. 中测程全站仪

测程为 3~15km，一般精度为 ±（5mm+2ppm），±（2mm+2ppm）通常用于一般等级的控制测量。

3. 长测程全站仪

测程大于 15km，一般精度为 ±（5mm+1ppm），通常用于国家三角网及特级导线的测量。

四、全站型电子速测仪的使用

（一）水平角的测量

1. 按角度测量键，使全站仪处于角度测量模式，照准第一个目标 A。

2. 设置第一个目标 A 方向的水平度盘读数为零度零分零秒（0°　00′　00″）。

3. 照准第二个目标 B，此时显示的水平度盘读数即为 A 与 B 两方向间的水平夹角。

（二）距离测量

1. 设置棱镜常数

测距前须将棱镜常数输入仪器中，仪器会自动对所测距离进行改正。

2. 设置大气改正值或气温、气压值

光在大气中的传播速度会随大气的温度和气压而变化，15℃和 760mmHg 是仪器设置的一个标准值，此时的大气改正为 0ppm。实测时，可输入温度和气压值，全站仪会自动计算大气改正值（也可直接输入大气改正值），并对测距结果进行改正。

3. 测量仪器高度和棱镜高度，并输入全站仪。

4. 距离测量

照准目标棱镜中心，按测距键，距离测量开始，测距完成时显示斜距、平距、高差。

全站仪的测距模式有精测模式、跟踪模式、粗测模式 3 种。精测模式是最常用的测距模式，测量时间约 2.5s，最小显示单位 1mm；跟踪模式，常用于跟踪移动目标或放样时连续测距，最小显示一般为 1cm，每次测距时间约 0.3s；粗测模式，测量时间约 0.7s，最小显示单位 1cm 或 1mm。在距离测量或坐标测量时，可按测距模式（MODE）键选择不同的测距模式。应注意，有些型号的全站仪在距离测量时不能设定仪器高和棱镜高，显示的高差值是全站仪横轴中心与棱镜中心的高差。

（三）坐标测量

1. 设定测站点的三维坐标。

2. 设定后视点的坐标或设定后视方向的水平度盘读数为其方位角。当设定后视点的坐标时，全站仪会自动计算后视方向的方位角，并设定后视方向的水平度盘读数为其方位角。

3. 设置棱镜常数。

4. 设置大气改正值或气温、气压值。

5. 量仪器高、棱镜高并输入全站仪。

6. 照准目标棱镜，按坐标测量键，全站仪开始测距并计算显示测点的三维坐标。

（四）数据通信

全站仪的数据通信是指全站仪与电子计算机之间进行的双向数据交换。全站仪与计算机之间的数据通信的方式主要有两种，一种是利用全站仪配置的存储卡进行数字通信，特点是通用性强，各种电子产品间均可互换使用；另一种是利用全站仪的通信接口，通过电缆进行数据传输。

（五）气泡校正

1. 架设：将仪器架设到稳固的三脚架上，旋紧中心螺旋。

2. 粗平：看圆气泡（精度相对较低，一般为 1 分），分别旋转仪器的 3 个脚螺旋将仪器大致整平。

3. 精平：使仪器照准部上的管状水准器（或者称长气泡管）平行于任意一对脚螺旋，旋转两脚螺旋使气泡居中（最好采用左拇指法，即左右手同时转动两个脚螺旋，并且两拇指移动方向相向，左手大拇指方向与气泡管气泡移动方向相同）；然后，将照准部旋转 90°，旋转另外一个脚螺旋使长气泡管气泡居中。

4. 检验：将仪器照准部再旋转 90°，若长气泡管气泡仍居中，表示已经整平；若有偏差，请重复步骤 3。正常情况下重复 1 ～ 2 次就会好了。

5. 气泡是否有问题的检验：精平同时进行检验，使仪器照准部上的管状水准器（或者称长气泡管）平行于任意一对脚螺旋，旋转两脚螺旋使气泡居中；然后，将照准部旋转 180°，此时若气泡仍然居中，则管状水准器轴垂直于竖轴（长气泡管没有问题）。如气泡不居中，就需要校正。

五、使用全站型电子速测仪注意事项

（一）全站型电子速测仪保管时注意事项

1. 全站仪须由专人负责保管，每天现场使用完后必须带回室内保管。

2. 全站仪需防潮防水，必须放置固定位置。

3. 全站仪长期不用时，要定期通风防霉并通电驱潮。

4. 全站仪放置要整齐，不得倒置。

（二）全站型电子速测仪使用时注意事项

1. 开工前应检查仪器箱背带及提手是否牢固。

2. 装卸全站仪时，必须握住提手和底座，决不可拿仪器的镜筒，装箱时各部位要放置妥帖，合上箱盖时应无障碍。

3. 全站仪在太阳光照射下使用时，应给仪器遮阳，以免影响观测精度。要安放牢靠，以防滑倒。

4. 当测站之间距离较远，搬站时应将仪器卸下，装箱后背着走。

5. 全站仪任何部分发生故障，不勉强使用，应立即检修。

6. 禁止用手指抚摸仪器的任何光学元件表面。

7. 在潮湿环境中工作，作业结束，要用软布擦干全站仪表面的水分及灰尘后装箱。回到室内后立即开箱取出全站仪放于干燥处，彻底晾干后再装箱内。

8. 冬天室内、室外温差较大时，全站仪搬出室外或搬入室内，应隔一段时间后才能开箱。

（三）全站型电子速测仪转运时注意事项

1. 首先装箱要牢靠，要防潮，防振。

2. 在整个转运过程中，要由专人负责。

3. 要轻拿、轻放、放正、不挤不压，要防晒、防雨、防震。

第二节　GPS 全球定位系统

一、GPS 全球定位系统

GPS 全球定位系统是一个由覆盖全球的 24 颗卫星组成的卫星系统。这个系统可以保证在任意时刻，地球上任意一点都可以同时观测到 4 颗卫星，以保证卫星可以采集到该观测点的经纬度和高度，以便实现导航、定位、授时等功能。GPS 全球卫星定位系统由三部分组成，即空间部分（GPS 星座）、地面控制部分（地面监控系统）和用户设备部分（GPS 信号接收机）。GPS 全球卫星定位系统的主要特点是全天候、全球覆盖、三维定速定时高精度、快速省时高效率和应用广泛多功能。

二、GPS全球定位系统的使用

GPS全球定位系统是一个全天候、全球性的高精度无线电导航、定位及定时系统。GPS全球定位系统除了用于导航、传送精确时间和频率外，定位和测量也是GPS全球定位系统的重要应用。在园林绿化工程施工中主要应用于地质调查、地形测量、地籍测量和园林道路设计领域。利用GPS全球定位系统还可以监控植物生态分布、防治病虫害、防控林地火灾和管理古树名木。

参考文献

1. 北京市园林局．园林绿化工人技术培训教材 [M]. 植物与植物生理，1997
2. 北京市园林局．园林绿化工人技术培训教材 [M]. 土壤肥料，1997
3. 北京市园林局．园林绿化工人技术培训教材 [M]. 园林树木，1997
4. 北京市园林局．园林绿化工人技术培训教材 [M]. 园林花卉，1997
5. 北京市园林局．园林绿化工人技术培训教材 [M]. 园林识图与设计基础，1997
6. 北京市园林局．园林绿化工人技术培训教材 [M]. 绿化施工与养护管理，1997
7. 张东林 . 高级园林绿化与育苗工培训考试教程 [M]. 北京：中国林业出版社，2006
8. 曹慧娟．植物学（第二版）[M]. 北京：中国林业出版社，1999
9. 陈有民 . 园林树木学 [M]. 北京：中国林业出版社，2000
10. 卓丽环，龚伟红，王玲．园林树木 [M]. 北京：高等教育出版社，2006
11. 鲁涤非 . 花卉学 [M]. 北京：中国农业出版社 , 2000.
12. 高润清，李月华，陈新露 . 园林树木学 [M]. 北京：气象出版社，2001
13. 北京林业大学园林系花卉教研组 . 花卉学 [M]. 北京：中国林业出版社 , 2000
14. 秦贺兰 . 花坛花卉优质穴盘苗生产手册 [M]. 北京：中国农业出版社 , 2011
15. 宋利娜 . 一二年生草花生产技术 [M]. 郑州：中原农民出版社 , 2016
16. 丛日晨，李延明，弓清秀．树木医生手册 [M]. 北京：中国林业出版社 , 2017
17. 彩万志，庞雄飞，花保祯，梁广文，宋敦伦 . 普通昆虫学（第 2 版）[M]. 北京：中国农业大学出版社，2011
18. 车少臣，白淑媛，李鸿翔 . 草地早熟禾夏季斑枯病 (Summer Patch) 研究初报 [J]. 北京园林 .2001(3):26-27
19. 丁梦然，王昕，邓其胜 . 园林植物病虫害防治 [M]. 北京：中国科学技术出版社，1996
20. 任桂芳 . 柏肤小蠹综合防治技术的研究 [D]. 北京：中国农业大学，2004
21. 陶万强，关玲 . 北京林业有害生物 [M]. 哈尔滨：东北林业大学出版社，2017
22. 王小艺 . 白蜡窄吉丁的生物学及其生物防治研究 [D]. 北京：中国林业科学研究院，2005
23. 萧刚柔 . 中国森林昆虫（第 2 版增订版）[M]. 北京：中国林业出版社，1992
24. 许志刚 . 普通植物病理学（第 4 版）[M]. 北京：高等教育出版社，2009
25. 虞国跃，王合，冯术快 . 王家园昆虫 [M]. 北京：科学出版社，2016
26. 苗振旺，周维民，霍履远等 . 强大小蠹生物学特性研究 [J]. 山西林业科技 .2001（1）：34-37，40
27. 夏冬明 . 土壤肥料学 [M]. 上海：上海交通大学出版社，2007
28. 崔晓阳，方怀龙．城市绿化土壤及其管理 M]. 北京：中国林业出版社，2001

29. 宋志伟 . 土壤肥料 [M]. 北京：高等教育出版社，2009
30. 沈其荣 . 土壤肥料学通论 [M]. 北京：高等教育出版社，2000
31. 李夺 . 草坪建植工 [M]. 北京：中国农业出版社，2010
32. 张秀英 . 园林树木栽培学 [M]. 北京：高等教育出版社，2005
33. 何芬，傅新生 . 园林绿化施工与养护手册 [M]. 北京：中国建筑工业出版社，2011
34. 胡长龙 . 观赏花木整形修剪 [M]. 上海：上海科学技术出版社，2005
35. DB11/T 1090-2014. 观赏灌木修剪规范 [S]. 北京：北京市质量技术监督局，2014
36. 孟兆祯，等 . 园林工程 [M]. 北京：中国林业出版社，1995
37. 侯殿明，陶良如 . 园林工程 [M]. 北京：中国理工大学出版社，2014
38. 杨至德 . 园林工程 . 第 3 版 [M]. 武汉：华中科技大学出版社，2013
39. 沈志娟 . 园林工程施工必读 [M]. 天津：天津大学出版社，2011
40. 陈琪 . 山水景观工程图解与施工 [M]. 北京：化学工业出版社，2008